# もくじ



教科書ぴったりトレーニング

ぴったり1 準備

学習日　　月　　日

# 1 体積

答え 2ページ

## 直方体や立方体の体積を求める公式

・体積は、1 $cm^3$（1立方センチメートル）や1 $m^3$（1立方メートル）が何個《なんこ》分あるかで表します。
直方体や立方体の体積は、次の公式で求められます。
**直方体の体積＝たて×横×高さ**
**立方体の体積＝1辺×1辺×1辺**

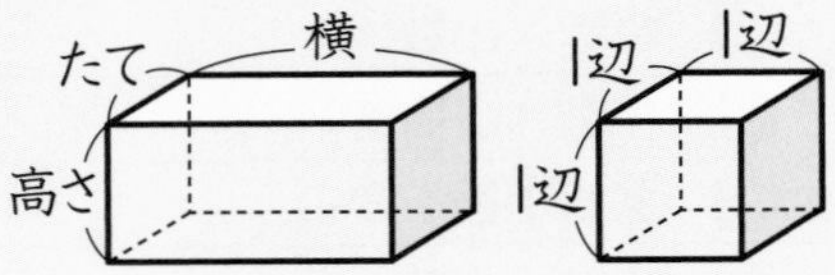


**1** 次の直方体や立方体の体積を求めましょう。
あたて4cm、横6cm、高さ3cmの直方体の体積
い1辺6cmの立方体の体積

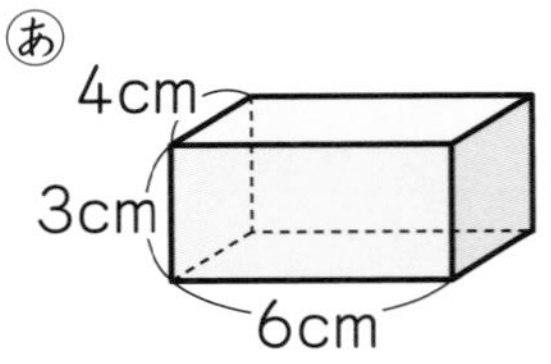


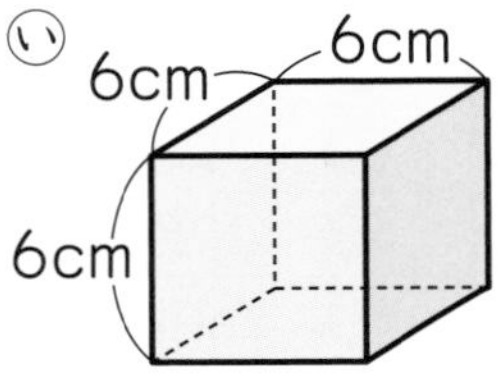


体積を求める式をかきましょう。

考え方 公式にあてはめてみましょう。
あ 直方体の体積＝たて×横×高さ

式 4×①□×②□

い 立方体の体積＝1辺×1辺×1辺

式 ③□×④□×⑤□

答えを求めましょう。

式 あ 4×⑥□×⑦□＝⑧□

答え ⑨□ $cm^3$

式 い ⑩□×⑪□×⑫□＝⑬□

答え ⑭□ $cm^3$

**2** 右の図形の体積を、2つの直方体うとえに分けて求めましょう。

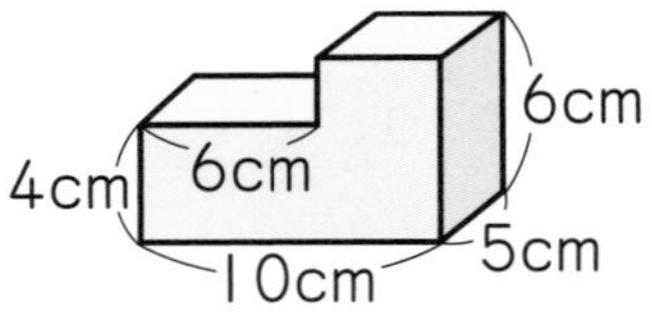


2つの直方体う、えの辺の長さを求めましょう。

考え方 えの横の長さは 10－6＝4 より、4cmとなります。

う

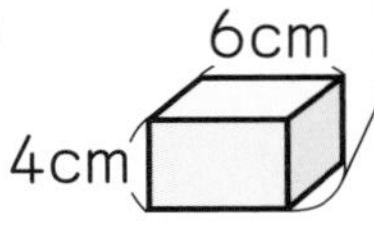


①□ cm

②□ cm

え

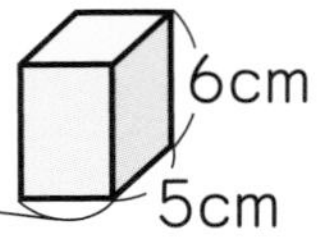


う、えの直方体の体積を求める式を、それぞれかきましょう。

式 う 5×6×③□＝④□
　 え 5×⑤□×6＝⑥□

うの直方体とえの直方体をたす考え方で式をつくり、答えを求めましょう。

式 120＋⑦□＝⑧□

答え ⑨□ $cm^3$

ヒント **2** 直方体の体積を求める公式は、たて×横×高さだよ。

ぴったり2

# 練習

★できた問題には、「た」をかこう！★

できき 1　できき 2

学習日　　月　　日

答え　2ページ

**1** 次の体積を求めましょう。

(1)たて 10 cm、横 12 cm、高さ 8 cm の直方体

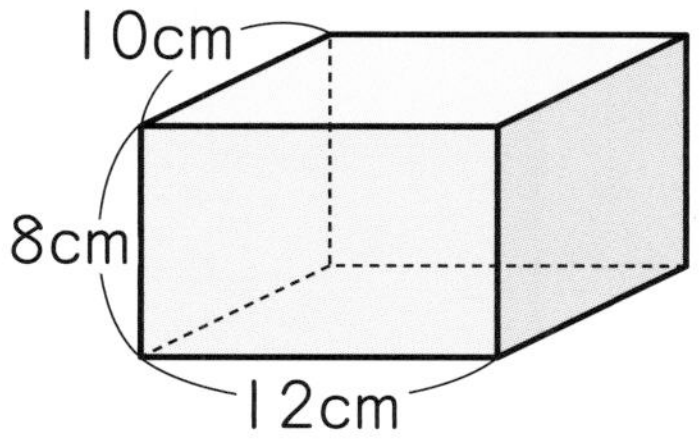


式

答え(　　　　　　　)

(2) 1 辺 8 m の立方体

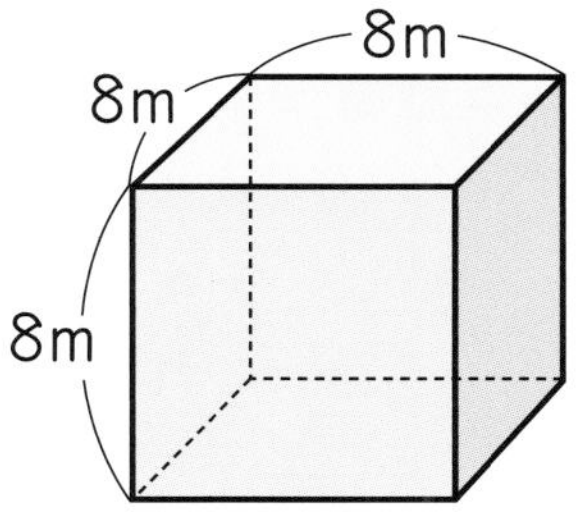


式

答え(　　　　　　　)

**2** 次のような図形の体積を、くふうして求めましょう。

(1)

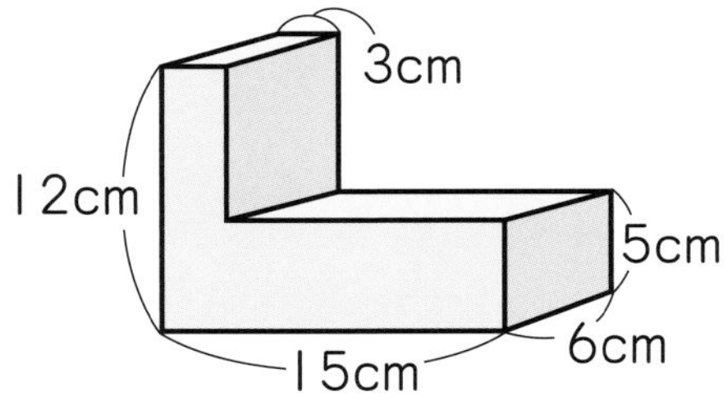

式

答え(　　　　　　　)

(2)

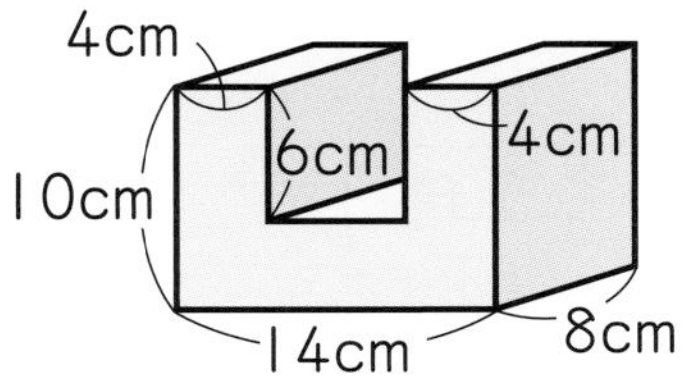


式

答え(　　　　　　　)

ヒント

**2** (1)は2つの直方体、(2)は3つの直方体に分けてみたり、大きい直方体からへこんだ部分をひいたりしてもいいね。

# 2 数直線図をかこう①

答え 3ページ

## 数量の関係の表し方①

・算数では、問題にある数量を使って「数直線図」や「関係図」に表すと、考えやすくなります。

<数直線図>

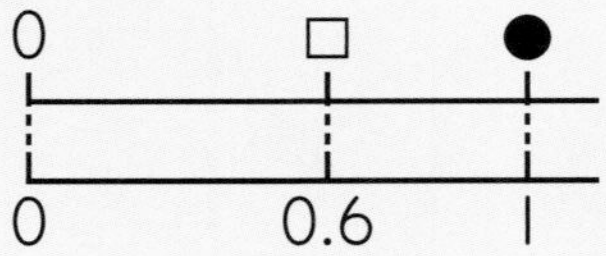


<関係図>

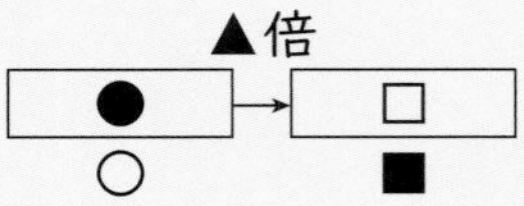


**1** 1 m の重さが6 kg の鉄のぼうがあります。この鉄のぼう 0.4 m の重さは何 kg ですか。
㋐数直線図や、㋑関係図に表して考えましょう。

㋐数量の関係を、「数直線図」に表してみましょう。

考え方 図をかいてみましょう。

(1)長さ(m)を表す直線と、重さ(kg)を表す直線をかく。
これに、1 m の重さが6 kg であることをかく。

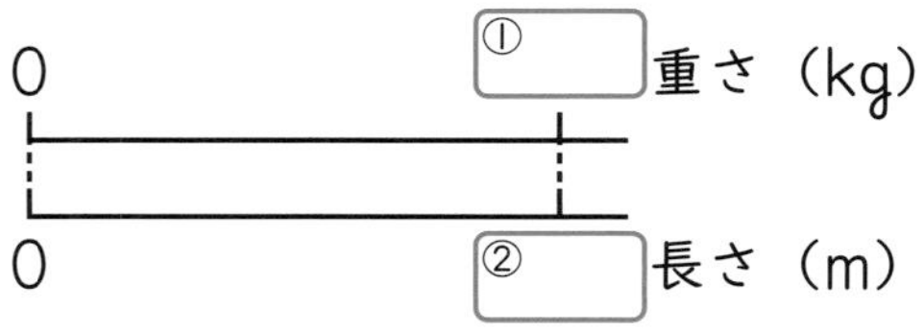


(2)(1)でかいた図に、これから求める 0.4 m の重さ□ kg をかく。

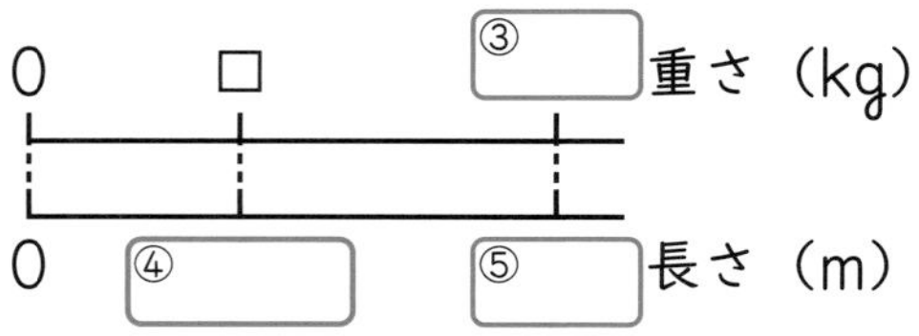


式をかき、答えを求めましょう。

(3)長さが 1 m の 0.4 倍なので、重さも 6 kg の ⑥ 倍になる。

式 6×⑦ ＝⑧

答え ⑨ kg

㋑数量の関係を、「関係図」に表してみましょう。

考え方 図をかいてみましょう。

(1) 1 m の重さが6 kg であることをかき、これから求める 0.4 m の重さを□ kg とする。

(2)(1)でかいた図に、0.4 m が 1 m の何倍かをかく。

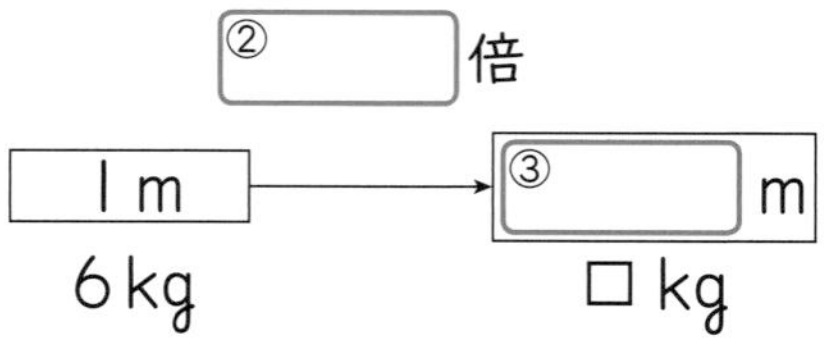


式をかき、答えを求めましょう。

(3)長さが 1 m の ④ 倍なので、重さも 6 kg の ⑤ 倍になる。

式 6×⑥ ＝⑦

答え ⑧ kg

ヒント 数直線図をかくときは、一方の数量を 1 としたときに、もう一方の数量がいくつになるかを、探してみよう。

答え 3ページ

**1** 1 kg のねだんが 450 円の大豆を 2.8 kg 買いました。代金は何円になりますか。

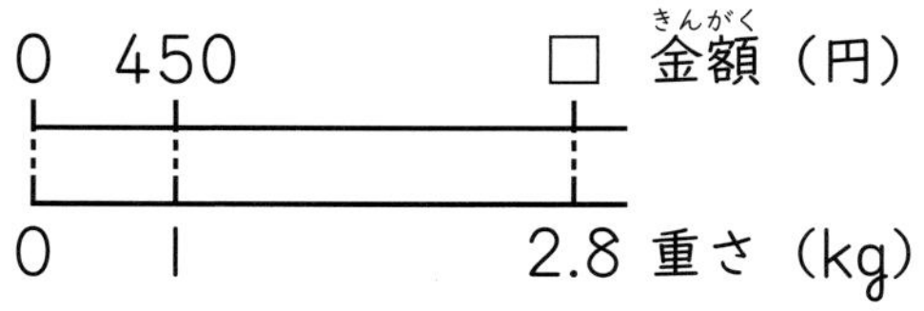


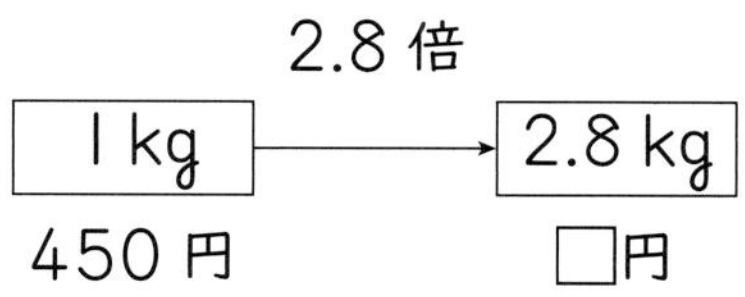


式

答え（　　　　　）

**2** 1 dL で 2.4 m² ぬることができるペンキがあります。このペンキ 8 dL では、何 m² ぬることができますか。

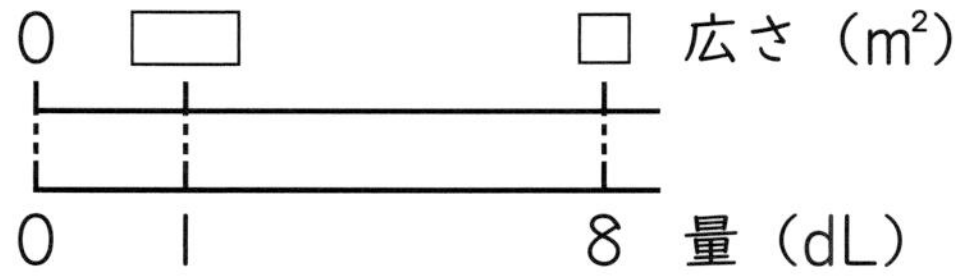


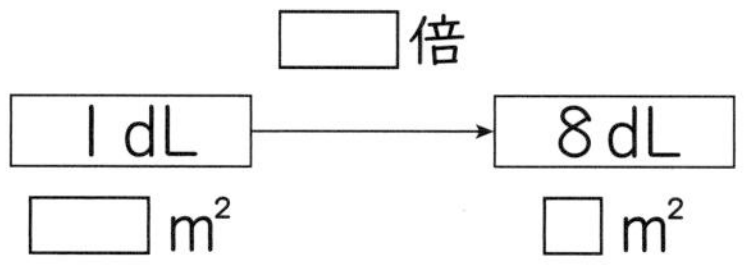


式

答え（　　　　　）

**3** 1 m の重さが 0.9 kg のホースがあります。このホース 3.6 m の重さは何 kg ですか。

式

答え（　　　　　）

**4** 1 L で 3.5 m² の畑にまくことができる肥《ひ》料《りょう》があります。この肥料 8.4 L では、何 m² の畑にまくことができますか。

式

答え（　　　　　）

ヒント　1 とする量が何倍になっているかに着目しよう。一方の量が 2 倍になると、もう一方の量も 2 倍になるよ。

学習日　月　日

# 3 小数×小数①

答え 4ページ

**小数×小数の筆算のしかた（小数点の位置）**

```
  3.5   ……1けた
×2.7   ……1けた
 245
 70
 9.45  ……2けた
```

①小数点がないものとみて、計算します。
②積の小数点から下のけた数は、かけられる数とかける数の小数点から下のけた数の和にします。

**1** 1 dL で 1.3 m² の板をぬれるペンキがあります。このペンキ 0.6 dL では、何 m² の板をぬれますか。

式をかきましょう。

考え方 数直線図をかいてみましょう。

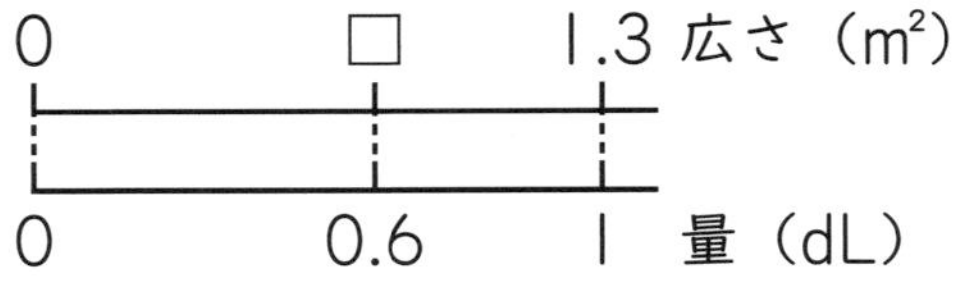


考え方 関係図をかいてみましょう。

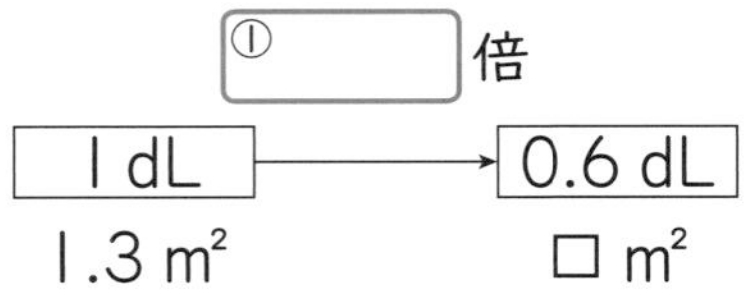


式 1.3×②＿＿

答えを求めましょう。

式 1.3×③＿＿＝④＿＿

答え ⑤＿＿ m²

①には、dL が何倍になっているかが入ります。

**2** 1 L の重さが 1.4 kg のペンキがあります。このペンキ 9.4 L の重さは、何 kg になりますか。

式をかきましょう。

考え方 数直線図をかいてみましょう。

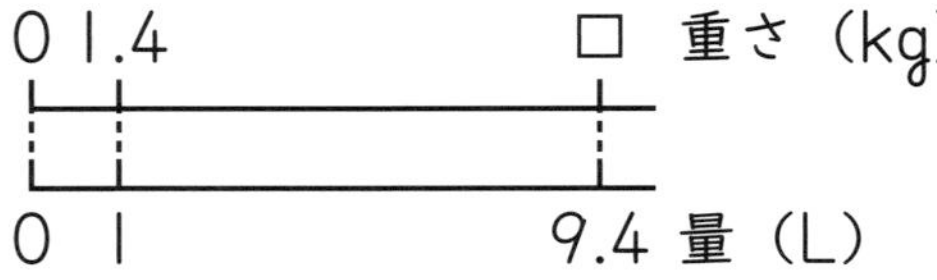


考え方 関係図をかいてみましょう。

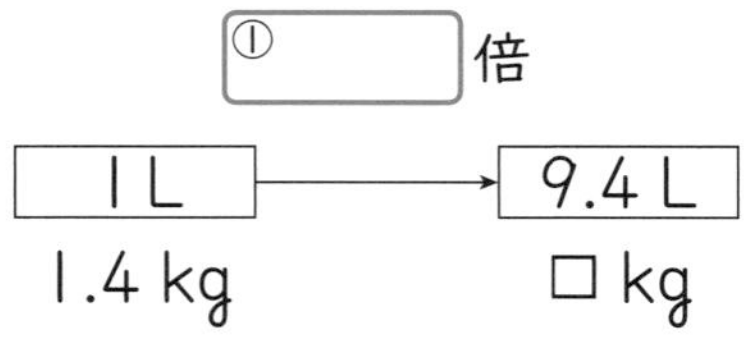


式 1.4×②＿＿

答えを求めましょう。

式 1.4×③＿＿＝④＿＿

答え ⑤＿＿ kg

①には、関係図で L が何倍になっているかが入ります。

ヒント

**1** 1 dL で 1.3 m² の板をぬれるから、0.6 dL でぬれる面積は、1.3 m² より少ない面積になるよ。

答え 4ページ

**1** 1 kg のねだんが 250 円のジュースを 6.5 kg 買います。ジュースの代金は何円になりますか。

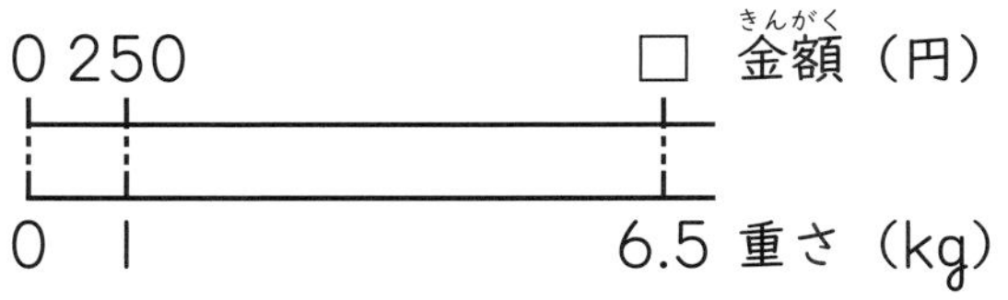


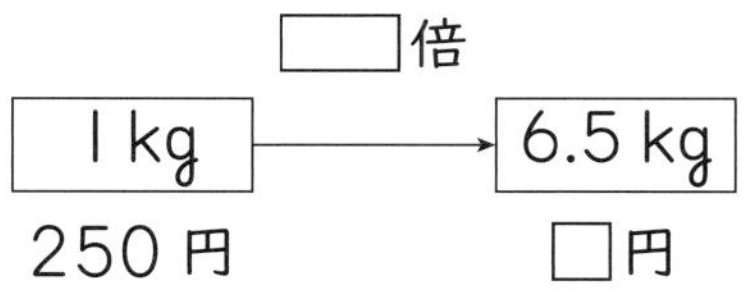


式

答え（　　　　　　）

**2** 1 m の重さが 0.74 kg の木のぼうがあります。この木のぼう 0.8 m の重さは何 kg ですか。

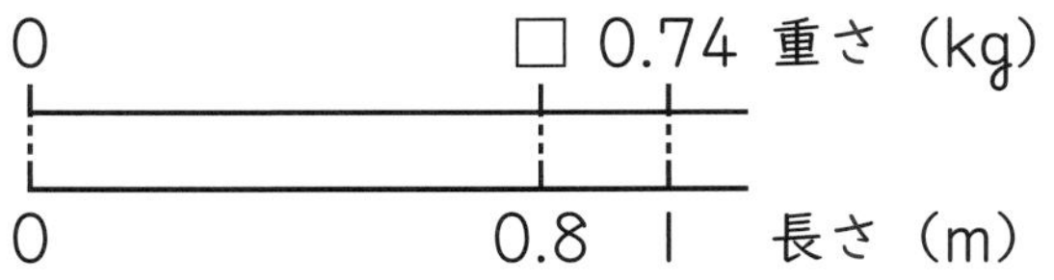


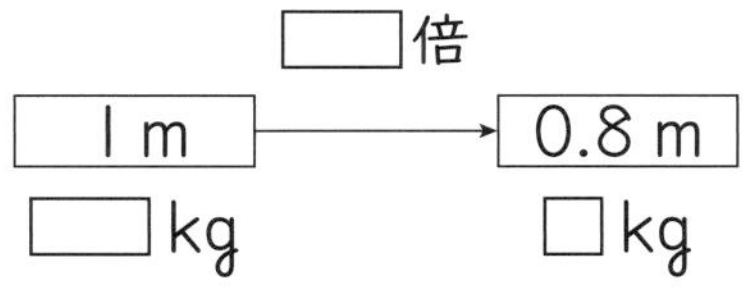


式

答え（　　　　　　）

**3** 1 dL で 1.6 $m^2$ の板をぬれるペンキがあります。このペンキ 3.15 dL では、何 $m^2$ の板をぬれますか。

式

答え（　　　　　　）

**4** 1 kg で 3.5 $m^2$ の畑にまくことができる肥料《ひりょう》があります。この肥料 0.3 kg では、何 $m^2$ の畑にまくことができますか。

式

答え（　　　　　　）

ヒント　1とする量が何倍になっているかに着目しよう。

# 4 小数×小数②

答え 5ページ

## 面積と体積の公式

・面積や体積を求めるとき、辺の長さが小数であっても、それぞれの公式を使って求めることができます。

公式　**長方形の面積＝たて×横**　**正方形の面積＝1辺×1辺**

**直方体の体積＝たて×横×高さ**　**立方体の体積＝1辺×1辺×1辺**

**1** 次の形の面積を求めましょう。

あたて 2.8 cm、横 3.6 cm の長方形

い 1辺が 2.4 cm の正方形

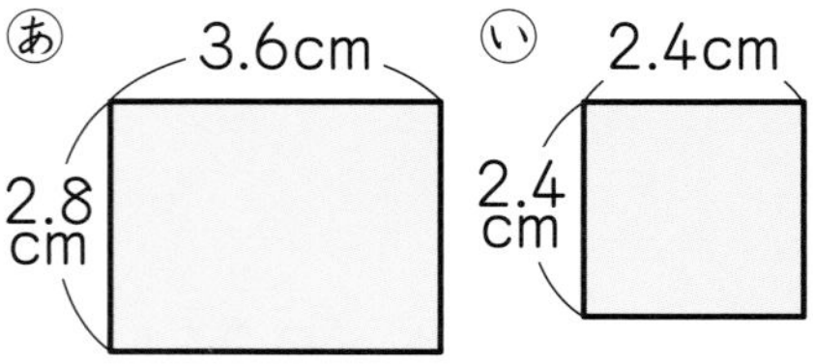


面積を求める式をかきましょう。

考え方 公式にあてはめてみましょう。

あ 長方形の面積 ＝ たて × 横

式 ①□ × ②□

い 正方形の面積 ＝ 1辺 × 1辺

式 ③□ × ④□

答えを求めましょう。

式 あ ⑤□ × ⑥□ ＝ ⑦□

答え ⑧□ $cm^2$

式 い ⑨□ × ⑩□ ＝ ⑪□

答え ⑫□ $cm^2$

**2** たて 6.2 cm、横 5 cm、高さ 7.4 cm の直方体の体積を求めましょう。

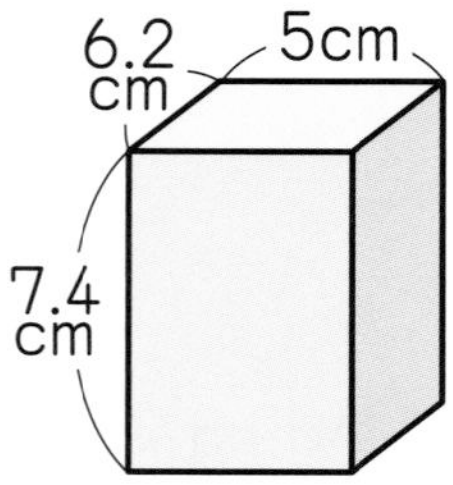


体積を求める式をかきましょう。

考え方 公式にあてはめてみましょう。

直方体の体積 ＝ たて × 横 × 高さ

式 6.2×5×①□

答えを求めましょう。

式 6.2×5×②□ ＝ ③□

答え ④□ $cm^3$

ヒント　面積や体積を求めるときは、数が小数でも、公式にあてはめればいいよ。

1 1辺の長さが 5.2 cm の正方形の面積は、何 $cm^2$ ですか。

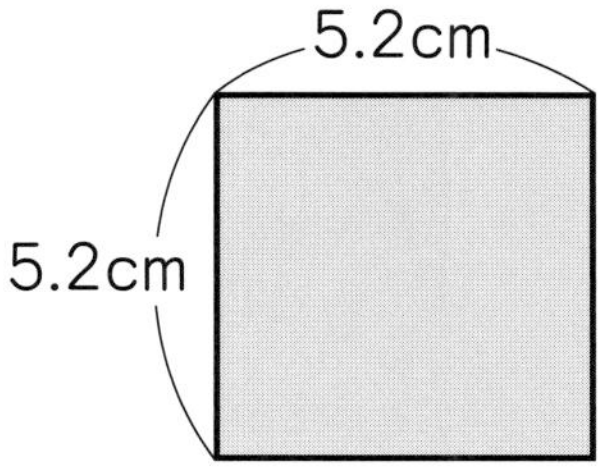


式

答え（　　　　　）

2 たて 0.9 m、横 2.45 m の長方形の面積は、何 $m^2$ ですか。

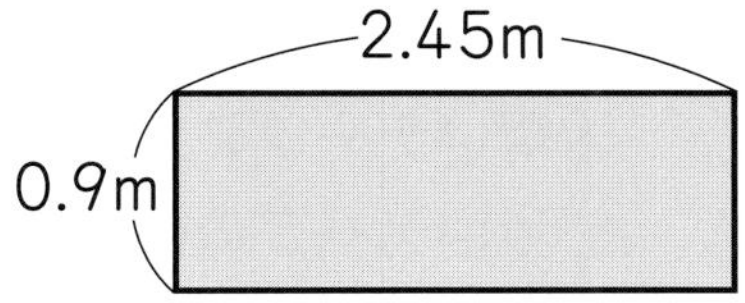


式

答え（　　　　　）

3 1辺の長さが 1.8 cm の立方体の体積は、何 $cm^3$ ですか。

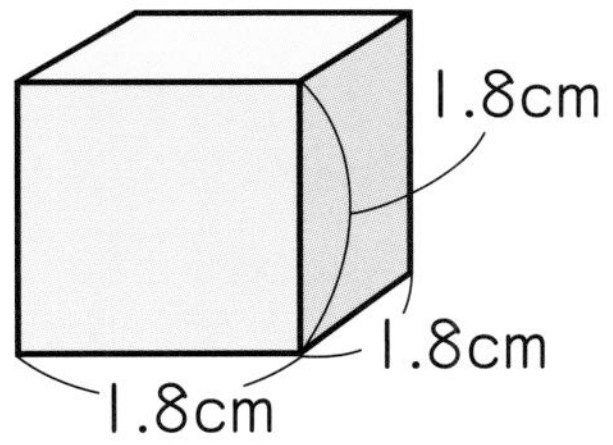


式

答え（　　　　　）

4 たて 3.4 m、横 1.1 m、高さ 10.2 m の直方体の体積は、何 $m^3$ ですか。

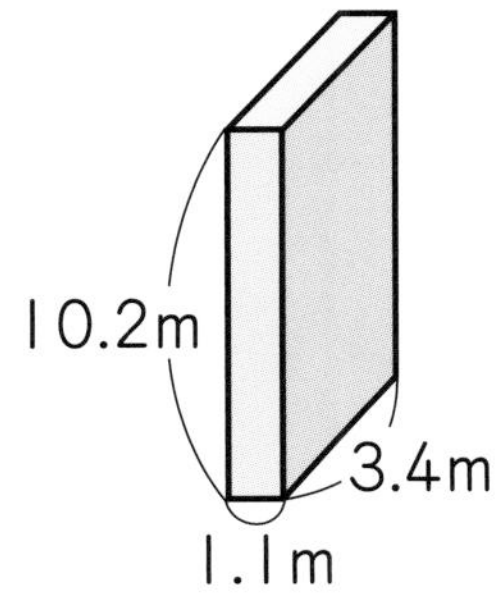


式

答え（　　　　　）

ヒント 答えの小数点の位置に気をつけよう。また、答えの単位のちがいに気をつけよう。

学習日　　月　　日

# 5 小数×小数③

答え 6ページ

## 割合《わりあい》を表す小数

・何倍にあたるかを表した数を割合といいます。何倍にあたるかを表す数(割合)が小数のときでも、整数のときと同じように計算できます。倍(割合)にあたる大きさは、かけ算をすると求められます。

例200 円の 1.4 倍は、200×1.4＝280(円)
　200 円の 0.7 倍は、200×0.7＝140(円)

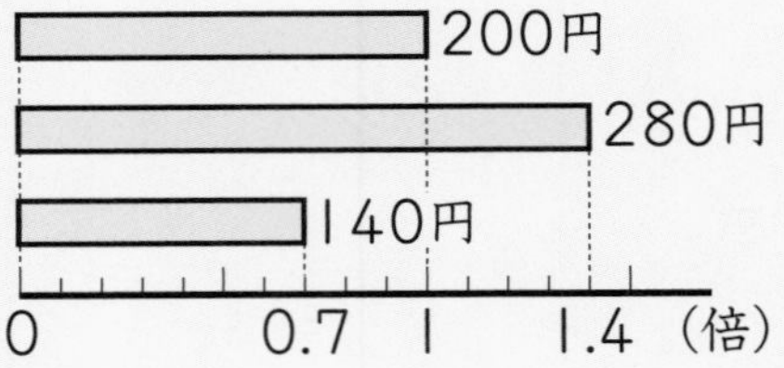


**1** 赤いテープが7m、白いテープが5m、青いテープが白いテープの長さの1.7 倍あります。

㋐青いテープの長さは何 m ですか。

㋑赤いテープの長さは白いテープの長さの何倍ですか。

テープの長さ

| | |
|---|---|
| 赤 | 7m |
| 白 | 5m |
| 青 | ？m |

㋐青いテープの長さを求める式をかきましょう。

考え方 数直線図で考えてみましょう。

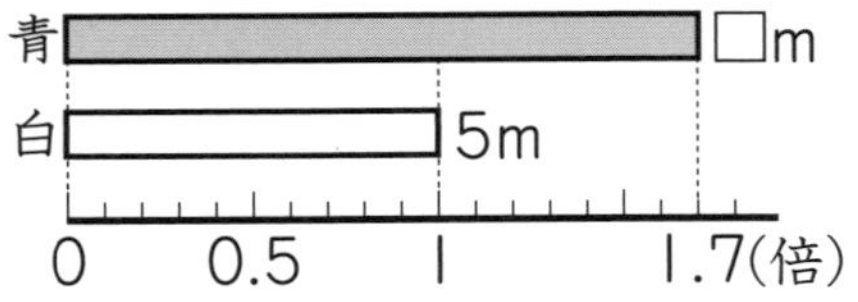


考え方 関係図で考えてみましょう。

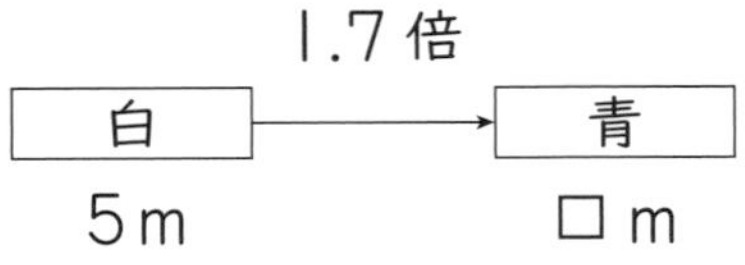


式 5×①

答えを求めましょう。

式 5×②　＝③

答え ④　m

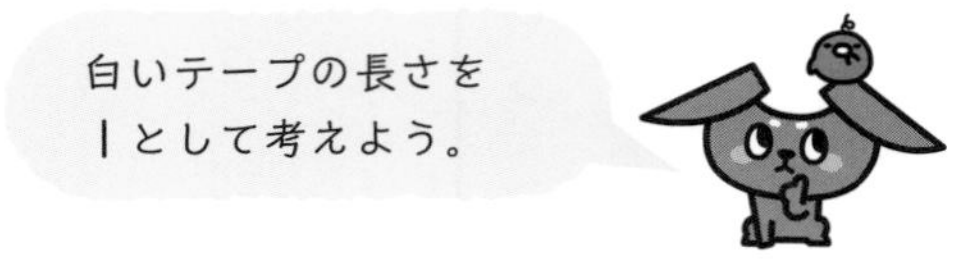


㋑倍を求める式をかきましょう。

考え方 数直線図で考えてみましょう。

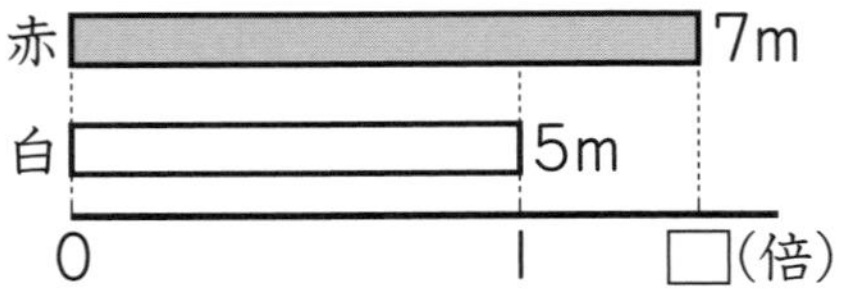


考え方 関係図で考えてみましょう。

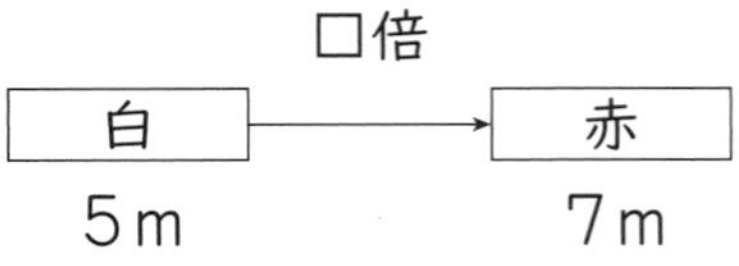


式 ①　÷②

答えを求めましょう。

式 ③　÷④　＝⑤

答え ⑥　倍

ヒント 数量の関係を数直線図や関係図で表すと、わかりやすいよ。

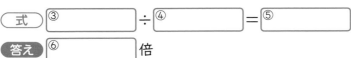

答え　6ページ

**1** なしが 300 g、りんごが 360 g、メロンはなしの 4.2 倍の重さがあります。

(1)メロンの重さは何 g ですか。

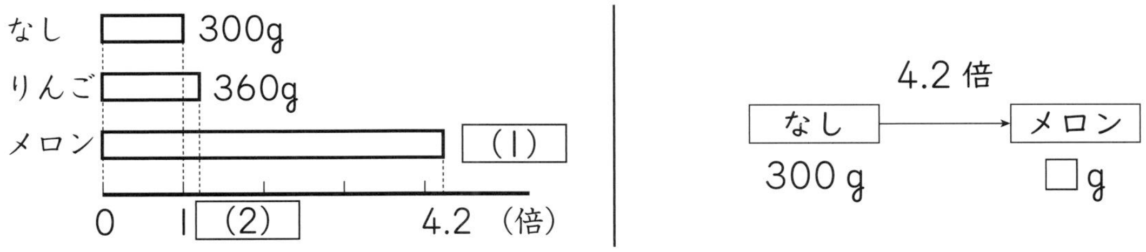


式

答え(　　　　)

(2)りんごの重さは、なしの重さの何倍ですか。

りんごとなしの重さの関係は、300×□=360 の式で表せるね。

式

答え(　　　　)

**2** 小学校の５年生の人数をくらべます。A小学校は 80 人、B小学校は 72 人、C小学校はA小学校の人数の 0.7 倍です。

(1)C小学校の５年生の人数は何人ですか。

式

答え(　　　　)

(2)B小学校の５年生の人数は、A小学校の５年生の人数の何倍ですか。

A小学校とB小学校の５年生の人数の関係は、80×□=72 の式で表せるね。

式

答え(　　　　)

ヒント　**1** (2)で何倍かを求めるときは、倍にあたる大きさ÷1とした大きさで求められるよ。

# 6 数直線図をかこう②

答え 7ページ

## 数量の関係の表し方②

・問題にある数量を使って「数直線図」や「関係図」に表すと、考えやすくなります。

＜数直線図＞

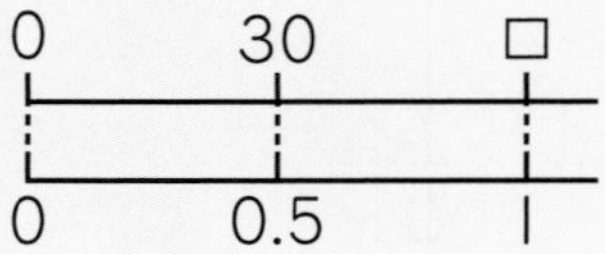


＜関係図＞

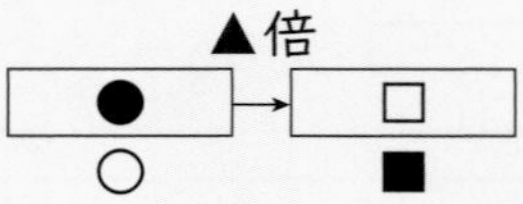


**1** 0.6 m のはり金の重さをはかると、90 g でした。このはり金 1 m 分の重さは何 g ですか。
㋐数直線図や、㋑関係図に表して考えましょう。

㋐数量の関係を、数直線図に表してみましょう。

考え方 図をかいてみましょう。

(1)長さ(m)を表す直線と、重さ(g)を表す直線をかき、1 m の重さを□ g としておく。

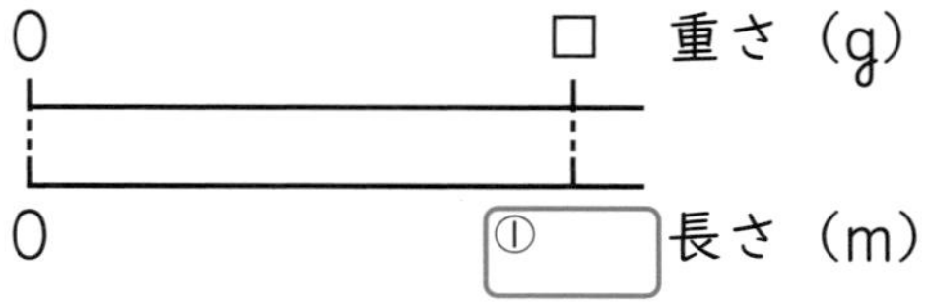


(2)(1)でかいた図に、0.6 m の重さが 90 g であることをかく。

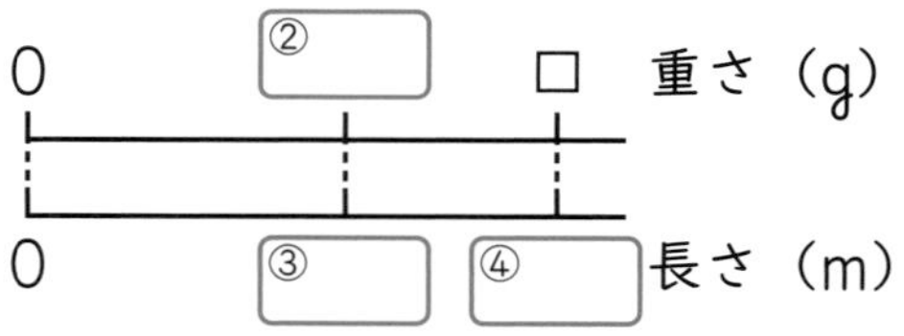


式をかき、答えを求めましょう。

(3) 1 m の重さを□ g とします。1 m の 0.6 倍の長さのはり金の重さは□ g の ⑤ 倍になるので、□× ⑥ ＝ ⑦ となります。この式から□を求めます。

式 ⑧ ÷ ⑨ ＝ ⑩

答え ⑪ g

㋑数量の関係を、関係図に表してみましょう。

考え方 図をかいてみましょう。

(1) 1 m の重さを□ g とし、0.6 m の重さが 90 g であることをかく。

(2)(1)でかいた図に、0.6 m が 1 m の何倍かをかく。

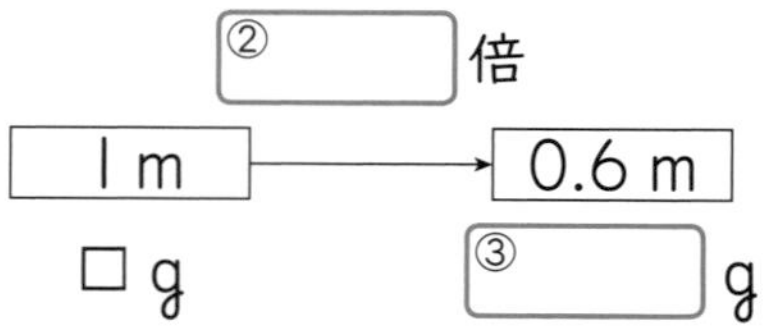


式をかき、答えを求めましょう。

式 ④ ÷ ⑤ ＝ ⑥

答え ⑦ g

ヒント 重さが何倍かを求めるとき、まずは、「長さが何倍か」を考えてみよう。

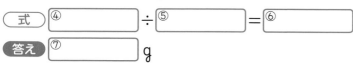

**1** 0.3 L の油の重さは 276 g でした。この油 1 L の重さは何 g ですか。

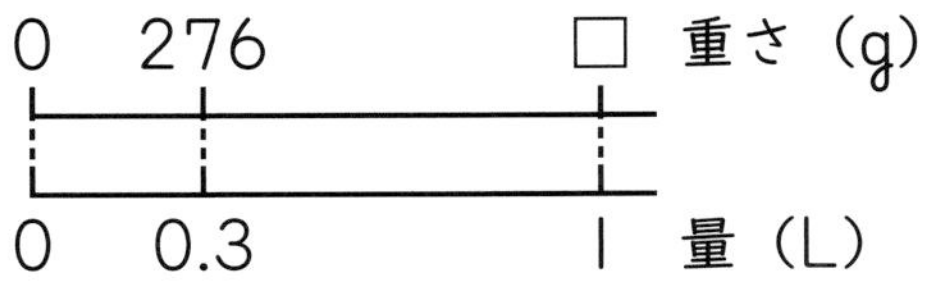


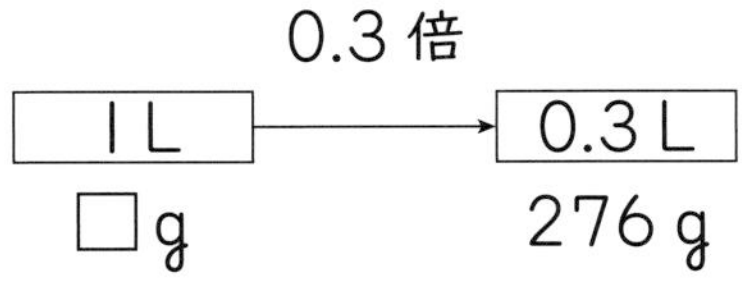


式

答え（　　　　　　）

**2** 0.8 m のひもの重さをはかると、100.4 g でした。このひも 1 m の重さは何 g ですか。

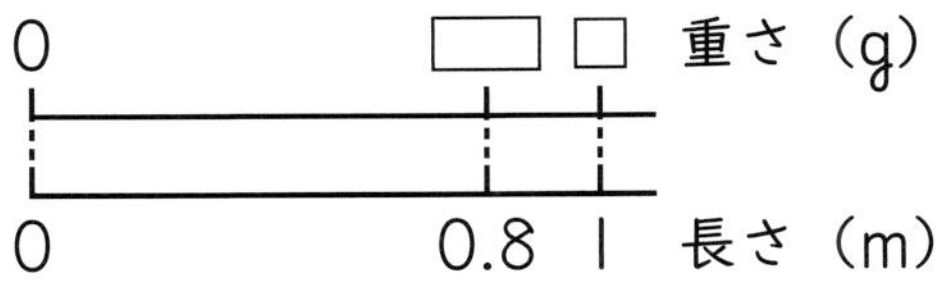


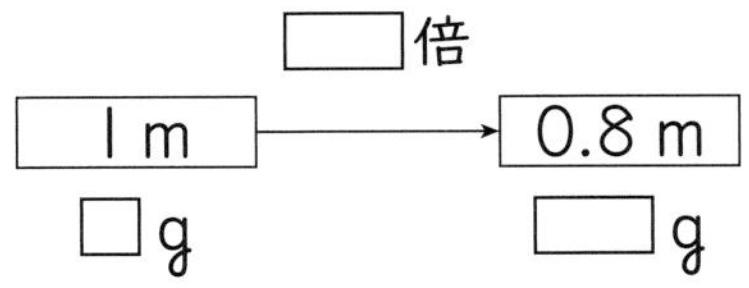


式

答え（　　　　　　）

**3** 1.5 L のペンキで、板を 645 まいぬることができます。このペンキ 1 L でぬることができる板は何まい分ですか。

式

答え（　　　　　　）

**4** 2.4 $m^2$ の畑に肥料《ひりょう》をまくのに、2.88 kg 使いました。1 $m^2$ の畑にまくのに必要な肥料は何 kg ですか。

式

答え（　　　　　　）

ヒント
**1** □×0.3＝276 だから、276÷0.3＝□だよ。

ぴったり1 準備

学習日　　月　　日

# 7 小数÷小数①

答え 8ページ

## 小数÷小数の筆算のしかた

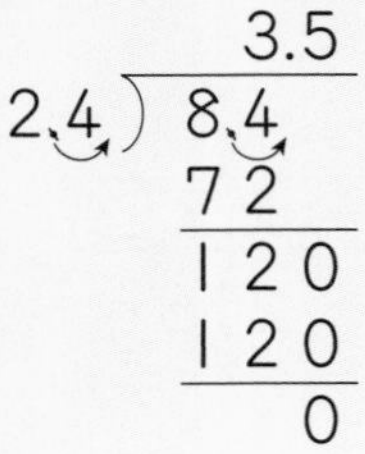


①わる数の小数点を右に移《うつ》して、整数になおします。
②わられる数の小数点も、わる数の小数点を移したけた数だけ右に移します。
③わる数が整数のときと同じように計算します。
④商の小数点は、わられる数の右に移した小数点にそろえてうちます。

**1** 0.8 m の重さが 1.28 kg のパイプがあります。このパイプ 1 m の重さは何 kg ですか。

式をかきましょう。

考え方 数直線図で考えてみましょう。

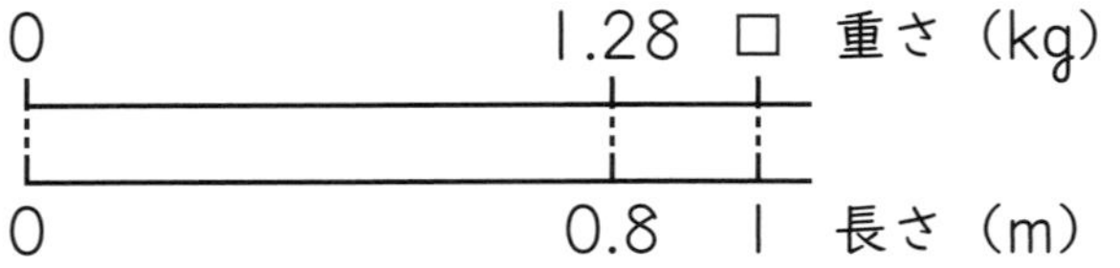


考え方 関係図で考えてみましょう。

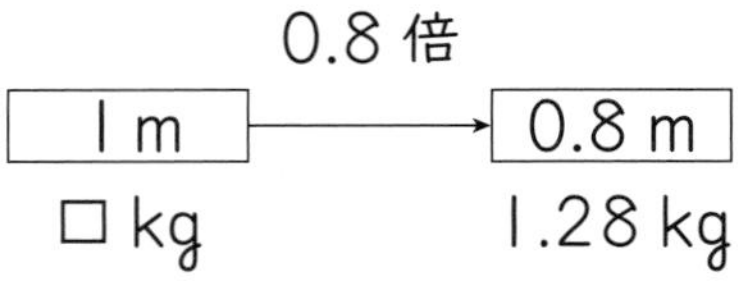


式 1.28÷①＿＿

答えを求めましょう。

式 1.28÷②＿＿＝③＿＿

答え ④＿＿ kg

**2** 1.25 m² の重さが 5.5 kg の板があります。この板 1 m² の重さは何 kg ですか。

式をかきましょう。

考え方 数直線図で考えてみましょう。

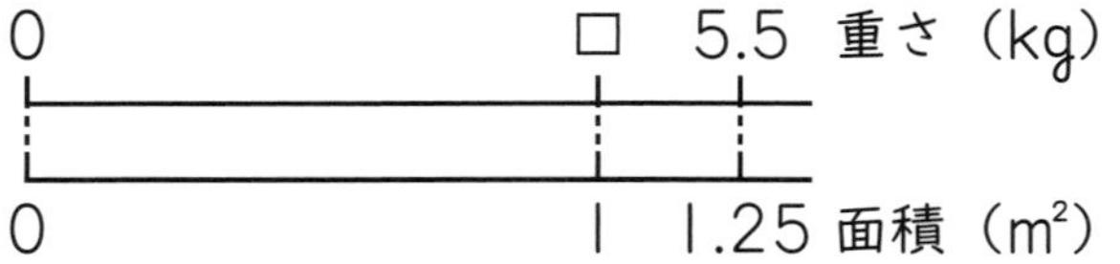


考え方 関係図で考えてみましょう。

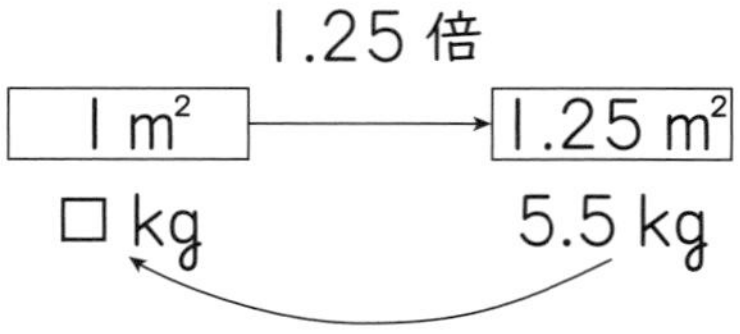


式 5.5÷①＿＿

答えを求めましょう。

式 5.5÷②＿＿＝③＿＿

答え ④＿＿ kg

ヒント 小数が出てきても、式のつくり方は同じだよ。図をかいて考えてみよう。

★できた問題には、「た」をかこう！★

① でき　② でき　③ でき　④ でき



答え　8ページ

**1** 1.6 m の重さが 5.6 kg のぼうがあります。このぼう 1 m の重さは何 kg ですか。

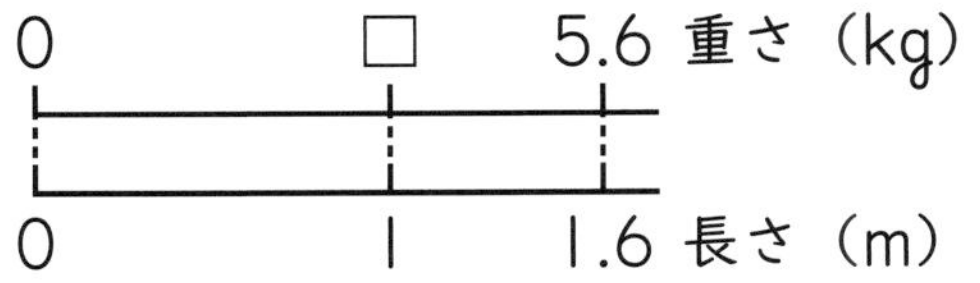


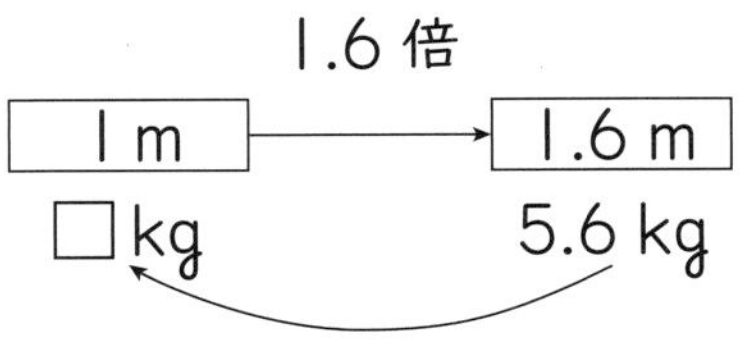


式

答え（　　　　　）

**2** 3.5 L の牛にゅうの重さは 3.57 kg でした。牛にゅう 1 L の重さは何 kg ですか。

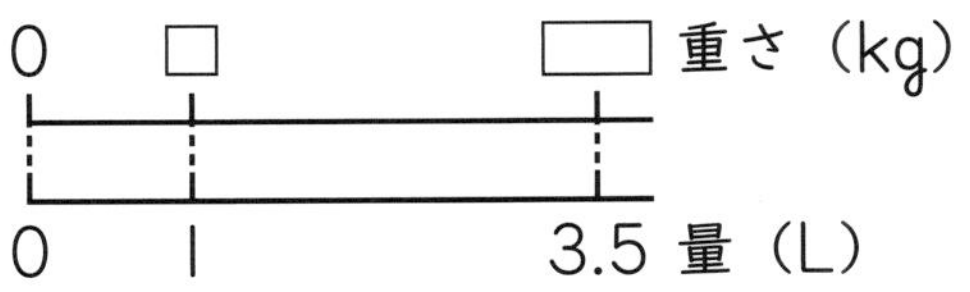


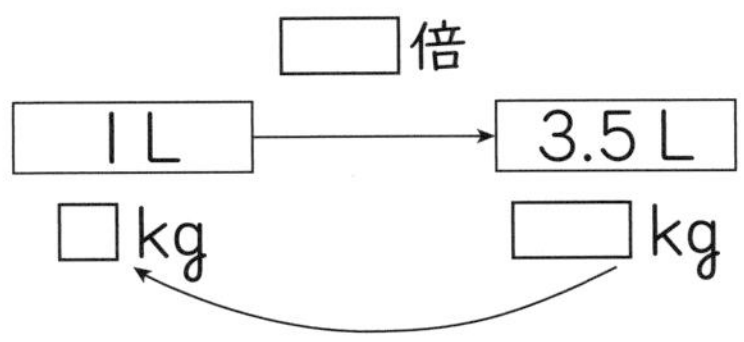


式

答え（　　　　　）

**3** 3.6 L のペンキで 45.36 $m^2$ をぬれます。このペンキ 1 L では何 $m^2$ ぬれますか。

式

答え（　　　　　）

**4** 1.2 $m^2$ の畑に 2.16 kg の水をまきました。この畑 1 $m^2$ にまいた水は何 kg ですか。

式

答え（　　　　　）

ヒント　② 量が 1 L の 3.5 倍になるなら、重さも 1 L のときの 3.5 倍になっているはずだね。

ぴったり1 準備

学習日　　月　　日

# 8 小数÷小数②

答え 9ページ

## 小数のわり算での商と余《あま》り

・小数のわり算で余りを考えるとき、余りの小数点の位置は、わられる数のもとの小数点にそろえてうちます。

**わる数**×**商**＋**余り**＝**わられる数**

という関係があります。

例

```
        5
0.4 ) 2.3
      2 0
      0.3
```

2.3÷0.4＝5 余り0.3

**1** 21.4 m のリボンを 3.8 m ずつに切っていきます。何本できて、何 m 余りますか。

式をかきましょう。

考え方 3.8 m ずつに等しく分けます。

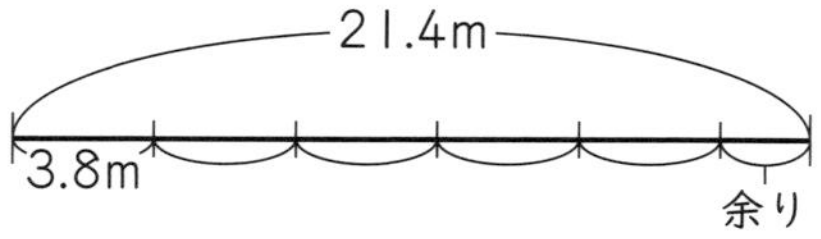


式 21.4÷①＿＿

答えを求めましょう。

考え方 何本できるか答えるので、商は整数で求め、余りも出します。

式 21.4÷②＿＿＝③＿＿ 余り④＿＿

答え ⑤＿＿本できて、⑥＿＿m 余る。

わる数×商＋余り＝わられる数
になるかどうか確《たし》かめよう。

**2** 46.3 kg あるさとうを、1人に 0.7 kg ずつ配ります。何人に配ることができて、何 kg 余りますか。

式をかきましょう。

考え方 0.7 kg ずつ等しく分けていきます。

式 46.3÷①＿＿

余りの小数点の位置に注意しよう。

答えを求めましょう。

考え方 何人に配ることができるかを答えるので、商は整数で求め、余りも出します。

式 46.3÷②＿＿＝③＿＿ 余り④＿＿

答え ⑤＿＿人に配ることができて、⑥＿＿kg 余る。

```
         6 6
0.7 ) 4 6.3
      4 2
        4 3
        4 2
        0.1
```

ヒント 余りがわる数よりも小さくなっているか確かめよう。

ぴったり2

# 練習

★できた問題には、「た」をかこう！★

1 でき　2 でき　3 でき　4 でき

学習日　　月　　日

答え　9ページ

1 長さ 8.1 m のひもから 0.7 m のひもをつくります。何本できて、何 m 余《あま》りますか。

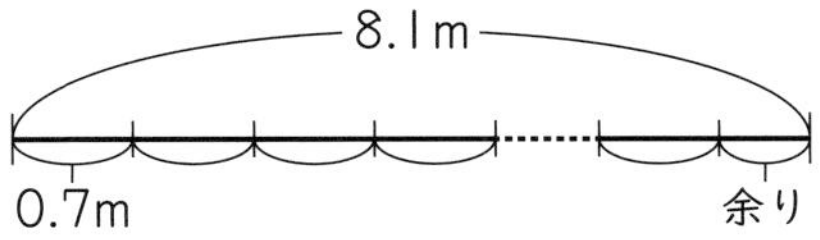


式

答え（　　　　　　　　　　　　）

2 3.7 kg のねん土を 0.5 kg ずつふくろに入れます。いくつのふくろに分けることができて、何 kg 余りますか。

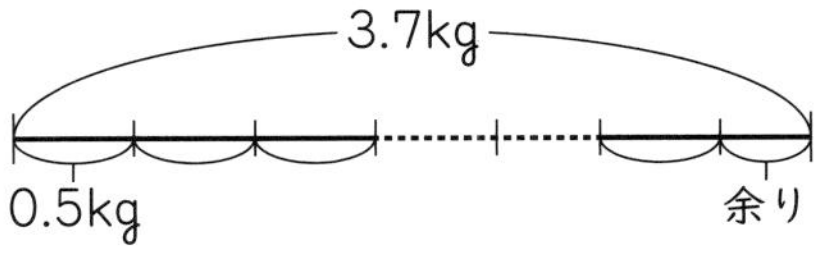


式

答え（　　　　　　　　　　　　）

3 11.1 kg の肥料《ひりょう》を、1人に 0.6 kg ずつ配ります。何人に配れますか。

式

答え（　　　　　　）

4 12.8 L のオレンジジュースを、1人に 1.5 L ずつ配ります。何人に配れて、何 L 余りますか。

式

答え（　　　　　　　　　　　　）

ヒント　商は整数になるね。余りは、わられる数のもとの小数点の位置にそろえてうつんだったね。

# 9 小数÷小数③

答え 10ページ

## わり進む計算

・わり進む計算では、商は四捨五入《ししゃごにゅう》で、求めようとする位までの概数《がいすう》で表します。

例 $5 \div 1.2 = 4.\overset{2}{\cancel{1}}\cancel{6}\cdots$

商を $\frac{1}{10}$ の位までの概数で表すと、4.2

**1** ジュースが 0.7 L あります。重さをはかると、0.78 kg ありました。このジュース 1 L の重さは何 kg ですか。四捨五入で $\frac{1}{10}$ の位までの概数で表しましょう。

式をかきましょう。

考え方 数直線図で考えてみましょう。

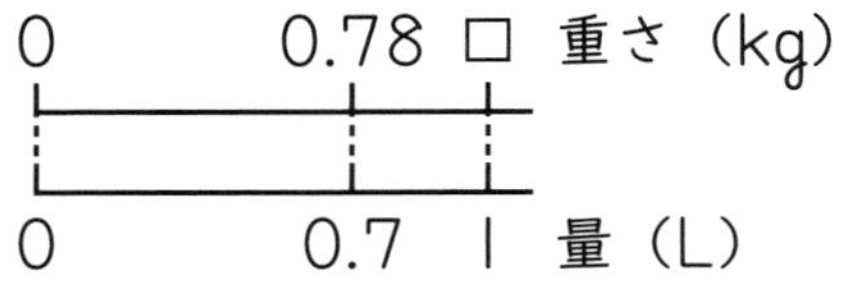


式 0.78÷①＿＿＿＿

答えを求めましょう。

考え方 $\frac{1}{100}$ の位まで計算してから四捨五入しましょう。

式 0.78÷②＿＿＿＿＝③＿＿＿＿

答え ④＿＿＿＿ kg

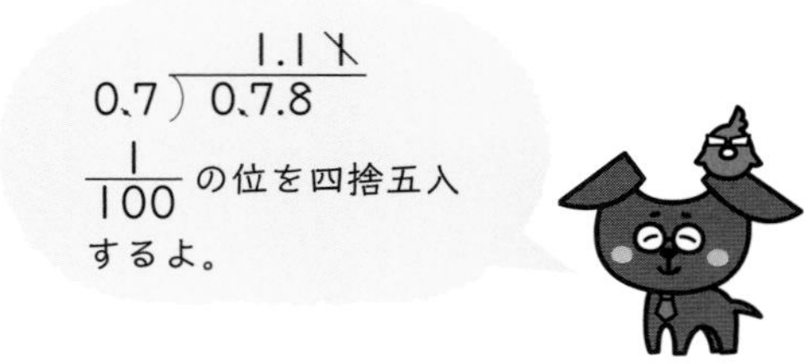


**2** 1.7 dL のペンキで 2.3 $m^2$ のかべをぬりました。このペンキ 1 dL では何 $m^2$ のかべをぬることができますか。四捨五入で上から2けたの概数で表しましょう。

式をかきましょう。

考え方 数直線図で考えてみましょう。

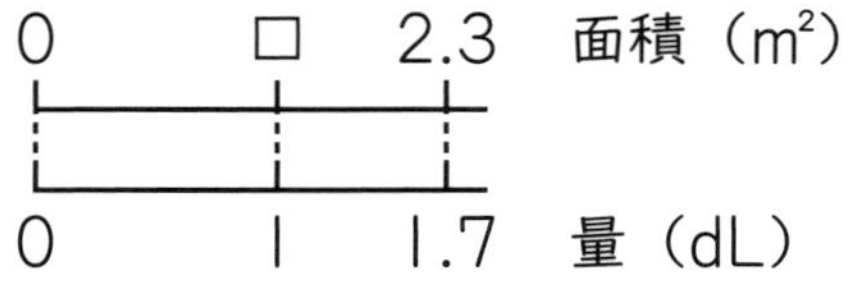


式 2.3÷①＿＿＿＿

答えを求めましょう。

考え方 商を上から3けた目まで計算してから四捨五入しましょう。

式 2.3÷②＿＿＿＿＝③＿＿＿＿

答え ④＿＿＿＿ $m^2$

ヒント 何の位まで計算すればよいのか、よくみてから計算しよう。

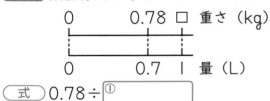

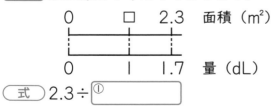

★できた問題には、「た」をかこう！★

でき 1　でき 2　でき 3　でき 4

学習日　　月　　日

答え　10ページ

**1** 0.3 m の重さが 2.84 g のはり金があります。このはり金の 1 m の重さは何 g ですか。四捨《ししゃ》五入《ごにゅう》で $\frac{1}{10}$ の位までの概数《がいすう》で表しましょう。

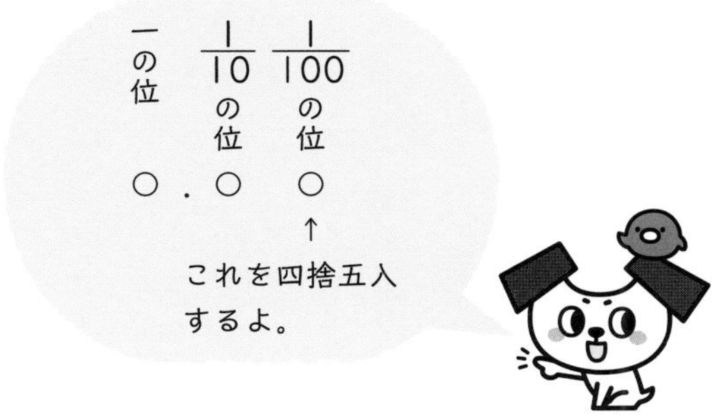


式

答え（　　　　）

**2** 1.7 L の重さが 2.5 kg のはちみつがあります。このはちみつ 1 L の重さは何 kg ですか。四捨五入で上から2けたの概数で表しましょう。

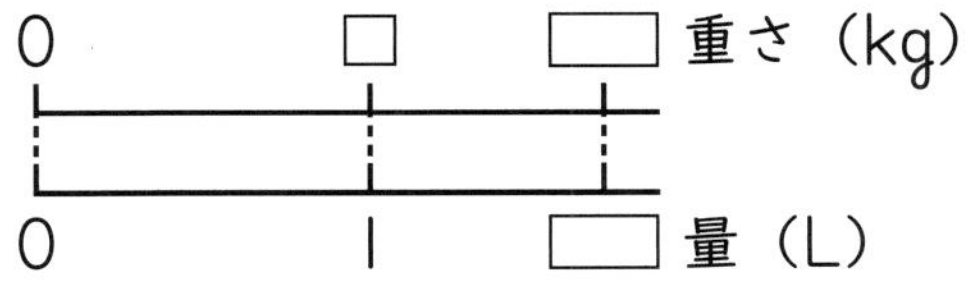


式

答え（　　　　）

**3** 4.5 L で 9.8 m² をぬれるペンキがあります。このペンキ 1 L でぬれる面積は何 m² ですか。四捨五入で上から2けたの概数で表しましょう。

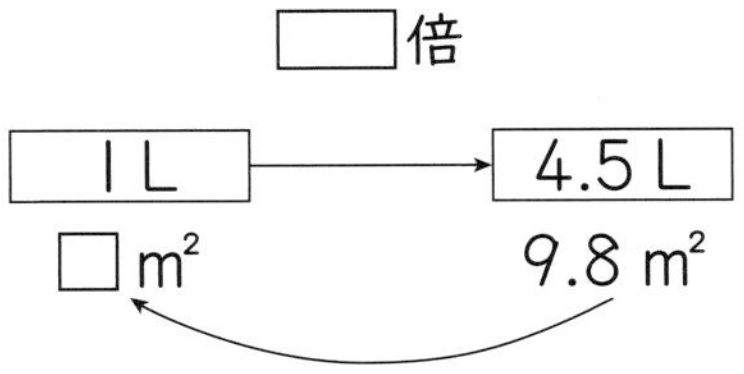


式

答え（　　　　）

**4** 10.5 m で 9.8 kg の木のぼうがあります。この木のぼう 1 m の重さは何 kg ですか。四捨五入で $\frac{1}{100}$ の位までの概数で表しましょう。

式

答え（　　　　）

ヒント

**2** 1 L の重さをもとにしたとき、□×1.7＝2.5 の式ができるね。この式から、2.5÷1.7＝□ になることがわかるね。

学習日　月　日

# 10 小数÷小数④

答え 11ページ

## 割合《わりあい》とわり算

①小数のときも、ある量が、1とする量の何倍にあたるかを求めるとき、わり算を使います。

②1とする量を求めるとき、□を使ってかけ算の式をつくると考えやすくなります。

例 1.2 m のリボンは、0.8 m のリボンの 1.2÷0.8＝1.5(倍)

例 1.6 m が 240 円のリボン 1 m のねだんは、□×1.6＝240
□＝240÷1.6＝150(円)

**1** 家から学校までの道のりは 2.4 km で、家から駅までの道のりの 0.8 倍です。家から駅までの道のりは何 km ですか。

式をかきましょう。

考え方 数直線図をかいてみましょう。

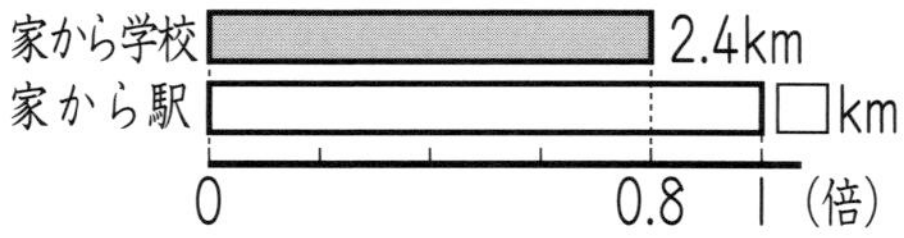


考え方 関係図をかいてみましょう。

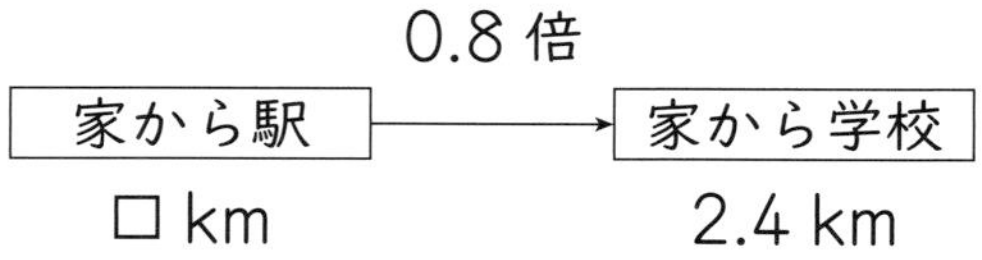


式 2.4÷①□

答えを求めましょう。

式 2.4÷②□＝③□

答え ④□ km

家から駅までの道のりを1としたとき、0.8 倍が家から学校までの道のりだね。

**2** 重さ 1.8 kg のメロンと、重さ 0.4 kg のなしがあります。メロンの重さはなしの重さの何倍ですか。

式をかきましょう。

考え方 数直線図をかいてみましょう。

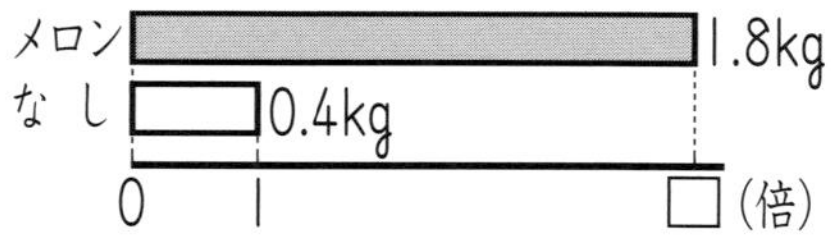


考え方 関係図をかいてみましょう。

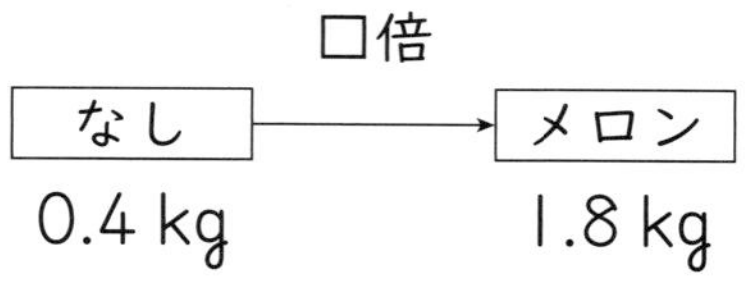


式 1.8÷①□

答えを求めましょう。

式 1.8÷②□＝③□

答え ④□ 倍

倍にあたる大きさ　÷　1とした大きさ
（メロン）　　　　　　（なし）
↑　　　　　　　　　　↑
1.8 kg　　　　　　　　0.4 kg

ヒント　1とする数はどの量にすればよいかを考えてから式をたてよう。

**1** 水とうには水が 2.1 L、やかんには水が 2.8 L はいっています。水とうの水の量は、やかんの水の量の何倍ですか。

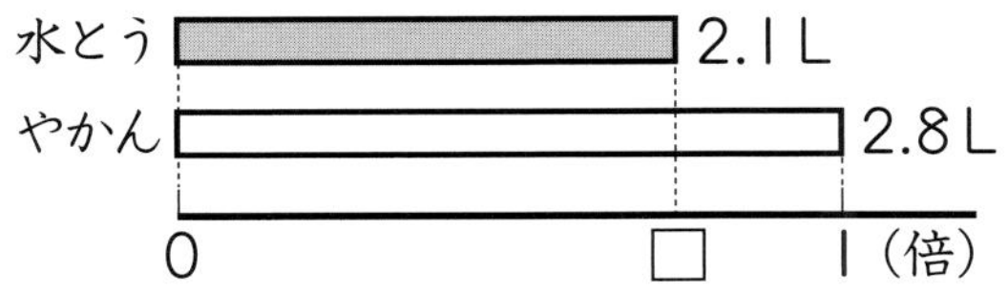


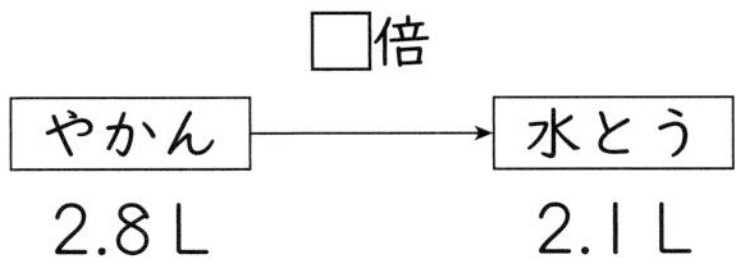


式

答え（　　　　　）

**2** A遊園地の面積は 0.6 km² で、B遊園地の 0.4 倍の広さです。B遊園地の面積は何 km² ですか。

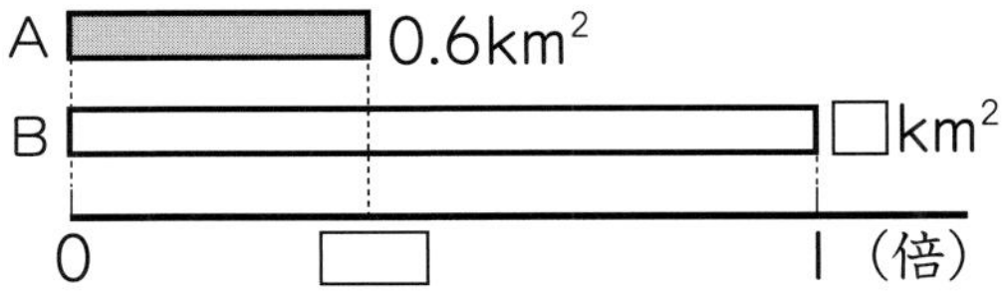


式

答え（　　　　　）

**3** 1パックに 1.5 dL はいった牛にゅうと、2.5 dL はいったジュースがあります。また、お茶1パックはジュースの 1.4 倍の量がはいっています。

(1)お茶1パックの量は何 dL ですか。

式

答え（　　　　　）

(2)牛にゅう1パックの量は、ジュース1パックの量の何倍ですか。

式

答え（　　　　　）

ヒント　**2** 関係図で表すと、こうなるよ。

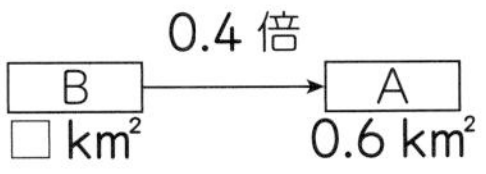

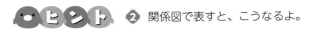

学習日　　月　　日

# 11 公倍数を使って①

答え 12ページ

## 倍数と公倍数

①2に整数をかけてできる数を、2の**倍数**といいます。ただし、0は考えません。

②2の倍数にも、3の倍数にもなっている数を、2と3の**公倍数**といいます。

③公倍数のうち、いちばん小さい数を**最小公倍数**といいます。

2の倍数
0 1 ② 3 ④ 5 ⑥ 7 ⑧ 9 ⑩ 11 ⑫ 13

3の倍数
0 1 2 ③ 4 5 ⑥ 7 8 ⑨ 10 11 ⑫ 13

2と3の公倍数は
6、12、…
↑2と3の最小公倍数

**1** 右の図のように、たて3cm、横5cmの長方形のカードをならべていきます。正方形はできますか。

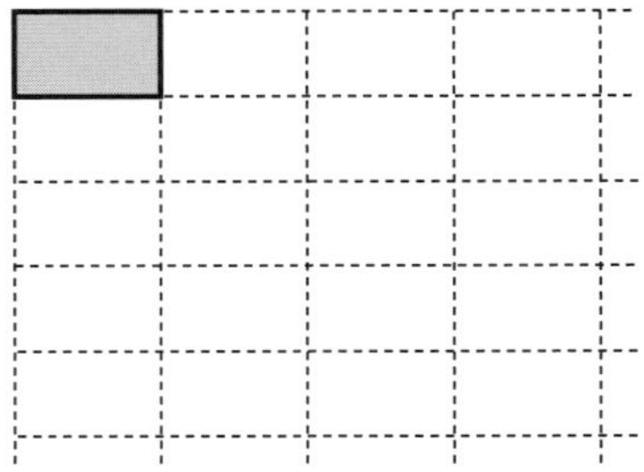

あ「たての長さ」とい「横の長さ」の変化を調べましょう。

考え方 カードを1まい、2まい、…と増《ふ》やしたときのたてと横の長さは、倍数を使って求めます。3と5の倍数は、次のようになります。

あ3の倍数

0　3　6　①[　　]　②[　　]　③[　　]　④[　　]　⑤[　　]　24　27

い5の倍数

0　5　10　⑥[　　]　⑦[　　]　⑧[　　]

答えをまとめましょう。

正方形はでき⑨[　　　　]。

このときの1辺の長さは、3と5の⑩[　　　　]になります。

**2** 右の図のように、たて2cm、横4cmの長方形のタイルをならべていきます。できるだけ小さい正方形をつくるとき、正方形の1辺の長さは何cmですか。

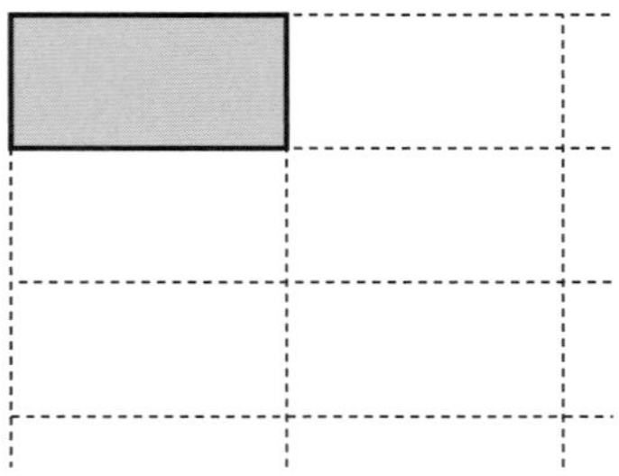

それぞれの倍数を小さいほうから5つずつ求めましょう。

2の倍数…①[　　　　　　　　]

4の倍数…②[　　　　　　　　]

答えを求めましょう。

考え方 最小公倍数を求めます。

答え ③[　　　　] cm

ヒント 長方形をならべて正方形ができるとき、正方形の1辺の長さは、長方形のたてと横の長さの公倍数になっているんだね。

答え 12ページ

**1** 右の図のように、たて6cm、横9cmの長方形のタイルをならべていき、正方形をつくります。

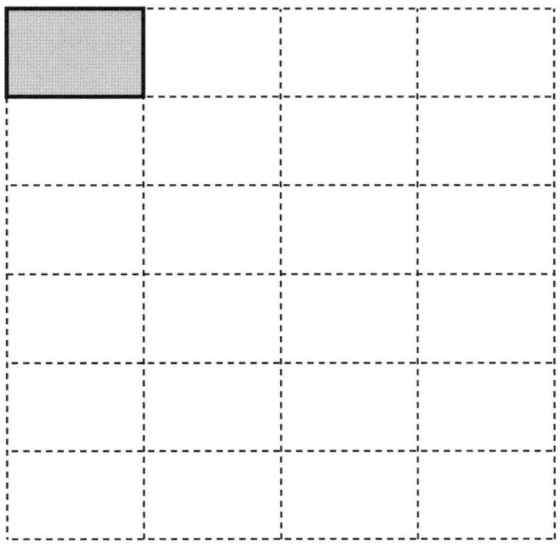

(1)いちばん小さい正方形をつくるとき、1辺の長さは何cmになりますか。

答え(　　　　　)

(2)タイルをならべてできる正方形のうち、2番目と3番目に小さい正方形の1辺の長さはそれぞれ何cmになりますか。

答え　2番目(　　　　　)　3番目(　　　　　)

**2** 右の図のように、たて4cm、横6cmの長方形の紙を、すきまなくならべて、できるだけ小さい正方形をつくります。

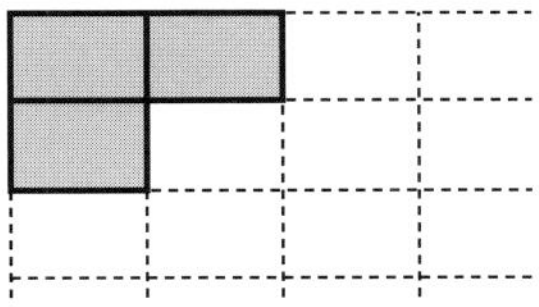

(1)正方形の1辺の長さは、何cmですか。

答え(　　　　　)

(2)(1)のとき、ならべた紙は何まいですか。

答え(　　　　　)

ヒント
**1** (2)いちばん小さい正方形の1辺の長さは、6と9の最小公倍数で求められ、2番目は最小公倍数の2倍、3番目は最小公倍数の3倍になるよ。

学習日　　月　　日

# 12 公倍数を使って②

答え 13ページ

## 公倍数の利用

・電車が同時に発車したり、ふん水が同時に出たりする場合、次に同時になるのが何分後かを公倍数を使って求めることができます。

**1** 外側と内側にふん水があります。外側のふん水は4分ごと、内側のふん水は 10 分ごとに水をふき上げます。午前9時に外側と内側のふん水が同時に水をふき上げました。次に同時にふき上げるのは、午前何時何分ですか。

倍数を、それぞれ5つずつかきましょう。

4の倍数…①

10 の倍数…②

答えを求めましょう。

考え方 4と 10 の最小公倍数は ③ なので、次にふん水が同時に上がるのは、午前9時の ④ 分後です。

答え ⑤

**2** 東駅では、ふつう列車が6分おき、急行列車が 15 分おきに出発します。午前8時にふつう列車と急行列車が同時に出発しました。次にふつう列車と急行列車が同時に出発するのは、午前何時何分ですか。

倍数をそれぞれ5つずつかきましょう。

6の倍数…①

15 の倍数…②

答えを求めましょう。

考え方 6と 15 の最小公倍数は、③ です。

答え ④

同時に出発するのが何分おきになっているのかは、最小公倍数で求めます。

ヒント 同時に出たり、出発したりする時こくなどは、公倍数を使って考えるよ。

★できた問題には、「た」をかこう！★

1 でき　2 でき　3 でき　4 でき

学習日　　月　　日

答え 13ページ

**1** 大きいふん水と小さいふん水があります。大きいふん水は8分ごと、小さいふん水は6分ごとに水をふき上げます。午前10時15分に2つのふん水が同時に水をふき上げたあと、次に同時にふき上げるのは、午前何時何分ですか。

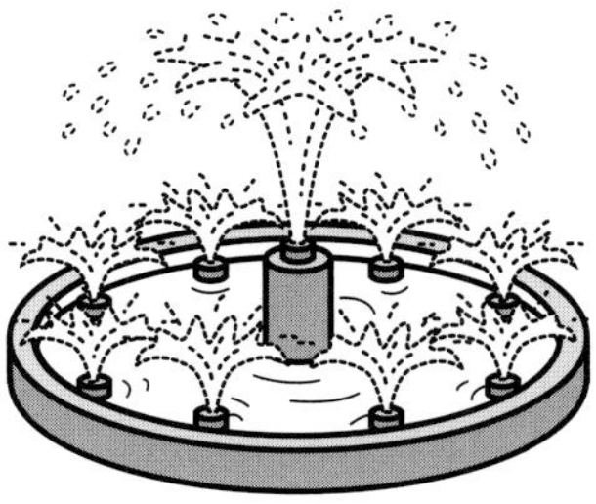

答え（　　　　　　　）

**2** 森林駅から、西駅行きのバスが7分おきに、南駅行きのバスが12分おきに出ています。午前8時に森林駅から西駅行きと南駅行きのバスが同時に出発しました。次に同時に出発するのは午前何時何分ですか。

西駅行き…7分、14分、…
南駅行き…12分、24分、…

答え（　　　　　　　）

**3** 6分ごとに鳴るベル①と、9分ごとに鳴るベル②があります。2つのベルが今はじめて同時に鳴ったとすると、2回目、3回目に同時に鳴るのはそれぞれ何分後ですか。

ベル①…6分、12分、…
ベル②…9分、18分、…

答え　2回目（　　　　　　　）　3回目（　　　　　　　）

**4** ある駅では、バスが15分おき、電車が12分おきに発車します。午後2時に、この駅からバスと電車が同時に発車しました。次に同時に発車するのは午後何時何分ですか。

答え（　　　　　　　）

ヒント　3 最小公倍数の倍数を求めていけば、公倍数がかんたんに求められるよ。

# 13 公約数を使って①

答え 14ページ

## 約数と公約数

①6をわり切ることのできる整数を6の**約数**といいます。
 1ともとの整数6も約数に入れます。

②6の約数にも9の約数にもなっている数を、6と9の**公約数**といいます。

③公約数のうち、いちばん大きい数を**最大公約数**といいます。

| | |
|---|---|
| 6の約数 | ①2③ 6 |
| 9の約数 | ① ③ 9 |

6と9の公約数は、1と3
6と9の最大公約数は、3

**1** 右の図のような、1cmごとに目もりのついたたて16cm、横12cmの方眼紙《ほうがんし》があります。これを目もりの線にそって切り、紙の余《あま》りが出ないように同じ大きさの正方形に分けます。

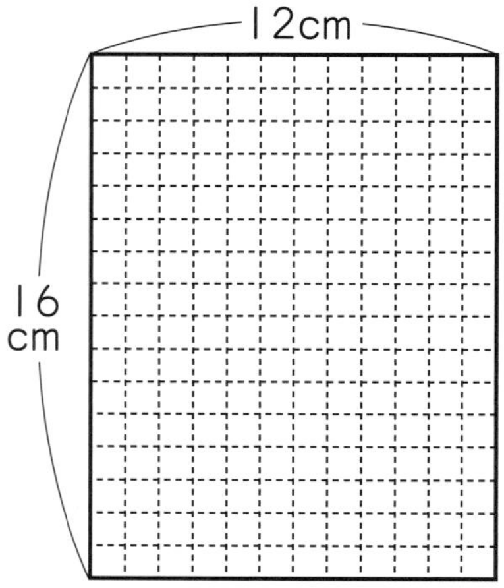


(1)できるだけ大きな正方形に分けるには、1辺の長さを何cmにすればよいですか。

(2)1辺の長さを表す数は、どんな数だといえますか。

(1)方眼紙を余りなく切り分けることができる長さを考えましょう。

考え方 約数をかきましょう。

16…①

12…②

答えを求めましょう。

考え方 上でかいた数のうち、最大公約数を選びます。

答え ③ cm

(2)正方形の1辺の長さは、16と12のどんな数なのかを答えましょう。

考え方 正方形の1辺の長さは、16と12をわり切ることができる数なので、16と12の ① です。

答え ②

ヒント 正方形に分けるとき、たてと横の長さを同じ数でわり切ることができる数だから、方眼紙のたてと横の辺の長さの公約数といえるね。

★できた問題には、「た」をかこう！★

でき 1　でき 2　でき 3

学習日　　月　　日

答え 14ページ

**1** ｌcm ごとに目もりのついた、たて 20 cm、横 16 cm の長方形の紙があります。この紙を目もりにそって切り、紙の余《あま》りが出ないように、同じ大きさのできるだけ大きな正方形に分けるとき、正方形のｌ辺の長さは何 cm になりますか。

わりきれる数だから
約数に関係があるね。

答え（　　　　　）

**2** たて 28 cm、横 49 cm の長方形の紙があります。この紙を切って、同じ大きさの正方形の紙に分けます。

(1) いちばん大きい正方形のｌ辺の長さは何 cm ですか。

答え（　　　　　）

(2) (1)のとき正方形の紙は何まいできますか。

答え（　　　　　）

**3** ｌcm ごとに目もりのついた、たて 54 cm、横 72 cm の長方形の紙があります。この紙を目もりにそって切り、紙の余りが出ないように、同じ大きさの正方形の紙に分けます。このとき、正方形の紙は何種類できますか。

54 の約数…～18、27、54
72 の約数…～18、24、36、72
最大公約数を使って考えよう。

答え（　　　　　）

ヒント　3 最大公約数がいくつになるか考えよう。最大公約数の約数が、2つの数の公約数だよ。

学習日　　月　　日

# 14 公約数を使って②

答え 15ページ

**公約数の利用**

・「ある数」をわり切ることができるとき、その数は「ある数」の約数です。
・2つの数を両方わり切ることができる数は、2つの数の公約数です。

**1** 24本のマジックを同じ数ずつ、18本のボールペンを同じ数ずつ組みあわせて、束にします。どちらも余《あま》りが出ないようにするには、束を何束にすればよいですか。

24と18の約数をかきましょう。

24の約数…①

18の約数…②

束の数を求めましょう。

考え方 24と18を両方わり切ることができる数（公約数）をみつけ、すべて答えます。

答え ③

**2** 赤い折り紙20まいと黄色い折り紙36まいを、それぞれ同じまい数ずつ、できるだけ多くの子どもに配ります。余りが出ないようにすると、何人に配ることができますか。

20と36の約数をかきましょう。

20の約数…①

36の約数…②

答えを求めましょう。

考え方 20と36の公約数の中から、最も大きい数をみつけます。

答え ③　　人

ヒント　2つの数を同じ数でわるとき、ともに余りが出ないのは、2つの数の公約数でわっているからだね。

★できた問題には、「た」をかこう！★

でき 1　でき 2　でき 3　でき 4

学習日　月　日

答え 15ページ

**1** チョコレートが 48 個《こ》、あめが 32 個あります。これを、チョコレートやあめに余《あま》りが出ないように、チョコレートを同じ数ずつ、あめを同じ数ずつにそれぞれ分け、セットにしてからなるべく多くの子どもに配ります。何人の子どもに配ることができますか。

48 の約数…
32 の約数…

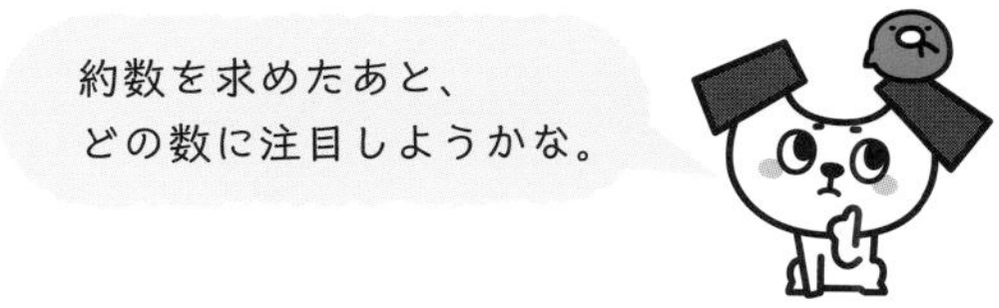


答え（　　　　　）

**2** 赤いバラ 21 本と、白いバラ 14 本があります。これを、できるだけ多くの子どもに同じように分け、余《あま》りが出ないようにするには、何人の子どもに分ければよいですか。

21 の約数…
14 の約数…

答え（　　　　　）

**3** 小学生が 35 人、先生が 14 人います。それぞれ同じ人数に分かれてグループをつくります。余る人が出ないように、できるだけ多くのグループをつくるとき、グループはいくつできますか。

答え（　　　　　）

**4** 45 本のえん筆と、36 本のボールペンがあります。それぞれ、余りが出ないように、同じ本数ずつふくろにいれていきます。ふくろのいれ方は、何通りありますか。

答え（　　　　　）

ヒント　同じように分けながら、余りも出さないようにするには、公約数を使って考えればいいね。

学習日　　月　　日

# 15 分数のたし算①

答え 16ページ

## 分数のたし算

①分母のちがう分数のたし算は、通分してから計算します。

②帯分数のたし算は、仮分数《かぶんすう》になおしたり、整数部分と分数部分に分けたりして計算します。

例 $\frac{2}{3}+\frac{1}{4}=\frac{8}{12}+\frac{3}{12}=\frac{11}{12}$

**1** 牛にゅうが、2つのいれものに、それぞれ $\frac{2}{3}$ L、$\frac{1}{6}$ L はいっています。あわせると何 L ですか。

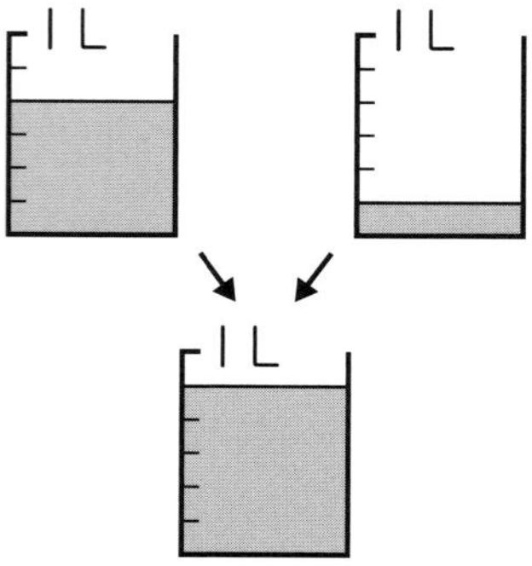


式をかきましょう。

式 $\frac{2}{3}+$ ①

答えを求めましょう。

考え方 分母のちがう分数なので、分母を通分してから計算しましょう。

式 $\frac{2}{3}+$ ② ＝ ③ ＋ ④ ＝ ⑤

答え ⑥ L

**2** なおきさんは、$1\frac{2}{3}$ $m^2$ のかべをペンキでぬりました。つよしさんは、$1\frac{1}{2}$ $m^2$ のかべをペンキでぬりました。2人あわせて何 $m^2$ のかべをぬりましたか。

式をかきましょう。

式 $1\frac{2}{3}+$ ①

答えを求めましょう。

考え方 仮分数になおしてから通分しましょう。

式 $1\frac{2}{3}+$ ② ＝ $\frac{5}{3}+$ ③ ＝ ④ ＋ ⑤ ＝ ⑥

（仮分数になおす。）（通分する。）

答え ⑦ $m^2$

ヒント 「あわせる」から、たし算だよ。分数のたし算は、分母を同じ数に通分してから計算すればいいね。

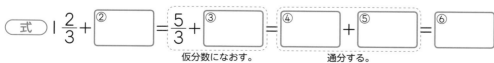

# 練習

★できた問題には、「た」をかこう！★

1 でき　2 でき　3 でき　4 でき

学習日　　月　　日

答え　16ページ

**1** お茶がやかんに $\frac{5}{4}$ L、ポットに $\frac{4}{5}$ L はいっています。お茶はあわせると何 L ですか。

4と5の最小公倍数は…

式

答え（　　　　　）

**2** 小さいバケツにジャガイモが $\frac{5}{6}$ kg、大きいバケツには $\frac{15}{8}$ kg はいっています。あわせて何 kg ありますか。

式

答え（　　　　　）

**3** たかしさんは、1日目に $1\frac{2}{5}$ km、2日目に $2\frac{2}{3}$ km 走りました。あわせて何 km 走りましたか。

仮《か》分数《ぶんすう》になおしたり、整数部分と分数部分に分けたりして計算しよう。

式

答え（　　　　　）

**4** 家から公園まで $\frac{7}{10}$ km、公園から学校まで $1\frac{1}{3}$ km あります。家から公園の前を通り、学校へ行くと、全部で何 km になりますか。

式

答え（　　　　　）

ヒント　4 家から公園までの道のりと、公園から学校までの道のりをたせばいいね。

ぴったり1 準備

# 16 分数のたし算②

学習日　　月　　日

答え 17ページ

## 分数のたし算

・分数のたし算では、分母を通分してから計算します。

**1** びんに水が $\frac{1}{2}$ L はいっています。これに水を $\frac{1}{6}$ L 加えると、全部で何 L になりますか。

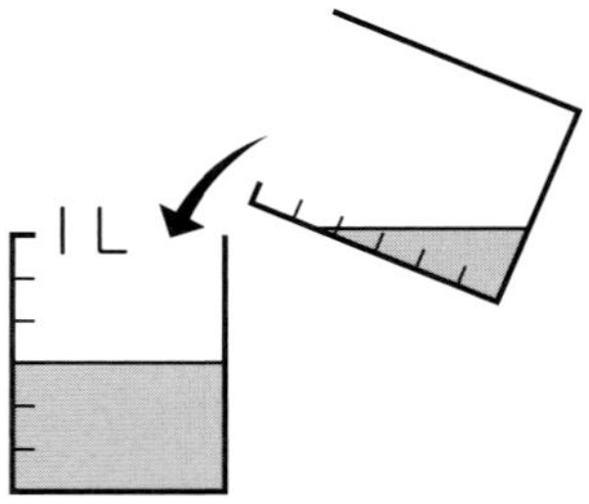


式をかきましょう。

式 $\frac{1}{2}+$ ①□

答えを求めましょう。

考え方 分母のちがう分数なので、分母を通分してから計算しましょう。

式 $\frac{1}{2}+$ ②□ ＝ ③□ ＋ ④□ ＝ ⑤□ ＝ ⑥□

答え ⑦□ L

約分をわすれずに。

**2** バケツに水が $\frac{2}{3}$ L はいっています。このバケツに $\frac{14}{15}$ L の水を加えたあと、さらに $\frac{3}{5}$ L の水を加えました。バケツにはいっている水は何 L になりましたか。

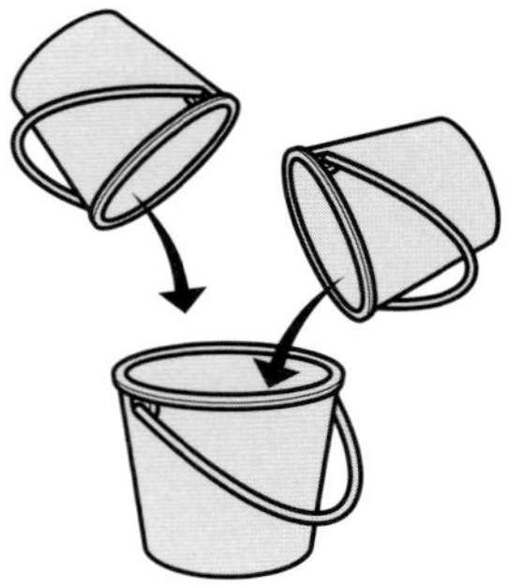

式をかきましょう。

式 $\frac{2}{3}+$ ①□ ＋ ②□

答えを求めましょう。

考え方 通分してから計算しましょう。

式 $\frac{2}{3}+$ ③□ ＋ ④□ ＝ ⑤□ ＋ ⑥□ ＋ ⑦□ ＝ ⑧□ ＝ ⑨□

（⑤〜⑦：通分する。　⑨：約分する。）

答え ⑩□ L

ヒント **2** 「ふえる」から、たし算だよ。3つの分数のたし算でも、分母を通分すれば計算できるね。

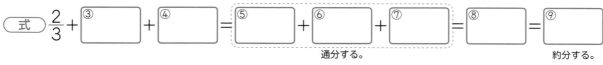

答え 17ページ

**1** なべに $\frac{2}{3}$ L の水をいれたあと、$\frac{5}{6}$ L の水を加えました。なべにはいっている水は何 L ですか。

式

答え（　　　　　）

**2** $1\frac{1}{2}$ m$^2$ をペンキでぬったあと、さらに $1\frac{1}{10}$ m$^2$ をぬりました。ぬった面積は何 m$^2$ ですか。

式

答え（　　　　　）

**3** 朝に牛にゅうを $\frac{2}{3}$ L 飲み、昼に $\frac{1}{4}$ L、夕方に $\frac{5}{6}$ L 飲みました。1日で飲んだ牛にゅうは何 L になりますか。

式

答え（　　　　　）

**4** 月曜日にとれた野菜は $\frac{1}{2}$ kg、火曜日は $\frac{4}{5}$ kg、水曜日は $\frac{9}{10}$ kg でした。月曜日から水曜日の間にとれた野菜は全部で何 kg ですか。

式

答え（　　　　　）

ぴったり1 準備

学習日　　月　　日

# 17 分数のひき算①

答え 18ページ

## 分数のひき算

①分母のちがう分数のひき算は、通分してから計算します。
②帯分数のひき算は、仮《か》分数《ぶんすう》になおしたり、整数部分と分数部分に分けたりして計算します。

例 $\frac{2}{3}-\frac{1}{4}=\frac{8}{12}-\frac{3}{12}=\frac{5}{12}$

**1** $\frac{7}{8}$ m のはり金があります。このはり金から $\frac{1}{12}$ m 切り取ると、残ったはり金は何 m ですか。

式をかきましょう。

式 $\frac{7}{8}-$ ①□

答えを求めましょう。

考え方 分母のちがう分数なので、分母を通分してから計算しましょう。

式 $\frac{7}{8}-$ ②□ ＝ ③□ － ④□ ＝ ⑤□

答え ⑥□ m

8と 12 の最小公倍数で通分してみよう。

**2** ペンキが $3\frac{1}{4}$ dL あります。このペンキを $1\frac{1}{2}$ dL 使うと、残りは何 dL になりますか。

式をかきましょう。

式 $3\frac{1}{4}-$ ①□

答えを求めましょう。

考え方 仮分数になおしてから通分しましょう。

式 $3\frac{1}{4}-$ ②□ ＝ $\frac{13}{4}-$ ③□ ＝ ④□ － ⑤□ ＝ ⑥□

（仮分数になおす。）（通分する。）

答え ⑦□ dL

$3\frac{1}{4}\to3+\frac{1}{4}$ のように、帯分数を整数部分と分数部分に分けて計算してもいいよ。

ヒント **2** 「残り」を求めるから、ひき算だよ。帯分数でも、分母を通分すれば計算できるね。

ぴったり2

# 練習

★できた問題には、「た」をかこう！★

でき 1　でき 2　でき 3　でき 4

学習日　月　日

答え　18ページ

**1** $\frac{7}{10}$ m のリボンから、$\frac{1}{4}$ m 切り取りました。残りは何 m ですか。

式

答え（　　　　）

**2** $\frac{4}{5}$ kg の油のうち、$\frac{1}{3}$ kg を使いました。残りは何 kg ですか。

式

答え（　　　　）

**3** $1\frac{4}{7}$ L のオレンジジュースのうち、$\frac{2}{3}$ L を飲みました。残りは何 L ですか。

仮《か》分数《ぶんすう》になおしてから計算しよう。

式

答え（　　　　）

**4** $3\frac{1}{4}$ kg の肉があり、このうち $1\frac{3}{5}$ kg を使いました。残りは何 kg ですか。

式

答え（　　　　）

ヒント

**3** **4** 帯分数の計算は、仮分数になおしてから計算するほか、整数部分と分数部分に分けて計算してもいいよ。

学習日　　月　　日

# 18 分数のひき算②

答え 19ページ

## 分数のひき算

・分数のひき算では、分母を通分してから計算します。

**1** 大きいびんに水が $\frac{3}{4}$ L、小さいびんに水が $\frac{1}{12}$ L はいっています。ちがいは何 L ですか。

式をかきましょう。

式 $\frac{3}{4}-$ ①

答えを求めましょう。

考え方 分母のちがう分数なので、分母を通分してから計算しましょう。

式 $\frac{3}{4}-$ ② = ③ − ④

= ⑤ = ⑥

答え ⑦ L

**2** お茶が $\frac{4}{5}$ L あります。このうち $\frac{2}{15}$ L 飲んだあと、さらに $\frac{1}{3}$ L 飲みました。残っているお茶は何 L ですか。

式をかきましょう。

式 $\frac{4}{5}-$ ① − ②

答えを求めましょう。

考え方 通分してから計算しましょう。

式 $\frac{4}{5}-$ ③ − ④

= ⑤ − ⑥ − ⑦

= ⑧ = ⑨

答え ⑩ L

ヒント

**1** 「ちがい」を求めるから、ひき算だよ。3つの分数の計算も、分母をみて最小公倍数で通分すれば、計算のしかたは同じだね。

答え　19ページ

**1** なべに水が $\frac{11}{12}$ L、やかんに水が $\frac{2}{3}$ L はいっています。ちがいは何 L ですか。

通分をすると、
分数の大小がわかるね。

式

答え（　　　　）

**2** 長さ $\frac{11}{14}$ m のぼうと、長さ $\frac{31}{35}$ m のひもがあります。どちらが何 m 長いですか。

14 の倍数…14、28、…
35 の倍数…35、70、…
最小公倍数はいくつかな。

式

答え（　　　　）

**3** $\frac{9}{10}$ L の油があります。月曜日に $\frac{2}{5}$ L、火曜日に $\frac{1}{3}$ L 使いました。残った油は何 L ですか。

式

答え（　　　　）

**4** 家から学校までの道のりは、2 km です。家から学校まで行くと中に本屋とコンビニがあり、家から本屋までは $\frac{4}{5}$ km、本屋からコンビニまでは $\frac{7}{10}$ km です。コンビニから学校までは何 km ありますか。

式

答え（　　　　）

ヒント　**4** 整数を仮《か》分数《ぶんすう》にしてから計算しよう。

ぴったり1 準備

学習日　月　日

# 19 平均①

答え 20ページ

## 平均《へいきん》

・いくつかの数量を、同じ大きさになるようにならしたものを、それらの数量の平均といいます。
平均は、平均するものの数量の合計を、個数《こすう》でわれば求められます。
**平均＝合計÷個数**

**1** 3個のみかんをしぼると、とれたジュースの量は右のようでした。
みかん１個からとれるジュースの量は、平均何 mL ですか。

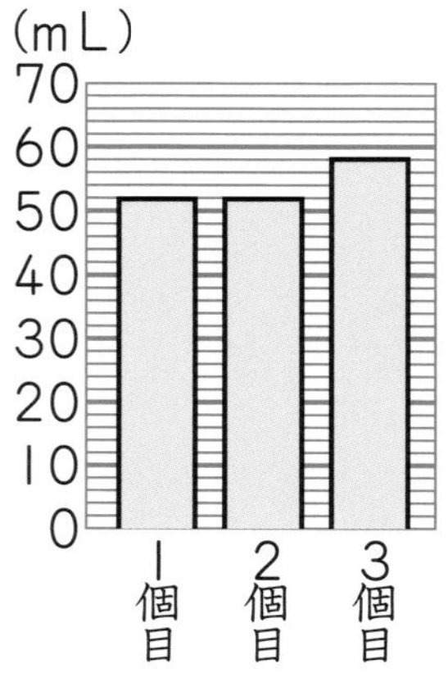

（mL）
70
60
50
40
30
20
10
0
１個目
２個目
３個目

みかん３個分のジュースの合計を求めましょう。

52＋52＋58＝①＿＿（mL）

１目もりは２mL を表しているね。

ことばの式にあてはめてみましょう。

平均＝合計÷個数

式 ②＿＿÷3

答えを求めましょう。

式 ③＿＿÷3＝④＿＿

答え ⑤＿＿ mL

**2** 5個のたまごの重さをはかったら、次のようになりました。

59g　64g　65g　56g　62g

たまごの重さは、１個平均何 g ですか。

たまご5個の重さの合計を求めましょう。

59＋64＋65＋56＋62＝①＿＿

ことばの式にあてはめてみましょう。

平均＝合計÷個数

式 ②＿＿÷5

個数は
たまごの数だから、
5がはいるんだね。

答えを求めましょう。

式 ③＿＿÷5＝④＿＿

答え ⑤＿＿ g

ヒント **2** 平均を求めると、答えが小数になることがあるよ。

ぴったり2

# 練習

学習日　　月　　日

★できた問題には、「た」をかこう！★

でき 1　でき 2　でき 3　でき 4

答え 20ページ

**1** 右の表は、あるスーパーの月曜日から金曜日までのメロンの売れた個数《こすう》を表したものです。売れたメロンの個数は、１日平均《へいきん》何個ですか。

| 曜日 | 月 | 火 | 水 | 木 | 金 |
|---|---|---|---|---|---|
| メロンの個数(個) | 86 | 42 | 51 | 38 | 55 |

式

答え(　　　　　　)

**2** ある日にとれたみかんの重さをはかると、次のようになっていました。みかんの重さは、１個平均何 g ですか。

160 g　168 g　158 g　157 g　163 g　162 g　164 g　156 g

式

答え(　　　　　　)

**3** 漢字テストの点数をまとめると、右の表のようになりました。漢字テストの平均点は何点でしたか。

| | |
|---|---|
| さおり | 20 点 |
| こうた | 18 点 |
| しんや | 15 点 |
| ゆ　き | 20 点 |
| ななみ | 12 点 |
| えいた | 20 点 |

式

答え(　　　　　　)

**4** 右の表は、ある店で売れたノートのさっ数を、１週間調べたものです。この店で売れたノートのさっ数は、１日平均何さつですか。

| 曜日 | 月 | 火 | 水 | 木 | 金 | 土 | 日 |
|---|---|---|---|---|---|---|---|
| 売れたノートのさっ数(さつ) | 11 | 8 | 7 | 9 | 4 | 12 | 26 |

式

答え(　　　　　　)

ヒント　平均は、合計÷個数で求められるね。

# 20 平均②

学習日　　月　　日

答え 21ページ

## 平均《へいきん》から合計を求める

・平均から合計を求めるときは、個数《こすう》を平均にかけます。

**合計＝平均×個数**

**1** 24個のりんごが入った箱の中から3個を取り出して重さをはかると、次のようでした。

295g　298g　289g

りんご24個の重さは、何kgになると考えられますか。

りんご3個の重さから、1個平均何gかを求めましょう。

りんごの1個平均の重さ ＝ りんご3個の合計の重さ ÷ りんごの数

式 (①＿＿＋②＿＿＋③＿＿)÷3＝④＿＿

りんごの1個平均の重さは⑤＿＿g

1個平均の重さを使って、答えを求めましょう。

全体の重さ ＝ りんごの1個平均の重さ × りんごの数

式 ⑥＿＿×24＝⑦＿＿

1000g＝1kgだから、⑧＿＿g＝⑨＿＿kg

答え ⑩＿＿kg

**2** 1組の子どもが男子と女子に分かれて、折り紙でツルを折りました。男子と女子の人数と、できたツルの1人平均の数は右の表のようになりました。1組全体では、1人平均何羽を折ったことになりますか。

折ったツルの数

| | 人数 | 1人平均の数 |
|---|---|---|
| 男子 | 15人 | 13羽 |
| 女子 | 10人 | 18羽 |

できたツルと1組の子どもの人数のそれぞれの合計を求めましょう。

男子と女子が折ったツルの合計の数…①＿＿×15＋②＿＿×10＝③＿＿
（男子が折った合計）（女子が折った合計）（男子と女子の合計）

1組の人数の合計…15＋④＿＿＝⑤＿＿

ことばの式にあてはめて式をつくりましょう。

1組の平均 ＝ 1組全体の折ったツルの合計 ÷ 1組の人数の合計

式 ⑥＿＿÷⑦＿＿

答えを求めましょう。

式 ⑧＿＿÷⑨＿＿＝⑩＿＿

答え ⑪＿＿羽

ヒント

**2** 男子の平均と女子の平均を使って、その平均を求めてはいけないよ。男子の合計と女子の合計の和を求めてから、1組全体の人数でわって求めるよ。

★できた問題には、「た」をかこう！★

でき 1　でき 2　でき 3

学習日　月　日

答え 21ページ

**1** 5個《こ》のじゃがいもの重さをはかったら、次のようになりました。

| 120g　115g　124g　132g　118g |
|---|

じゃがいも10個では、合計で何gになると考えられますか。

まずは、平均《へいきん》を
求めよう。

式

答え（　　　　　　）

**2** 右の表は、さとるさんが10歩ずつ5回歩いたときの記録です。さとるさんが家から図書館まで歩くと820歩ありました。さとるさんの家から図書館までは、約何mですか。四捨五入《ししゃごにゅう》して上から2けたの概数《がいすう》で求めましょう。

| 回 | 10歩のきょり |
|---|---|
| 1 | 7m 10cm |
| 2 | 7m 13cm |
| 3 | 7m 6cm |
| 4 | 7m 15cm |
| 5 | 7m 11cm |

式

答え（　　　　　　）

**3** 右の表は、5年1組と2組で集めたペットボトルのふたの数を使って、各組で1人平均何個のペットボトルのふたを集めたかを求めてまとめたものです。

| | 人数（人） | 平均の個数（個） |
|---|---|---|
| 5年1組 | 35 | 12.2 |
| 5年2組 | 35 | 13.4 |

(1) 1組と2組をあわせて、集めたペットボトルのふたの数の合計は何個ですか。

式

答え（　　　　　　）

（合計）＝（平均）×（人数）
だから、5年1組の合計は、
12.2×35、5年2組の合
計は、13.4×35だよ。

(2) 1組と2組をあわせて、集めたペットボトルのふたの数は1人平均何個ですか。

式

答え（　　　　　　）

ヒント　3 (2)全体の平均を求めるときは、各組の平均を使って全部の数を出してから人数でわるよ。

# 21 平均③

答え 22ページ

## 0があるときの平均《へいきん》

・平均を求めるときは、0のときも個数《こすう》に入れて計算します。

**1** 右の表は、4月から8月までにあきらさんが読み終わった本のさっ数をまとめたものです。読み終わった本は、1か月平均何さつですか。

| 月 | 4月 | 5月 | 6月 | 7月 | 8月 |
|---|---|---|---|---|---|
| さっ数(さつ) | 1 | 0 | 2 | 2 | 4 |

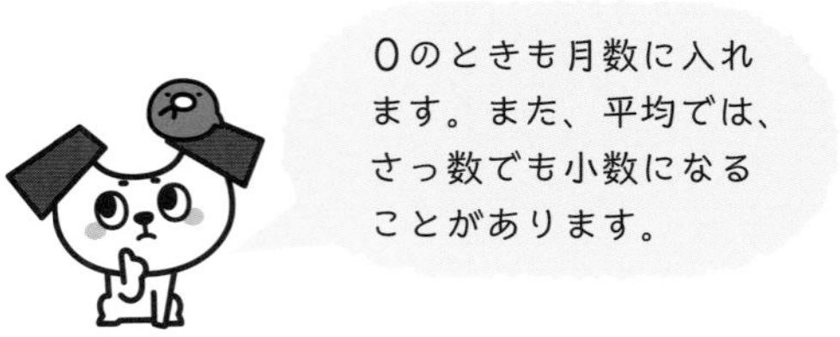


平均を求める公式にあてはめましょう。

考え方　0さつだった5月の結果も入れて計算します。

平均 ＝ 合計 ÷ 個数

式　(①　　)＋(②　　)＋(③　　)＋(④　　)＋(⑤　　))÷5

答えを求めましょう。

式　(⑥　　)＋(⑦　　)＋(⑧　　)＋(⑨　　)＋(⑩　　))÷5＝⑪

答え　⑫　　さつ

**2** 右の表は、たけるさんが1週間で飲んだかんジュースの本数を表したものです。たけるさんが飲んだかんジュースは、1日平均何本ですか。

| 曜日 | 月 | 火 | 水 | 木 | 金 | 土 | 日 |
|---|---|---|---|---|---|---|---|
| かんジュースの本数(本) | 1 | 2 | 0 | 1 | 2 | 1 | 0 |

平均を求める公式にあてはめましょう。

考え方　7日間の平均を求めるので、0を入れて計算します。

平均 ＝ 合計 ÷ 個数

式　(①　　)＋(②　　)＋(③　　)＋(④　　)＋(⑤　　)＋(⑥　　)＋(⑦　　))÷7

答えを求めましょう。

式　(⑧　　)＋(⑨　　)＋(⑩　　)＋(⑪　　)＋(⑫　　)＋(⑬　　)＋(⑭　　))÷7
＝⑮

答え　⑯　　本

ヒント　**2**　0があっても、そのまま計算して答えを求めよう。

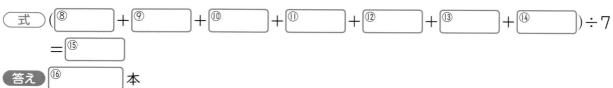

答え　22ページ

① 右の表は、ある週の月曜日から金曜日までの間に、５年生で欠席した人数をまとめたものです。この週に欠席した５年生の人数は、１日平均《へいきん》何人ですか。

| 曜日 | 月 | 火 | 水 | 木 | 金 |
|---|---|---|---|---|---|
| 人数(人) | 3 | 5 | 0 | 2 | 4 |

水曜日の０人も入れて計算します。

式

答え（　　　）

② 下は、ある野球チームのメンバーが、１日の練習の間で打ったヒットの数を調べたものです。このチームのメンバーが打ったヒットの数は、１人平均何本ですか。

３本　２本　０本　１本　２本　１本

式

答え（　　　）

③ 右の表は、ゆうたさんが４月から７月までの間に図書室で借りた本のさっ数をまとめたものです。ゆうたさんが借りた本のさっ数は、１か月平均何さつですか。

| 月 | ４月 | ５月 | ６月 | ７月 |
|---|---|---|---|---|
| 図書室で借りた本のさっ数(さつ) | 0 | 7 | 10 | 9 |

式

答え（　　　）

④ 下の表は、ある週にゆかりさんが飲んだスポーツドリンクの量を調べ、まとめたものです。

| 曜　日 | 月 | 火 | 水 | 木 | 金 | 土 | 日 |
|---|---|---|---|---|---|---|---|
| スポーツドリンクの量(mL) | 850 | 740 | 640 | 860 | 740 | 910 | 0 |

ゆかりさんが飲んだスポーツドリンクの量の１日平均は何 mL ですか。四《し》捨《しゃ》五《ご》入《にゅう》して $\frac{1}{10}$ の位までの概数《がいすう》にして表しましょう。

式

答え（　　　）

ヒント　④ $\frac{1}{100}$ の位まで計算して求めよう。

# 22 単位量あたりの大きさ①

答え 23ページ

## 単位量あたりの大きさ

・こみぐあいを、1人あたりの平均《へいきん》の面積や、1 $m^2$ あたりの平均の人数を調べて、くらべることがあります。このようにして表した数量を、単位量あたりの大きさといいます。

**1** 下の3つの部屋のこみぐあいをくらべます。3つの部屋でいちばんこんでいるのはどの部屋でしょうか。

1号室

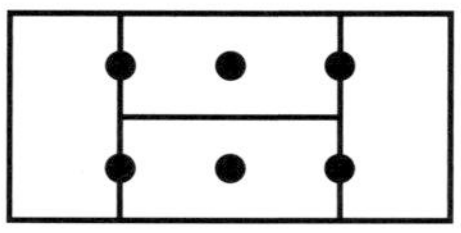

たたみ4まい、子ども6人

2号室

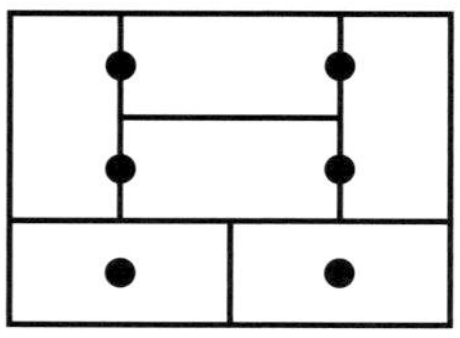

たたみ6まい、子ども6人

3号室

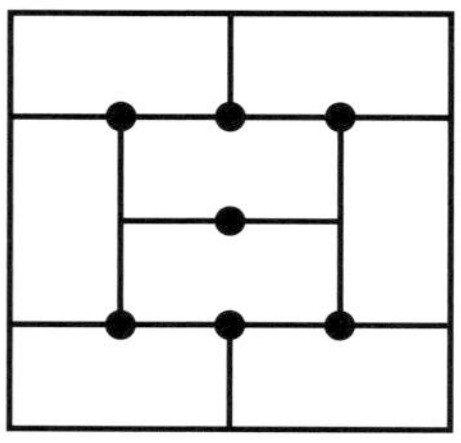

たたみ8まい、子ども7人

㋐たたみ1まいあたりの子どもの数を求めてくらべましょう。
㋑子ども1人あたりのたたみの数を求めてくらべましょう。
㋒いちばんこんでいる部屋はどの部屋かを答えましょう。

㋐たたみ1まいあたりの子どもの数を求めます。

考え方 ことばの式にあてはめて、計算しましょう。

子どもの数 ÷ たたみの数 ＝ たたみ1まいあたりの子どもの数

式 1号室…6÷［①］＝［②］、たたみ1まいあたりの子どもの数［③］人
2号室…［④］÷6＝［⑤］、たたみ1まいあたりの子どもの数［⑥］人
3号室…［⑦］÷8＝［⑧］、たたみ1まいあたりの子どもの数［⑨］人

答えをかきましょう。

答え 1まいのたたみにいちばん多くの子どもがいる部屋は、［⑩］号室です。

---

㋑子ども1人あたりのたたみの数を求めます。

考え方 ことばの式にあてはめて、計算しましょう。
わり切れないときは、四捨五入《ししゃごにゅう》して上から2けたの概数《がいすう》で表しましょう。

たたみの数 ÷ 子どもの数 ＝ 子ども1人あたりのたたみの数

式 1号室…4÷［①］＝0.666…、子ども1人あたりのたたみの数約［②］まい
2号室…［③］÷6＝［④］、子ども1人あたりのたたみの数［⑤］まい
3号室…［⑥］÷7＝1.14…、子ども1人あたりのたたみの数約［⑦］まい

答えをかきましょう。

答え 子ども1人あたりのたたみの数がいちばん少ない部屋は、［⑧］号室です。

---

㋒いちばんこんでいる部屋はどの部屋かを答えましょう。

答え ［①］号室

ヒント ㋐は、たたみ1まいあたりの子どもの数が多いほうが、㋑は子ども1人あたりのたたみの数が少ないほうがこんでいるね。

★できた問題には、「た」をかこう！★

できた 1　できた 2　できた 3

学習日　　月　　日

答え 23ページ

**1** A室とB室の面積と、中にいる児童数は、右の表のようになっています。面積のわりに人数が多いのはどちらですか。

| | A室 | B室 |
|---|---|---|
| 児童数 | 9人 | 13人 |
| 面積 | 15 m² | 20 m² |

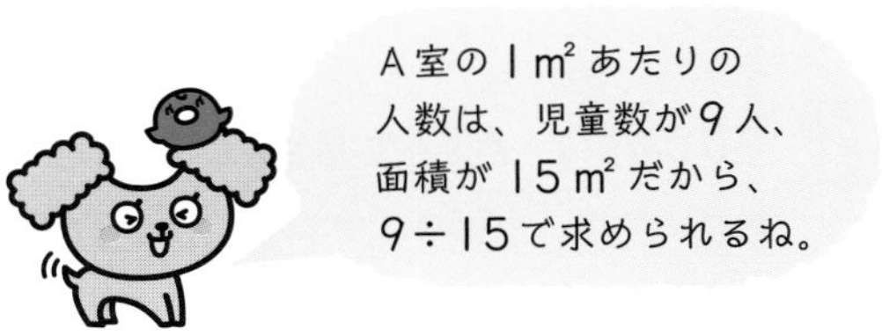


答え（　　　　　　　）

**2** 北公園と南公園の面積と、そこで遊んでいる子どもの人数は、右の表のようになっています。
面積のわりに人数が多いのはどちらの公園ですか。

| | 北公園 | 南公園 |
|---|---|---|
| 人数 | 36人 | 30人 |
| 面積 | 180 m² | 135 m² |

答え（　　　　　　　）

**3** ある旅館の「さくらの間」の面積は 37 m² です。そこに、ちひろさんたち8人がとまります。
次の問題に上から2けたの概数で答えましょう。

(1) 1人あたりの面積は何 m² ですか。

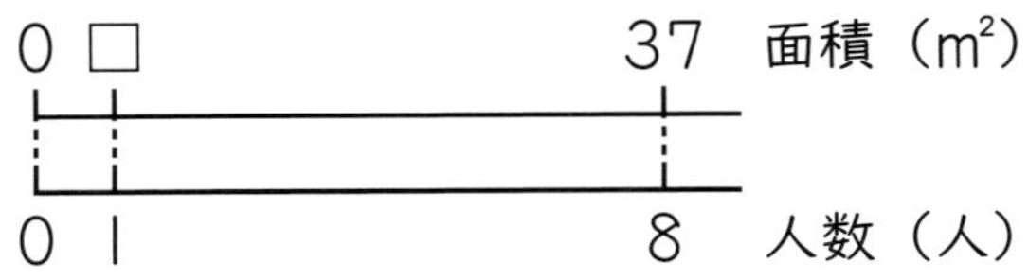


式

答え（　　　　　　　）

(2) 1 m² あたりの人数は何人ですか。

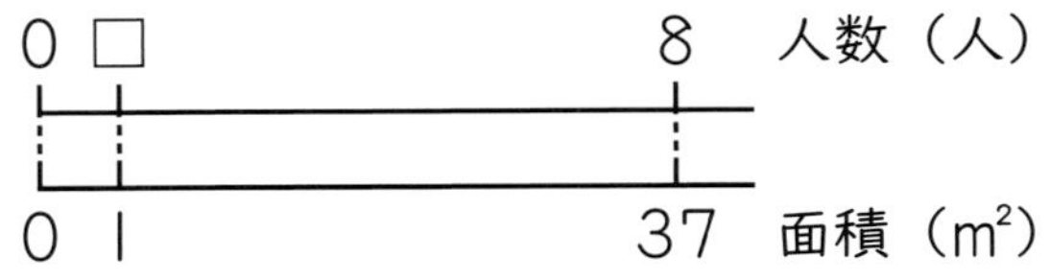


式

答え（　　　　　　　）

ヒント　❶❷ 同じ面積あたりの人数が多いほうがこんでいるよ。

学習日　　月　　日

# 23 単位量あたりの大きさ②

答え 24ページ

## 人口密度《じんこうみつど》

・１km$^2$ あたりの人口を、人口密度といいます。
人口密度＝人口（人）÷面積（km$^2$）

例 12000人が住んでいる、面積が60 km$^2$ の町の人口密度は、
12000÷60＝200（人）

**1** 右の表は、A県とB県の人口と面積を調べてまとめたものです。面積のわりに人口が多いのはどちらですか。

| | 人口（万人） | 面積（km$^2$） |
|---|---|---|
| A県 | 548 | 8400 |
| B県 | 145 | 2300 |

● 面積１km$^2$ あたりの人口（人口密度）を求める式をかきましょう。

考え方 ことばの式にあてはめてみましょう。

［人口］÷［面積］＝［人口密度］

式 A県…5480000÷［①　　］
B県…［②　　］÷2300

● 上の式の答えを、四捨五入《ししゃごにゅう》して一の位までの概数《がいすう》で求めましょう。

式 A県の人口密度…5480000÷［③　　］＝［④　　］
１km$^2$ あたり約［⑤　　］人
B県の人口密度…［⑥　　］÷2300＝［⑦　　］
１km$^2$ あたり約［⑧　　］人

● 答えを書きましょう。

答え 面積のわりに人口が多いのは、［⑨　　］県です。

**2** 右の表は、東市と西市の人口と面積を調べてまとめたものです。どちらの市のほうがこんでいますか。東市と西市の人口密度を、四捨五入して一の位までの概数で求めて答えましょう。

| | 人口（人） | 面積（km$^2$） |
|---|---|---|
| 東市 | 75570 | 8.2 |
| 西市 | 71000 | 5.1 |

● それぞれの市の人口密度を求める式をかきましょう。

考え方 ことばの式にあてはめてみましょう。

［人口］÷［面積］＝［人口密度］

式 東市１km$^2$ あたりの人口…［①　　］÷8.2
西市１km$^2$ あたりの人口…［②　　］÷5.1

● 上の式の答えを、四捨五入して一の位までの概数で求めましょう。

式 東市…［③　　］÷8.2＝［④　　］、人口密度　約［⑤　　］人
西市…［⑥　　］÷5.1＝［⑦　　］、人口密度　約［⑧　　］人

● 答えを書きましょう。

答え ［⑨　　］市のほうがこんでいる。

ヒント 人口密度が大きいほうがこんでいるよ。人口密度は１km$^2$ あたりの人口を表しているから、単位量あたりの大きさを求めているんだよ。

ぴったり２
# 練習

★できた問題には、「た」をかこう！★

でき ❶　でき ❷

学習日　　月　　日

答え 24ページ

**1** 面積 17 km$^2$ のA市には、19820 人が住んでいます。
A市の人口密度《じんこうみつど》を小数第１位を四捨五入《ししゃごにゅう》して求めましょう。

１km$^2$ あたりの人口を
人口密度といったね。

式

答え（　　　　　　）

**2** B市の面積は 120 km$^2$ で、人口は 216000 人です。
C市の面積は 160 km$^2$ で、人口は 266000 人です。

(1) B市の人口密度を求めましょう。

式

答え（　　　　　　）

(2) C市の人口密度を、小数第１位を四捨五入して、整数で求めましょう。

式

答え（　　　　　　）

(3) どちらの市のほうが面積のわりに人口が多いですか。

人口密度を使って
くらべよう。

答え（　　　　　　）

ヒント　❷ (3) １km$^2$ あたりに住んでいる人数が多いほど、人口密度も大きいよ。

# 24 単位量あたりの大きさ③

答え 25ページ

**単位量あたりの大きさの利用**

・1L あたり、1$m^2$ あたり、1kg あたりなど、1あたりの量を求めると、いろいろな数量をくらべることができます。

**1** 乗用車とトラックがあります。乗用車は 40L のガソリンで 800km 走れます。トラックは 45L のガソリンで 810km 走れます。同じガソリンの量でより長いきょりを走れるのは、どちらの自動車ですか。

ガソリン1L あたりで走れるきょりでくらべましょう。

考え方 数直線図で考えてみましょう。

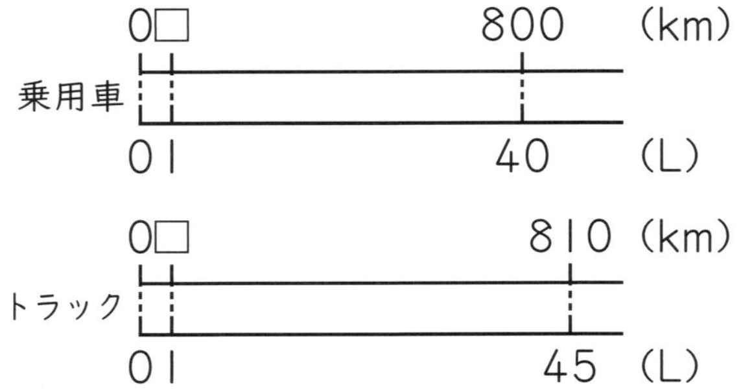


式 乗用車…① □ ÷40＝② □

トラック…③ □ ÷45＝④ □

答えを求めましょう。

答え 同じガソリンの量で、より長いきょりを走れるのは、⑤ □ です。

**2** たまねぎが、スーパーでは3個《こ》で 135円、八百屋では5個で 240円で売られています。1個あたりのねだんが安いのは、どちらですか。

たまねぎ1個あたりのねだんでくらべましょう。

考え方 数直線図で考えてみましょう。

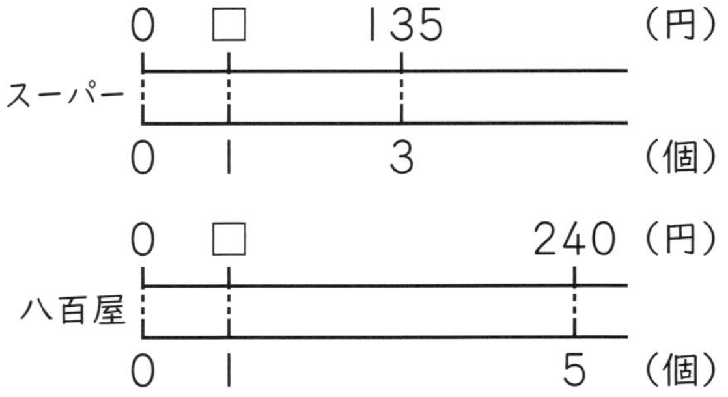


式 スーパー…135÷① □ ＝② □

八百屋…240÷③ □ ＝④ □

答えを求めましょう。

答え たまねぎ1個あたりのねだんが安いのは、⑤ □ です。

ヒント **1** 1L で走るきょりが長いほうが、同じガソリンの量でより長いきょりを走れるよ。

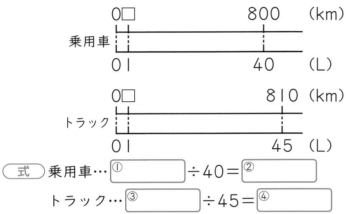

ぴったり2

# 練習

★できた問題には、「た」をかこう！★

でき 1　でき 2　でき 3　でき 4

学習日　月　日

答え 25ページ

**1** バスはガソリン 30 L で 360 km 走り、タクシーはガソリン 36 L で 540 km 走ります。
ガソリンを使う量のわりに、走る道のりが長いのはどちらですか。

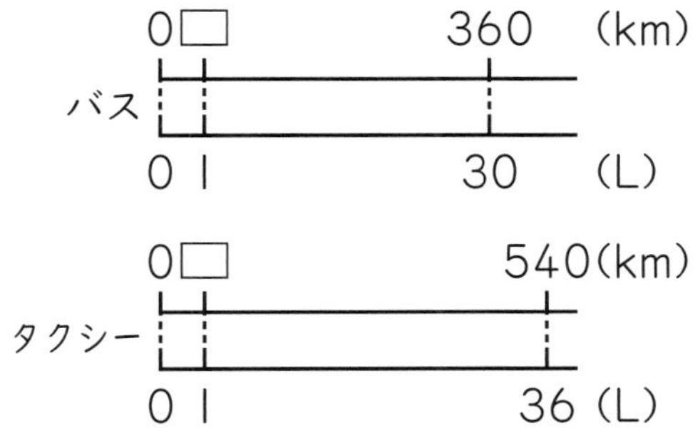


答え（　　　　　　）

**2** 赤いペンキ 2 dL で 1 m² のかべをぬり、青いペンキ 4 dL で 1.6 m² のかべをぬりました。
かべをぬるのに、1 m² あたりでは、どちらのペンキを多く使いましたか。

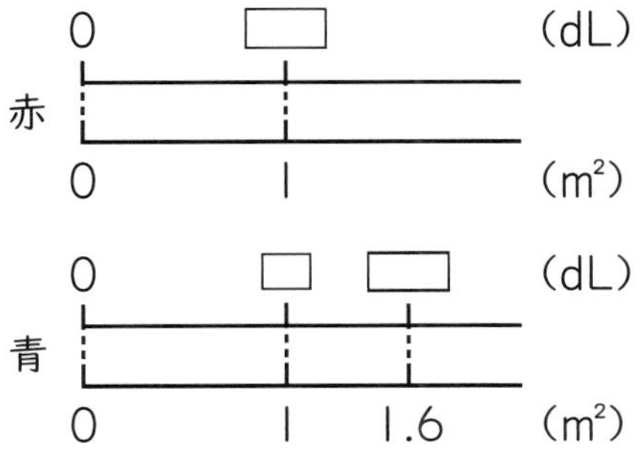


答え（　　　　　　）

**3** 国語のノートは 2 さつで 220 円、算数のノートは 3 さつで 345 円です。
ノート 1 さつあたりのねだんは、どちらが、どれだけ高いですか。

答え（　　　　　　）

**4** 150 g で 180 円のポテトサラダと、200 g で 280 円のかぼちゃサラダがあります。サラダ 1 g あたりのねだんは、どちらが、どれだけ安いですか。

答え（　　　　　　）

ヒント　1 ガソリン 1 L あたりで走る道のりを求めてくらべるよ。

# 25 速さ①

学習日　月　日

答え 26ページ

**速さ**

①1時間あたりに進む道のりで表した速さを「時速」、1分間あたりに進む道のりで表した速さを「分速」、1秒間あたりに進む道のりで表した速さを「秒速」といいます。

②速さの公式　速さ＝道のり÷時間

**1** 右の表は、ライオン、チーター、トラの走った道のりと時間を表しています。どの動物がいちばん速いですか。

**走った道のりと時間**

| | ライオン | チーター | トラ |
|---|---|---|---|
| 道のり(m) | 100 | 330 | 128 |
| 時間(秒) | 5 | 10 | 8 |

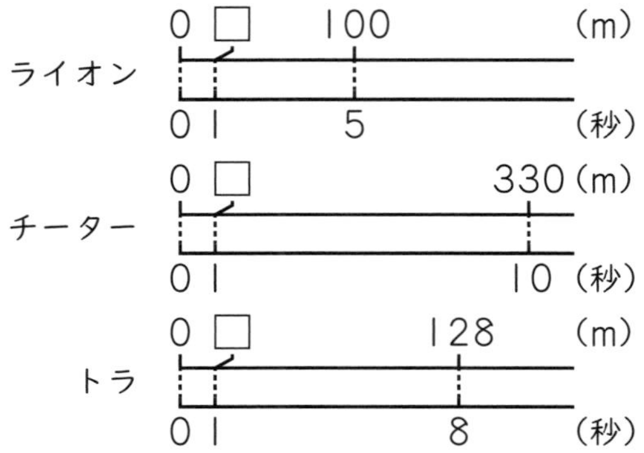


それぞれの秒速を求める式をかきましょう。

考え方 1秒間あたりに走る道のりを求めます。
公式にあてはめてみましょう。
速さ＝道のり÷時間

式 ライオン…100÷①
チーター…②÷10
トラ…③÷8

上の式を計算して、秒速を求めましょう。

式 ライオン…100÷④＝⑤
チーター…⑦÷10＝⑧
トラ…⑩÷8＝⑪

答え ライオン…秒速⑥ m
チーター…秒速⑨ m
トラ…秒速⑫ m

いちばん速い動物を答えましょう。

考え方 秒速がいちばん大きい動物を答えます。

答え ⑬

**2** 次の速さを求めましょう。
㋐300kmを4時間で進む電車の時速
㋑12300mを15分間で進むオートバイの分速
㋒6mを12秒で進むエスカレーターの秒速

公式にあてはめて式をつくりましょう。
速さ＝道のり÷時間

式 ㋐300÷①　㋑②÷15　㋒6÷③

答えを求めましょう。

式 ㋐300÷④＝⑤
㋑⑦÷15＝⑧
㋒6÷⑩＝⑪

答え ㋐時速⑥ km
㋑分速⑨ m
㋒秒速⑫ m

ヒント
1 かかった時間がちがうものどうしの速さをくらべるときは、時速、分速、秒速などを求めてくらべるよ。

答え 26ページ

**1** 次の速さを求めましょう。

(1)4900 m を7分間で進むバスの分速

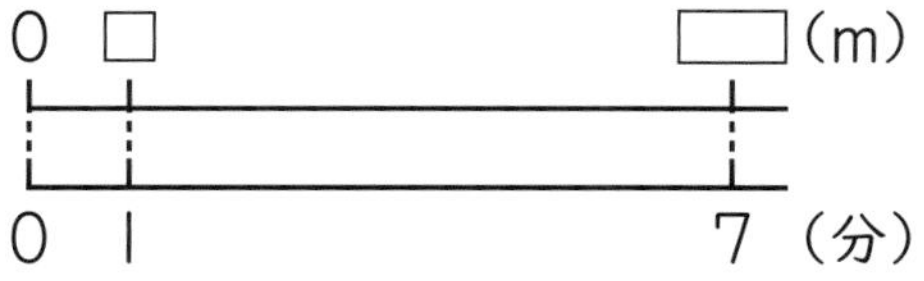
0 □ ▭ (m)
0 1 7 (分)

答え（　　　　　　）

(2)100 m を8秒間で走る動物の秒速

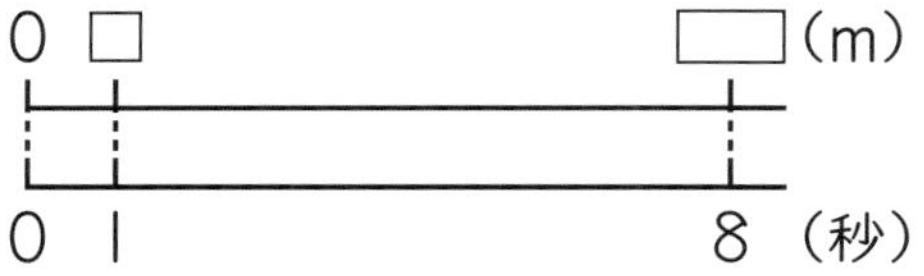
0 □ ▭ (m)
0 1 8 (秒)

答え（　　　　　　）

**2** あきらさんは2分間で 150 m 進み、ゆきさんは3分間で 210 m 進みました。
あきらさんとゆきさんでは、どちらが速く進みますか。

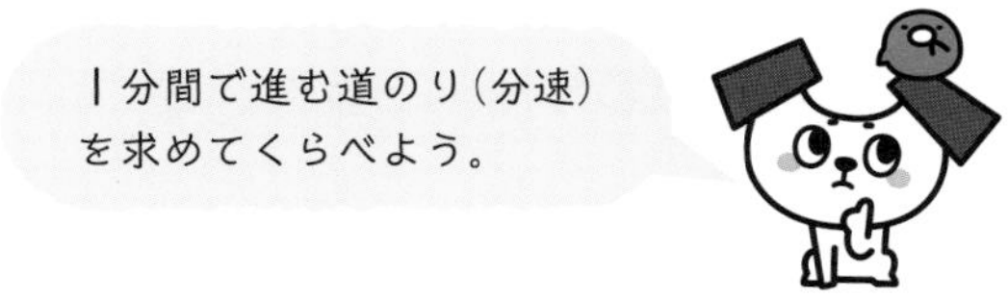
1分間で進む道のり（分速）を求めてくらべよう。

答え（　　　　　　）

**3** Aの自動車は4時間で 180 km 進み、Bの自動車は6時間で 288 km 進みます。
AとBの自動車では、どちらが速く進みますか。

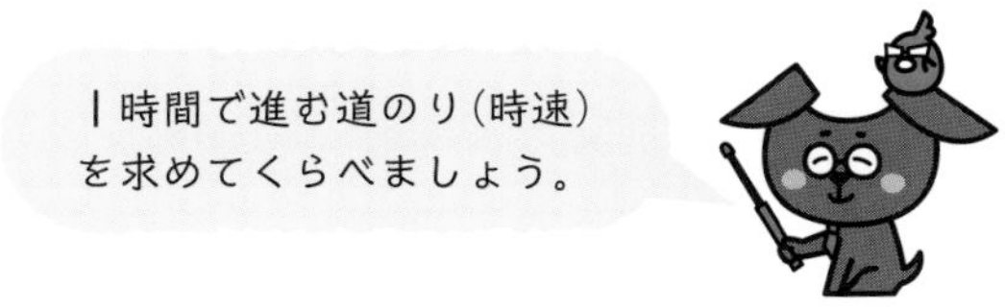
1時間で進む道のり（時速）を求めてくらべましょう。

答え（　　　　　　）

ヒント　速さは[道のり]÷[時間]で求めるよ。

学習日　　月　　日

# 26 速さ②

答え 27ページ

## 道のり

・道のりは、次の式で求めることができます。

道のりの公式　道のり＝速さ×時間

**1** 時速 120 km で走る急行列車があります。この列車が次の時間走り続けたときに何 km 進むかを求めましょう。

あ 3時間

い 4時間 30 分

それぞれの移動《いどう》した道のりを求める式をかきましょう。

考え方 公式にあてはめてみましょう。

道のり＝速さ×時間

式 あ 120×①

い 120×②

考え方

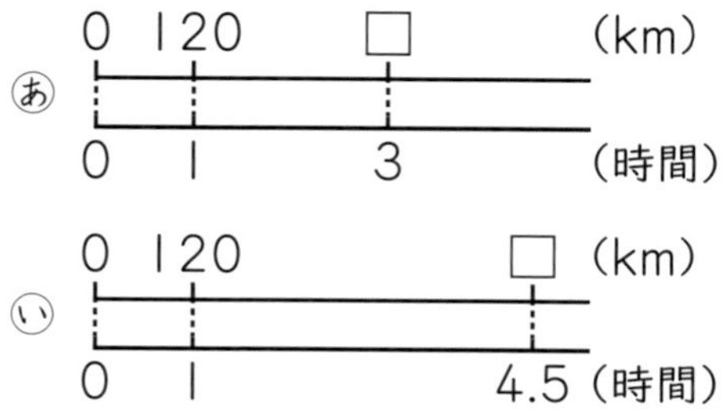


答えを求めましょう。

式 あ 120×③＝④

い 120×⑥＝⑦

答え あ ⑤ km

い ⑧ km

**2** 次の道のりを求めましょう。

あ 時速 85 km の自動車が 3 時間に進む道のり

い 分速 0.06 km で歩く人が 30 分間歩いたときの道のり

う 秒速 15 m のトラが 20 秒間走ったときの道のり

公式にあてはめて式をつくりましょう。

道のり＝速さ×時間

式 あ 85×①

い ②×30

う 15×③

答えを求めましょう。

式 あ 85×④＝⑤

い ⑦×30＝⑧

う 15×⑩＝⑪

答え あ ⑥ km

い ⑨ km

う ⑫ m

ヒント **2** それぞれの時速、分速、秒速に、かかった時間をかければ道のりが求められるね。

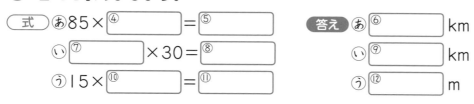

ぴったり2

# 練習

★できた問題には、「た」をかこう！★

1 でき　2 でき

学習日　月　日

答え 27ページ

**1** 分速 800 m で走るトラックがあります。

(1)このトラックが5分間に進む道のりは何 km ですか。

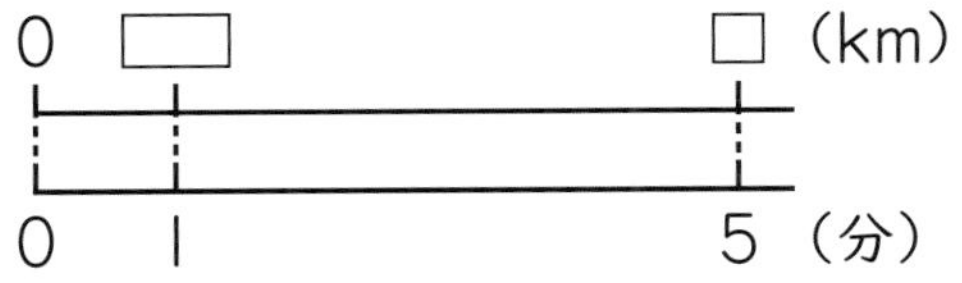


答え(　　　　)

(2)このトラックが 30 秒間に進む道のりは何 m ですか。

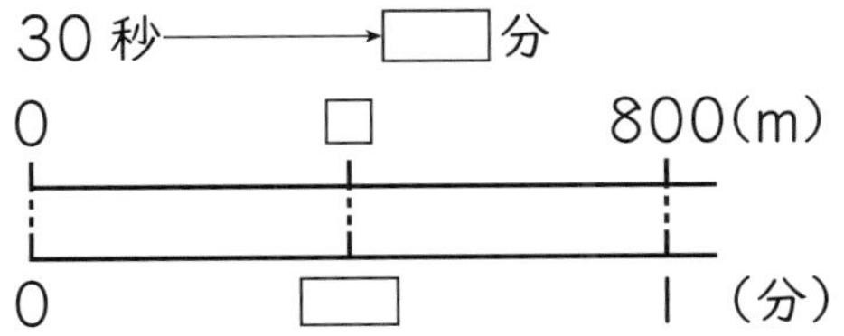


答え(　　　　)

**2** 次の道のりを求めましょう。

(1)時速 45 km で進むオートバイが2時間 30 分で進む道のり

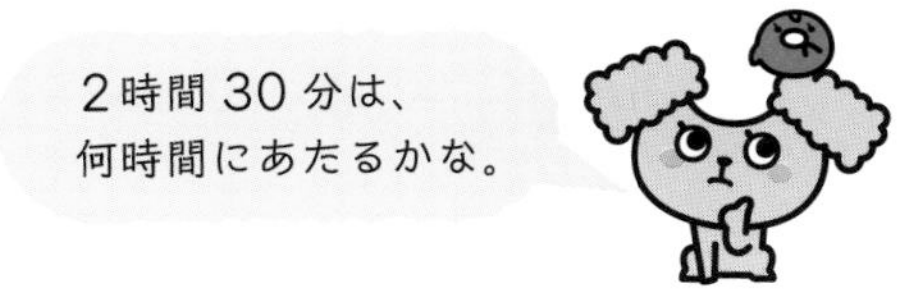


答え(　　　　)

(2)秒速 15 m で走るダチョウが1分 30 秒走ったときに進む道のり

答え(　　　　)

ヒント　**2** (2) 1分 30 秒が何秒にあたるかを求めて解いてみよう。

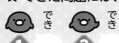

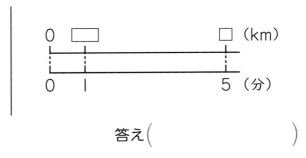

ぴったり1 準備

# 27 速さ③

学習日　月　日

答え 28ページ

**時間**

・時間は、次の式で求めることができます。

時間の公式　[時間]＝[道のり]÷[速さ]

**1** 高速道路を時速 85 km で走っている車があります。このままの速さで 510 km 進むのにかかる時間は何時間ですか。

510 km 進むのにかかる時間を求める式をかきましょう。

考え方 公式にあてはめてみましょう。

[時間]＝[道のり]÷[速さ]

考え方

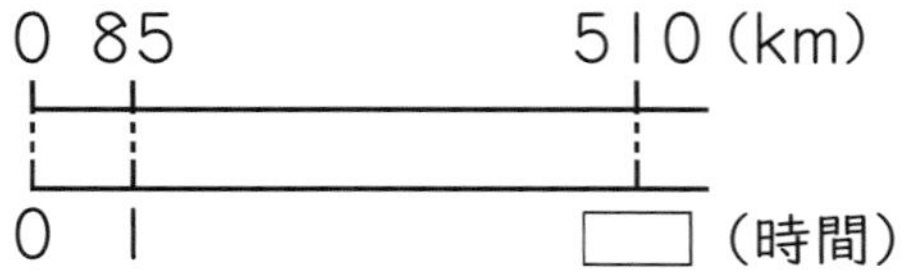


式 510÷①[　　]

答えを求めましょう。

式 510÷②[　　]＝③[　　]

答え ④[　　]時間

**2** 秒速 60 m で走る新幹線《しんかんせん》が 3 km 進むのに何秒かかりますか。

3 km 進むのにかかる時間を求める式をかきましょう。

考え方 公式にあてはめてみましょう。

[時間]＝[道のり]÷[速さ]

考え方

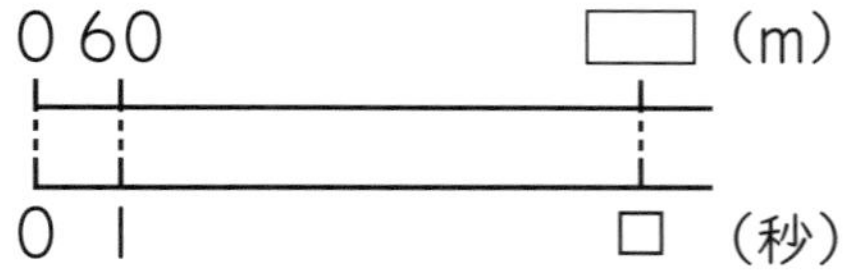


式 3 km＝①[　　]m　②[　　]÷60

答えを求めましょう。

式 ③[　　]÷60＝④[　　]

答え ⑤[　　]秒

ヒント [道のり]＝[速さ]×[時間]だから、[時間]＝[道のり]÷[速さ]の式になるよ。

答え 28ページ

**1** 時速 40 km で走る自動車があります。この自動車が 240 km 進むのにかかる時間は何時間ですか。

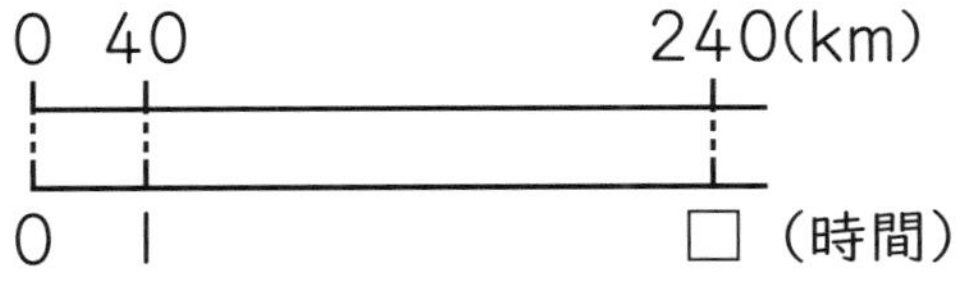


答え（　　　　）

**2** 分速 80 m で歩いている人が 1360 m 進むのにかかる時間は何分ですか。

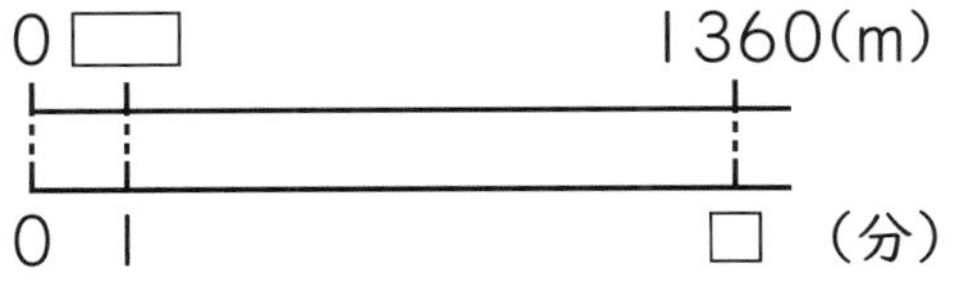


答え（　　　　）

**3** 秒速 20 m で走る電車が 1 km 進むのにかかる時間は何秒ですか。

答え（　　　　）

**4** 分速 200 m で走る自転車が 3.8 km 進むのにかかる時間は何分ですか。

答え（　　　　）

ヒント　3 4　m と km の単位が出てくるので、すべての単位を m にそろえて計算しよう。

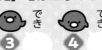

学習日 月 日

# 28 速さ④

答え 29ページ

## 時速・分速・秒速

時速を秒速になおす　時速÷(60×60)

時速を分速になおす　時速÷60

分速を秒速になおす　分速÷60

時速 ⇄ 分速 ⇄ 秒速

分速を時速になおす　分速×60

秒速を分速になおす　秒速×60

秒速を時速になおす　秒速×(60×60)

**1** 時速 90 km で進む急行列車と秒速 20 m で進むトラックがあります。どちらのほうが速いですか。

㋐急行列車の時速を秒速になおしてくらべましょう。

㋑トラックの秒速を時速になおしてくらべましょう。

時速とは、3600 秒間に移動《いどう》した道のりと同じだね。

㋐ 1時間には何秒間あるかを求めましょう。

考え方　1時間は、60 秒が 60 集まったものなので、

1時間は、60×①[　　]＝②[　　](秒)

答え ③[　　]秒

急行列車の時速を秒速になおしましょう。

考え方　1時間は 3600 秒なので、時速を 3600 秒でわれば、秒速（1秒間に進む道のり）となります。90 km＝90000 m になおして求めましょう。

式 90000÷④[　　]＝⑤[　　](m)

答え 秒速⑥[　　]m

答えを求めましょう。

答え ⑦[　　]のほうが速い。

---

㋑ 1時間には何秒間あるかをかきましょう。

答え ①[　　]秒

トラックの秒速を時速になおしましょう。

考え方　1時間は、(60×60)秒間です。

式 20×②[　　]＝③[　　]

答え 時速④[　　]m＝⑤[　　]km

答えを求めましょう。

答え ⑥[　　]のほうが速い。

秒速、分速、時速をなおすときは、単位に気をつけよう。

ヒント　時速と秒速の間でなおすときは、1時間が 3600 秒であることを使おう。

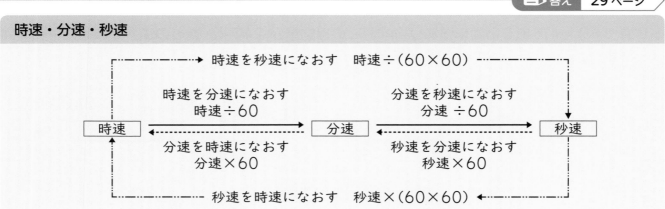

# 練習

★できた問題には、「た」をかこう！★

でき 1　でき 2　でき 3

学習日　　月　　日

答え 29ページ

**1** 秒速 90 m で飛ぶヘリコプターAと、時速 486 km で飛ぶヘリコプターBがあります。どちらのほうが速いですか。

答え（　　　　　　　）

**2** 時速 108 km で進む電車について答えなさい。

(1)分速は何 km ですか。

答え（　　　　　　　）

(2)秒速は何 m ですか。

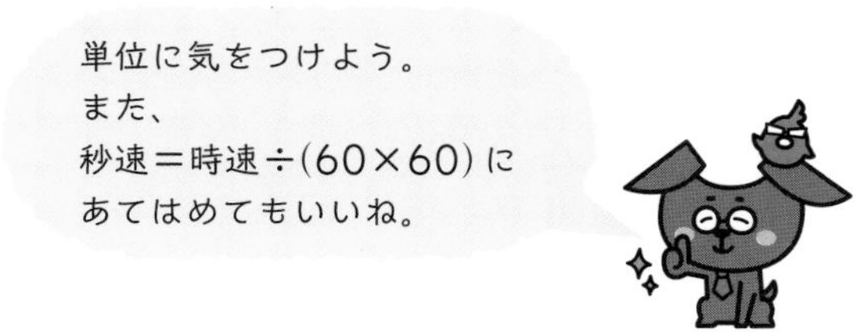


答え（　　　　　　　）

**3** 台風のとき、秒速 40 m の風がふくことがあります。

(1)分速は何 m ですか。

答え（　　　　　　　）

(2)時速は何 km ですか。

答え（　　　　　　　）

ヒント

1 ヘリコプターAの時速を求めたり、ヘリコプターBの秒速を求めたりすることで、時速、秒速をそろえてから速さをくらべよう。

# 29 速さ⑤

答え 30ページ

## 通過《つうか》する問題の考え方

・長さ 20 m の電車が長さ 30 m のトンネルにはいりはじめてから完全に通過するまでにかかる時間を求めるときは、トンネルを通過するために電車が進んだ道のりを、次の式を使って求めます。

トンネルの長さ ＋ 電車の長さ

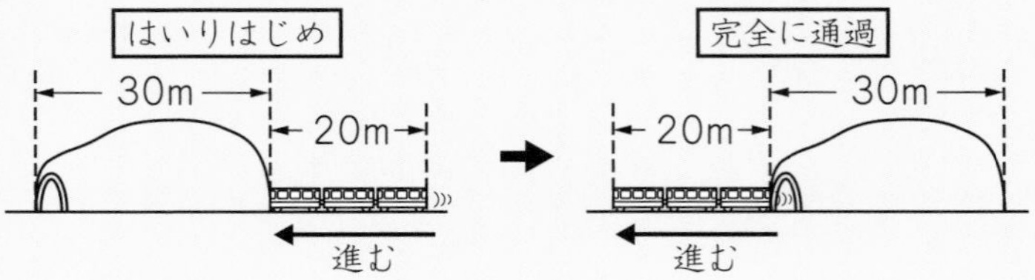


**1** 長さが 40 m の電車があります。この電車が秒速 25 m で走っているとき、長さ 60 m のトンネルにはいりはじめてから、完全に通過するまでに何秒かかりますか。

電車がトンネルにはいりはじめてから、トンネルから完全に出るまでに、電車が進む道のりを求めましょう。

考え方 電車がトンネルにはいりはじめるときは、電車の先頭がトンネルにはいりますが、電車がトンネルから完全に出たときは、電車の後ろがトンネルから出るときになります。

式 40＋①　＝②

電車が進んだ道のり ③　m

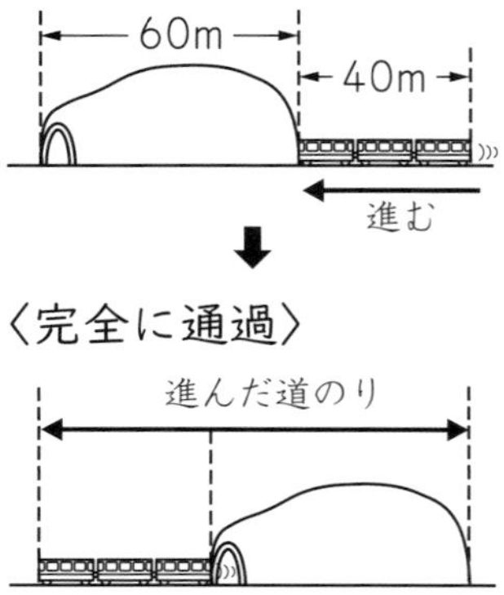


答えを求める式をかきましょう。

考え方 公式にあてはめてみましょう。

時間 ＝ 道のり ÷ 速さ

式 ④　÷⑤

答えを求めましょう。

式 ⑥　÷⑦　＝⑧

答え ⑨　秒

**2** 長さが 90 m の鉄橋を、秒速 20 m で走る電車が通過します。電車の長さが 30 m のとき、電車が鉄橋をわたりはじめてから、完全に通過するまでに何秒かかりますか。

電車が鉄橋をわたりはじめてから通過するまでに移動する道のりを求めましょう。

考え方 鉄橋に電車の先頭がはいってから、電車の後ろが出るまでに進む道のりを求めます。

式 90＋①　＝②

答え ③　m

公式にあてはめて式をつくり、答えを求めましょう。

式 ④　÷⑤　＝⑥

答え ⑦　秒

ヒント

**1** ポイントは、トンネルにはいりはじめてから完全に出るまでに進む道のりは、トンネルの長さと同じではないというところだよ。

★できた問題には、「た」をかこう！★

でき 1　でき 2　でき 3　でき 4

学習日　　月　　日

答え 30ページ

**1** 長さが 50 m の電車があります。この電車が秒速 30 m で走っているとき、長さ 130 m のトンネルにはいりはじめてから完全に通過《つうか》するまでに、何秒かかりますか。

トンネルにはいりはじめてから、完全に通過するまで、電車は何 m 走るかな。

答え（　　　　　）

**2** 長さが 80 m の電車が、秒速 20 m で走っているとき、長さ 140 m の橋を通ります。橋をわたりはじめてから完全に通過するまでに、何秒かかりますか。

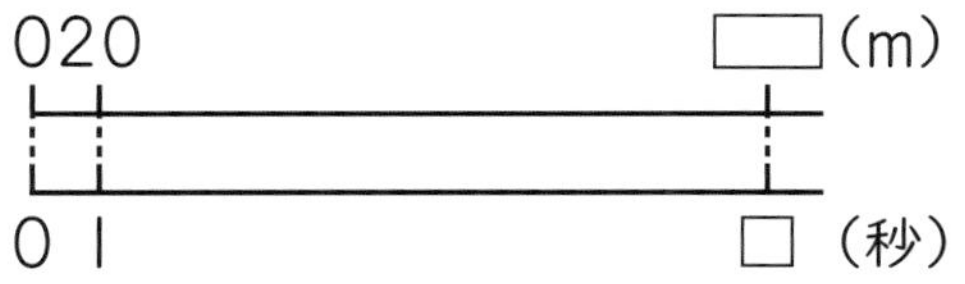


答え（　　　　　）

**3** 秒速 30 m で走る長さ 20 m の急行列車が、あるトンネルにはいりはじめてから完全に通過するまでに 12 秒かかりました。このトンネルの長さは何 m ですか。

急行列車が 12 秒間で進んだ道のりは、急行列車の長さとトンネルの長さの和に等しいね。

答え（　　　　　）

**4** 長さ 80 m の貨物列車が、長さ 245 m のホームにはいりはじめました。列車はそのまま走り続けたところ、列車がホームにはいりはじめた 13 秒後に、完全にホームを通過しました。貨物列車の秒速は何 m ですか。

答え（　　　　　）

ヒント

③④ 完全に通過するのに必要な長さは、トンネルやホームの長さに、列車の長さをたした長さになるよ。

ぴったり1 準備

学習日　月　日

# 30 割合①

答え 31ページ

## 割合《わりあい》(倍)

・ある量をもとにして、くらべる量がもとにする量の何倍にあたるかを表した数を、割合といいます。次の式で求めることができます。

割合 ＝ くらべる量 ÷ もとにする量

**1** 右の表は、夏休みに行うボランティアについて、定員と希望者の数をまとめたものです。AとBの活動では、それぞれ定員の何倍の希望者がいるか、求めましょう。

| | ボランティア | 定員(人) | 希望者(人) |
|---|---|---|---|
| A | 花だんの世話 | 20 | 30 |
| B | 道路のごみ拾い | 10 | 8 |

あ：花だんの世話　　い：道路のごみ拾い

あAについて、割合(倍)を求める式をかきましょう。

考え方 図をみて考えましょう。

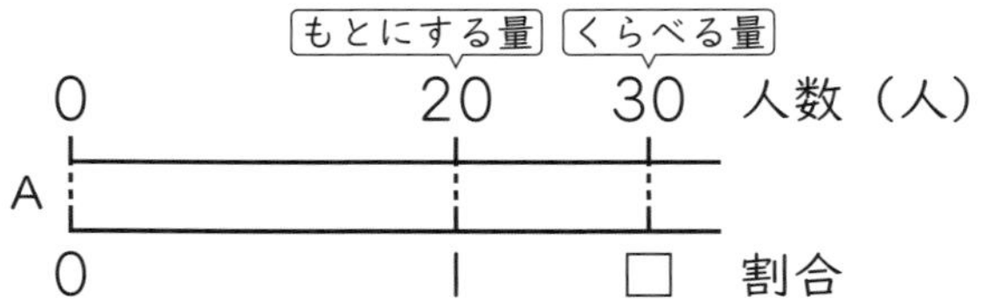


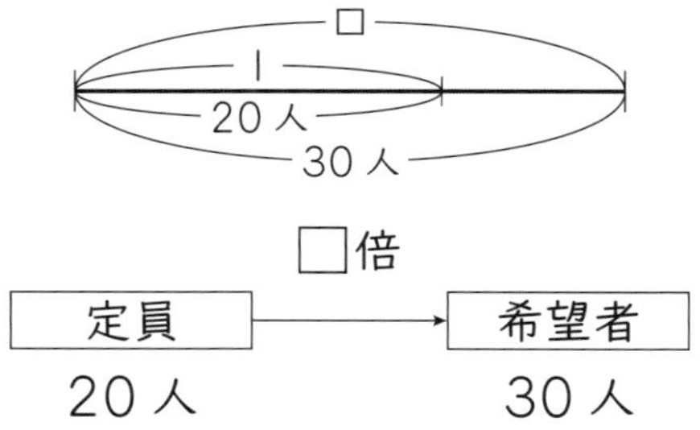


式 30÷①□

答えを求めましょう。

式 30÷②□＝③□

答え ④□ 倍

---

いBについて、割合(倍)を求める式をかきましょう。

考え方 図をみて考えましょう。

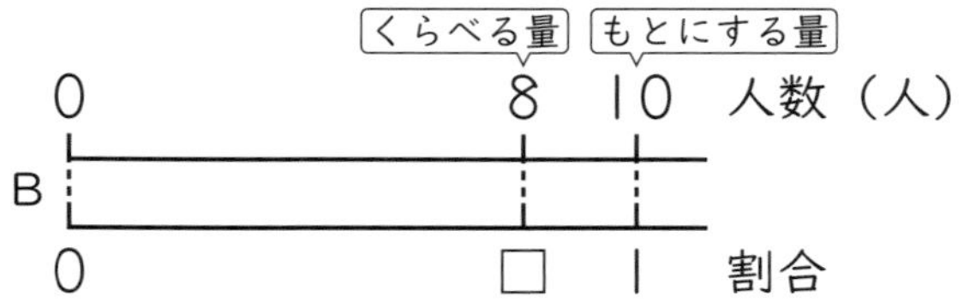


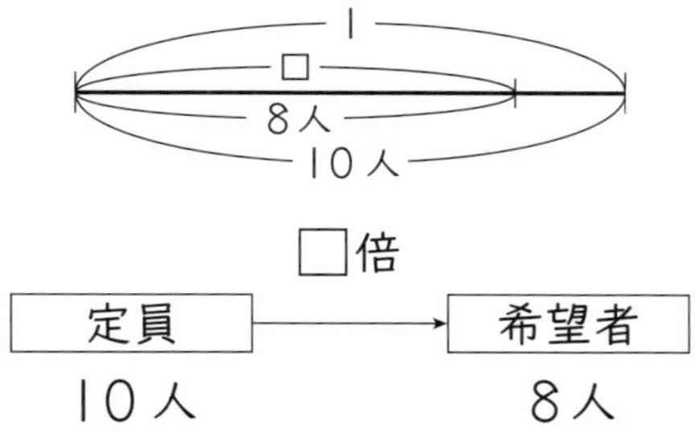


式 ①□÷10

答えを求めましょう。

式 ②□÷10＝③□

答え ④□ 倍

ヒント **1** くらべる量には、「希望者の人数」があてはまるよ。

答え 31ページ

**1** バラの花が 54 本、チューリップの花が 150 本花だんに植えられています。
バラの花はチューリップの花の何倍植えられていますか。

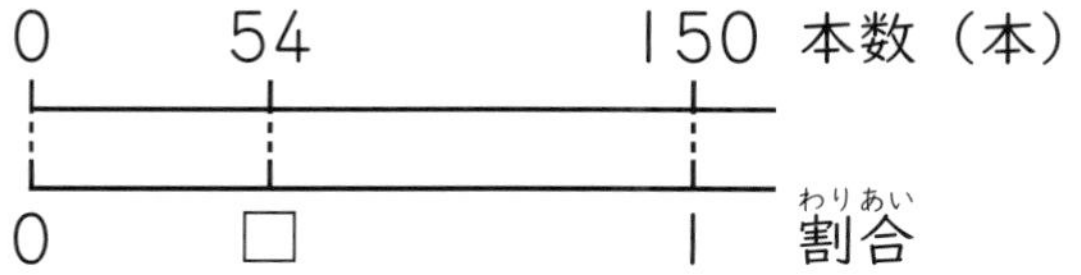


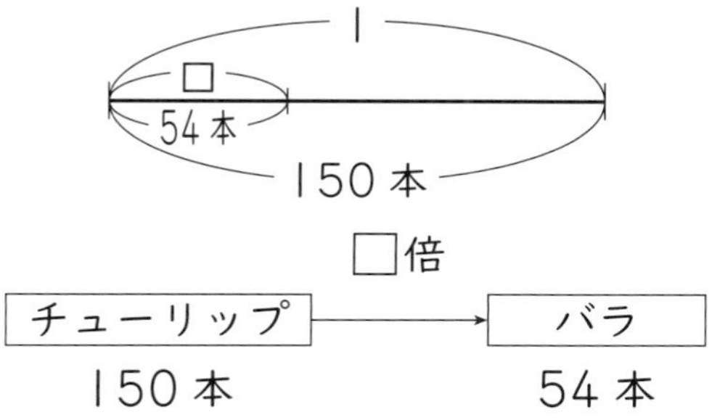


式

答え（　　　　　　）

**2** 長さが 160 m の鉄橋と、長さが 500 m のトンネルがあります。
鉄橋の長さはトンネルの長さの何倍といえますか。

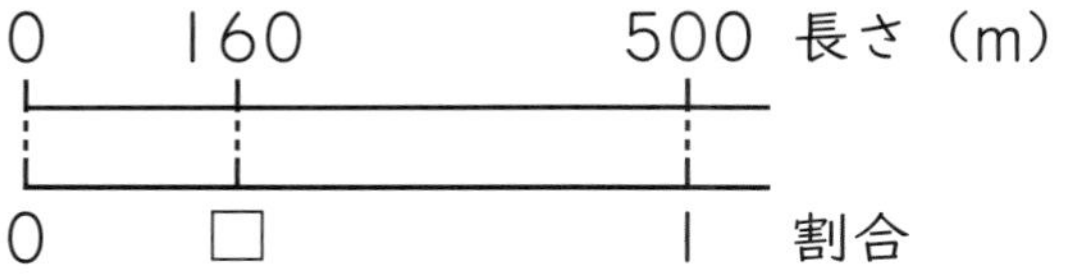


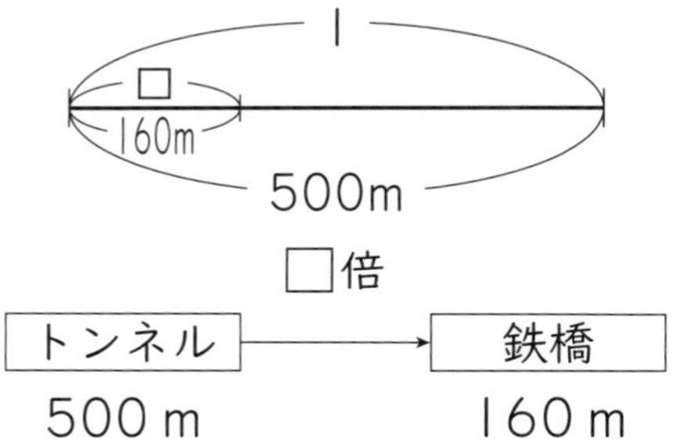


式

答え（　　　　　　）

**3** 面積が 960 $m^2$ のじゃがいも畑と、4800 $m^2$ の水田があります。
水田をもとにしたときのじゃがいも畑の面積の割合《わりあい》を求めましょう。

式

答え（　　　　　　）

ヒント　❸ くらべる量÷もとにする量で割合を求めるよ。

# 31 割合②

答え 32ページ

## 割合《わりあい》と百分率《ひゃくぶんりつ》

・割合を表すのに百分率を使うことがあります。百分率では、0.01倍のことを1%(1パーセント)といいます。割合の1が、百分率で表したときの100%になります。

例 ねだんの0.4倍のことを、ねだんの40%ともいいます。

**1** かなこさんは、おはじきを84個《こ》持っています。その中に赤いおはじきが63個はいっています。赤いおはじきは、かなこさんの持っているおはじきの何%になりますか。

割合を求める式をかきましょう。

考え方 図をみて考えましょう。

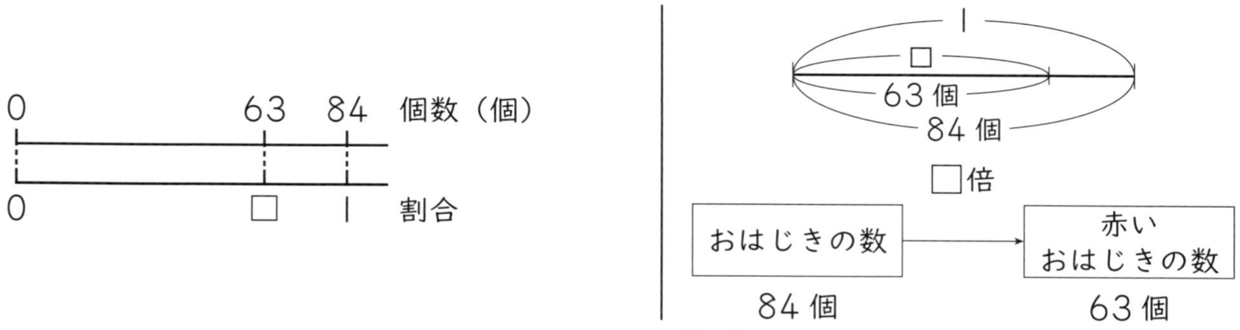


式 63÷①

式を計算しましょう。

式 63÷② ＝③ 答え ④ 倍

答えの割合を百分率で表しましょう。

答え ⑤ %

**2** 座席《ざせき》数が120の電車に、132人の乗客がいます。乗客の数は座席数の何%にあたりますか。

割合を求める式をかきましょう。

考え方 図をみて考えましょう。

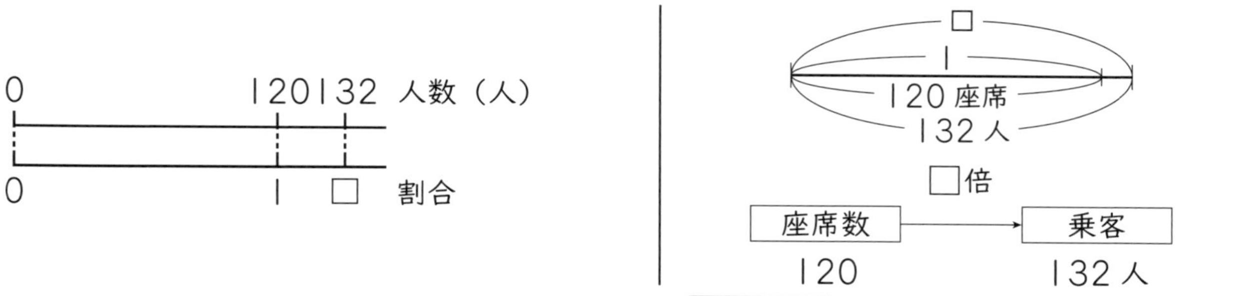


式 132÷①

式を計算しましょう。

式 132÷② ＝③ 答え ④ 倍

答えの割合を百分率で表しましょう。

答え ⑤ %

ヒント **2** 割合が1より大きくなるときは、百分率は100%より大きくなるよ。

★できた問題には、「た」をかこう！★

でき 1　でき 2　でき 3

学習日　　月　　日

答え　32ページ

**1** 花畑全体の面積 1200 ㎡ のうち、420 ㎡ がサボテン畑です。
サボテン畑の面積は、花畑全体の面積の何 % にあたりますか。

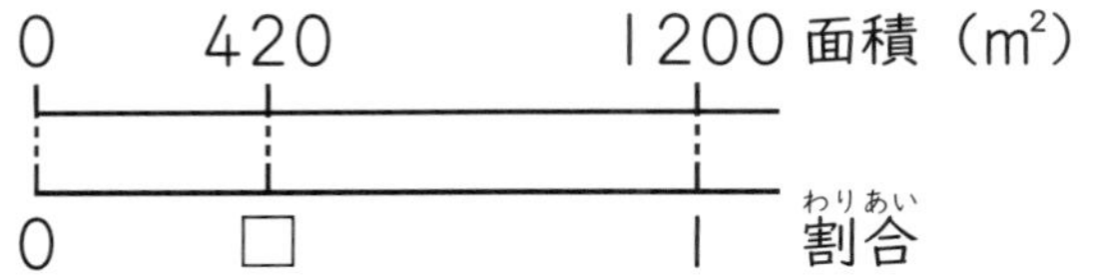


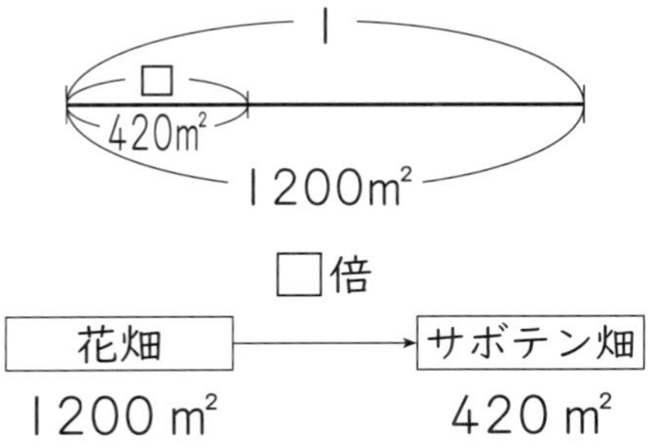


式

答え（　　　　　　）

**2** 物語の本のねだんは 900 円で、まんがのねだんは 225 円です。
まんがのねだんは、物語の本のねだんの何 % にあたりますか。

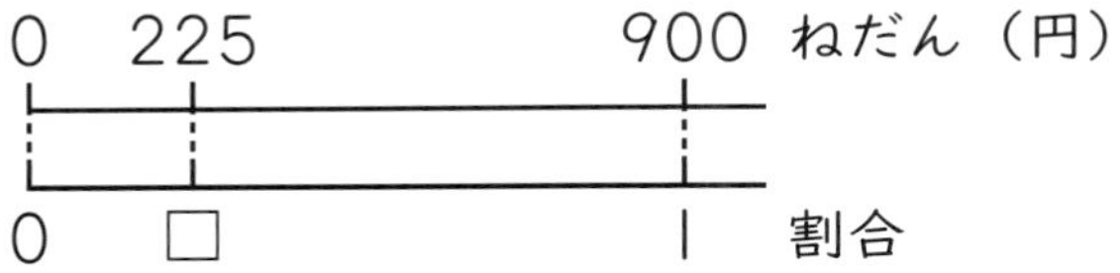


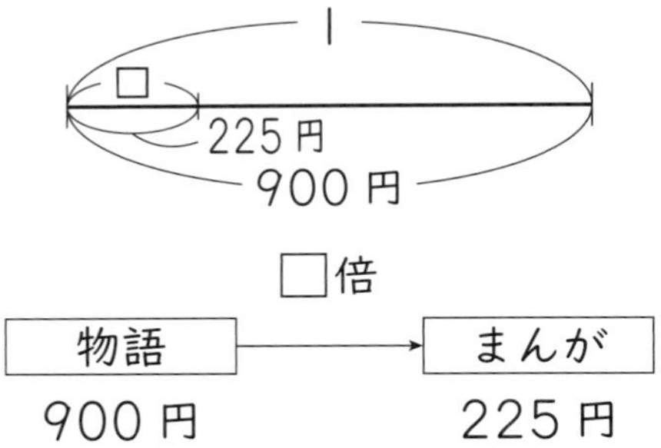


式

答え（　　　　　　）

**3** 座席《ざせき》数が 32 のバスに、乗客が 40 人乗っています。
乗客の数は、座席数の何 % にあたりますか。

式

答え（　　　　　　）

ヒント
**3** 百分率は 100 % をこえることもあるよ。もとにする量よりもくらべる量が多いときは、1倍をこえるからだね。

# 32 割合③

答え 33ページ

## 割合《わりあい》からくらべる量を求める

・くらべる量は、次の式で求めることができます。

[くらべる量]＝[もとにする量]×[割合]

×[割合]
[もとにする量]→[くらべる量]
□

**1** 体育委員のゆうきさんは、運動会で全校生徒が使う旗を600本用意します。このうち、5年生が使うのは、全部の本数の0.17倍でした。5年生が使う旗の本数は何本ですか。

旗の本数を求める式をかきましょう。

考え方 図をみて考えましょう。

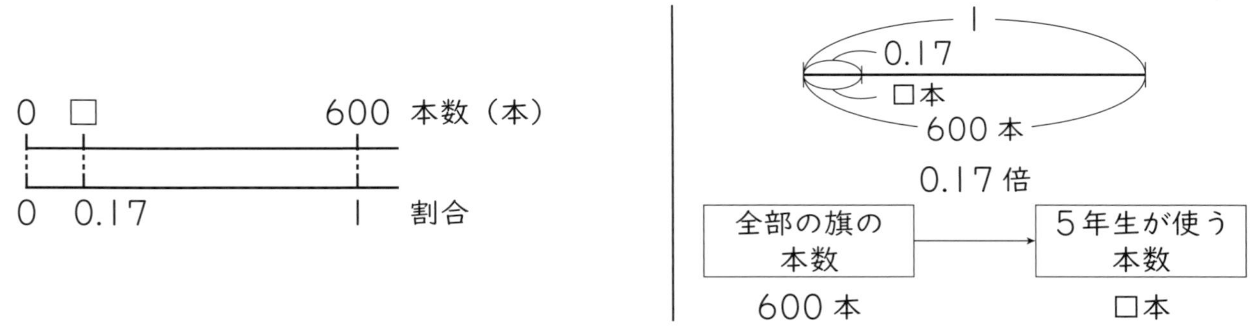


式 600×①

答えを求めましょう。

式 600×② ＝③　　答え ④ 本

**2** くにおさんの年れいは12才で、お兄さんの年れいはその1.5倍です。お兄さんの年れいは何才ですか。

お兄さんの年れいを求める式をかきましょう。

考え方 図をみて考えましょう。

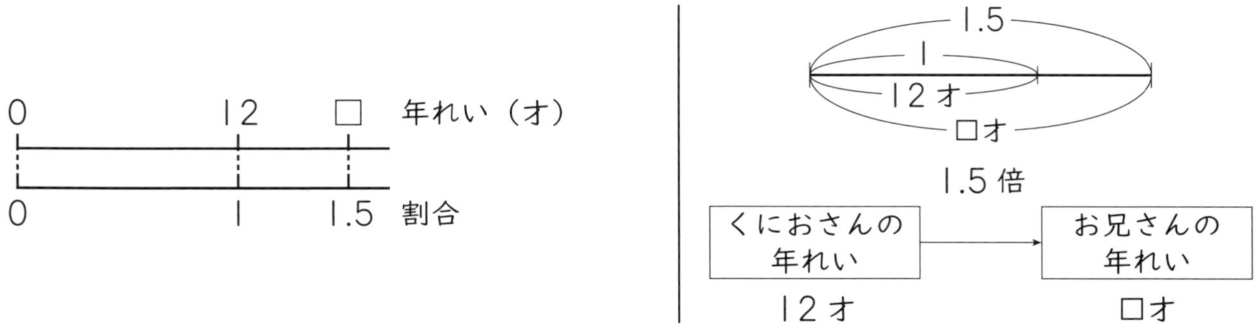


式 ① ×1.5

答えを求めましょう。

式 ② ×1.5＝③　　答え ④ 才

ヒント [割合]＝[くらべる量]÷[もとにする量]だから、[くらべる量]＝[もとにする量]×[割合]になることがわかるね。

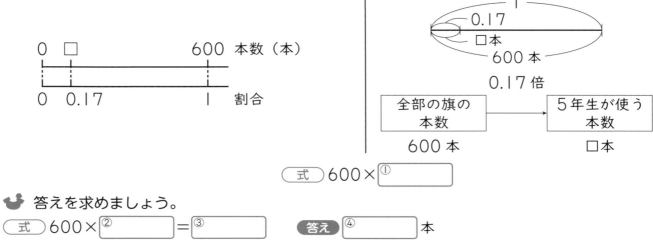

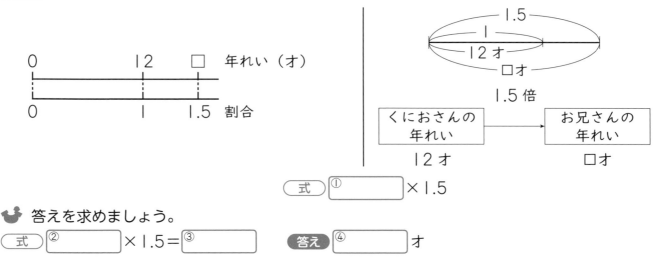

**1** つよしさんの体重は 42 kg で、お父さんの体重はつよしさんの体重の 1.6 倍です。
お父さんの体重は何 kg ですか。

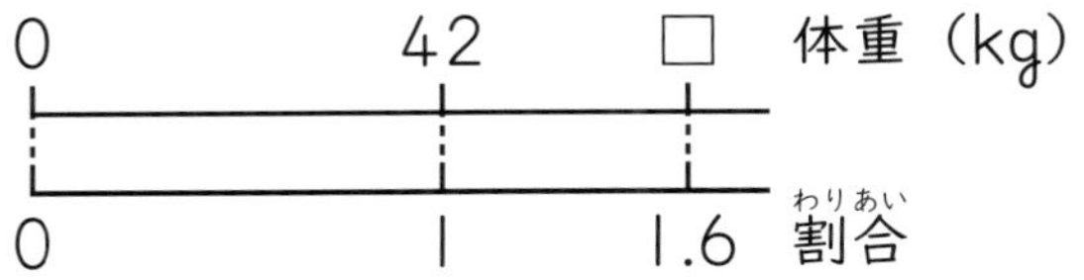


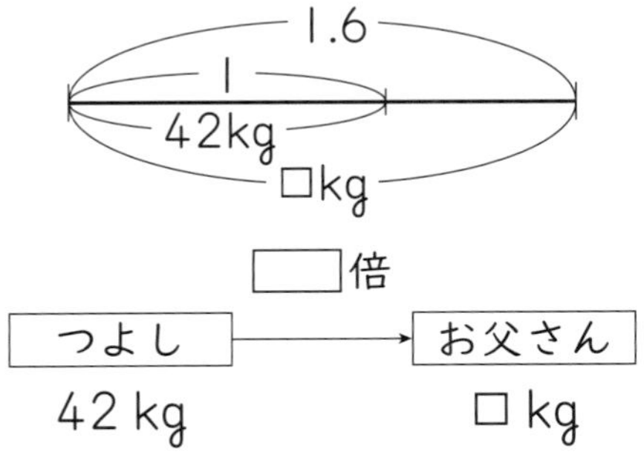


式

答え（　　　　）

**2** ある動物園の土曜日の入場者数は 860 人で、日曜日の入場者数は土曜日の入場者数の 1.1 倍でした。日曜日の入場者数は何人でしたか。

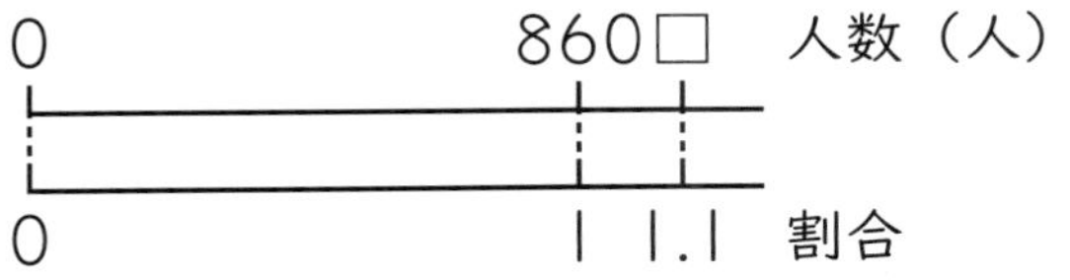


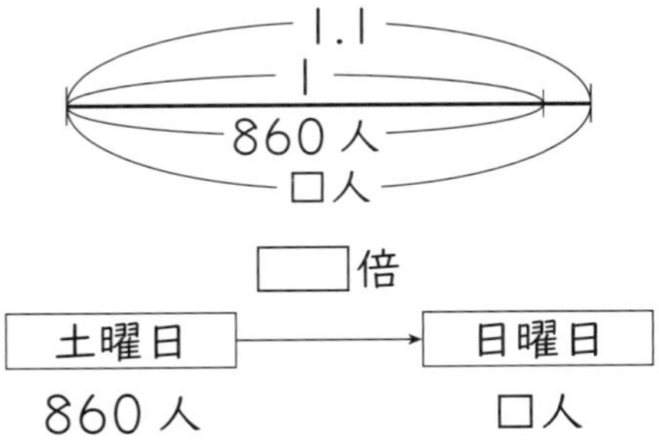


式

答え（　　　　）

**3** 漢字テストを行いました。120 問の問題がありましたが、正解《せいかい》数は問題数の 0.85 倍でした。正解数は何問でしたか。

式

答え（　　　　）

ヒント　**3** かける数が 1 より小さいので、くらべる数はもとにする数より小さくなるね。

# 33 割合④

答え 34ページ

## 百分率《ひゃくぶんりつ》を使ってくらべる量を求める

・百分率を割合《わりあい》になおしてから、くらべる量を次の式で求めます。

くらべる量 ＝ もとにする量 × 割合

×割合
もとにする量 → くらべる量
□

**1** まりさんの家の畑 5000 m² のうち、45 % がじゃがいも畑です。じゃがいも畑の面積は何 m² ですか。

じゃがいも畑の面積を求める式をかきましょう。

考え方 図をみて考えましょう。

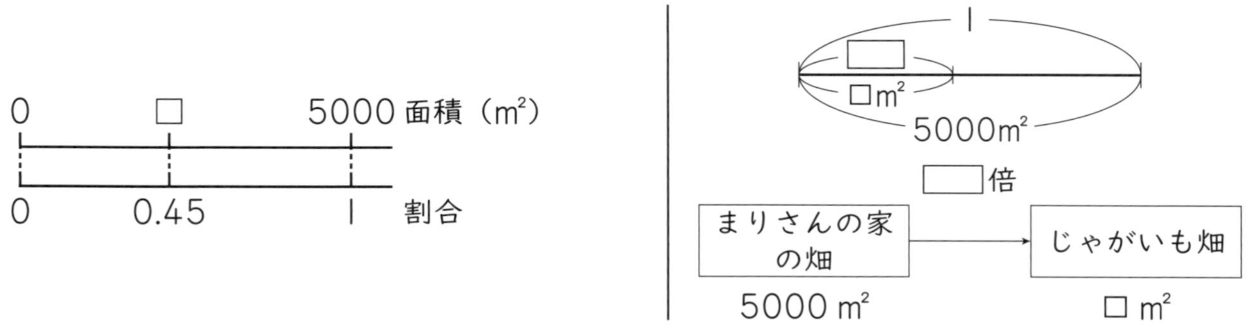


式 5000×①□

答えを求めましょう。

式 5000×②□＝③□　答え ④□ m²

**2** もとのねだんが 3000 円のセーターがあります。あるお店では、このセーターをもとのねだんの 70 % で売っています。代金はいくらになりますか。

代金を求める式をかきましょう。

考え方 図をみて考えましょう。

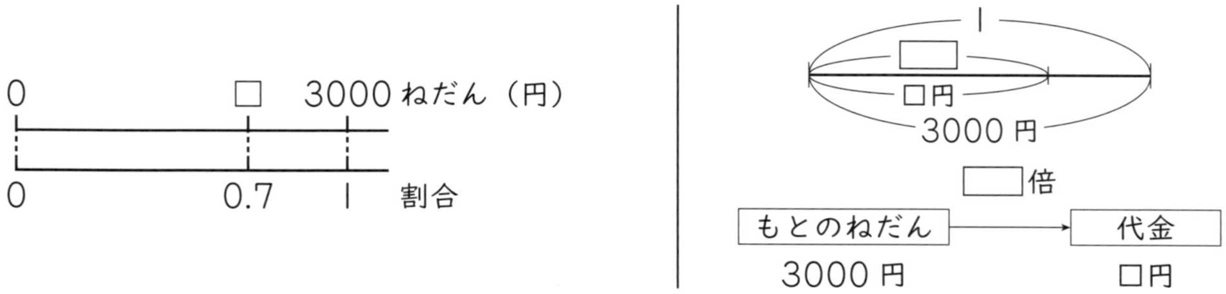


式 3000×①□

答えを求めましょう。

式 3000×②□＝③□　答え ④□ 円

ヒント 百分率は、割合の 1 を 100 にして表した数だから、割合の数に 100 をかければ百分率になるよ。だから、百分率を 100 でわれば、割合になるね。

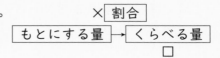

答え 34ページ

**1** もとのねだんが 3800 円の本があります。ある店ではこの本を、もとのねだんの 85 % で売っています。代金は何円ですか。

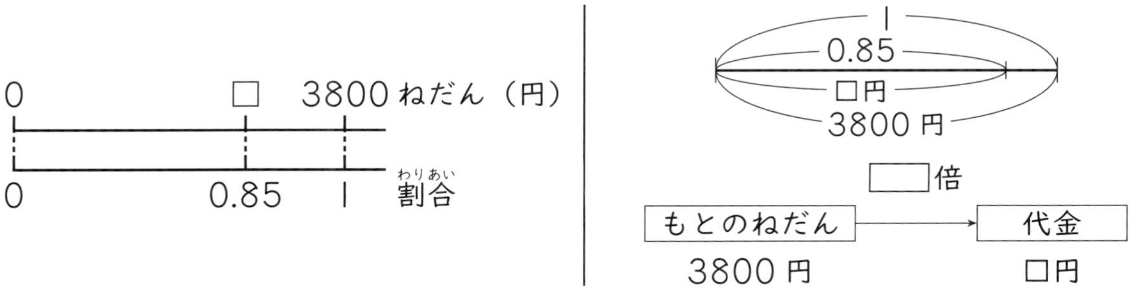


式

答え（　　　　　　）

**2** サッカー部の人数は 40 人です。野球部の人数はサッカー部の人数の 95 % です。野球部の人数は何人ですか。

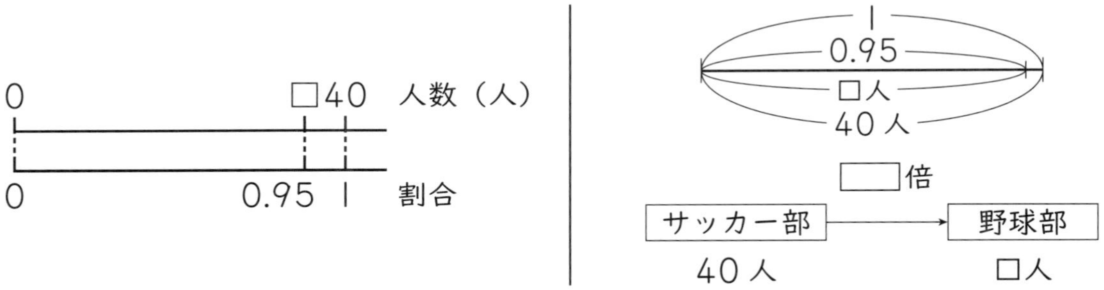


式

答え（　　　　　　）

**3** かおりさんの家では、キャベツを 230 kg しゅうかくしました。じゃがいものしゅうかく量は、キャベツのしゅうかく量の 120 % にあたります。じゃがいものしゅうかく量は何 kg でしたか。

式

答え（　　　　　　）

ヒント　3 キャベツとじゃがいもでは、じゃがいものほうがしゅうかく量が多いことがわかるね。

ぴったり1 準備

学習日　　月　　日

# 34 割合⑤

答え 35ページ

## 割合《わりあい》からもとにする量を求める

・もとにする量は、次の式で求めることができます。

もとにする量 ＝ くらべる量 ÷ 割合

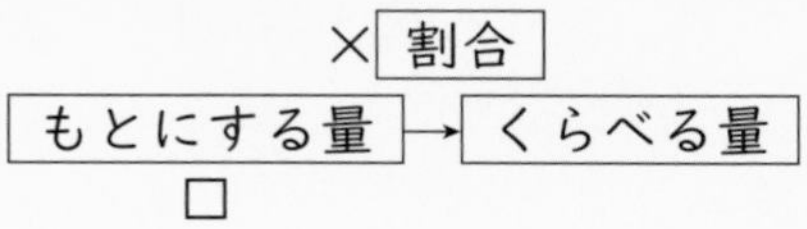


**1** 今週学校を欠席した人数は、先週の 1.4 倍にあたる 21 人でした。先週学校を欠席した人数は何人でしたか。

先週欠席した人数を求める式をかきましょう。

考え方 図をみて考えましょう。

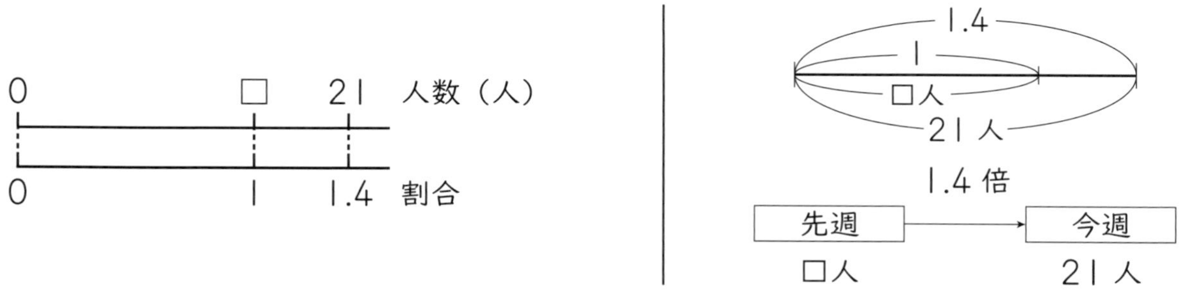


式 21 ÷ ①［　　］

答えを求めましょう。

式 21 ÷ ②［　　］ ＝ ③［　　］　　答え ④［　　］人

**2** ある月の動物園の入場者数は 36000 人で、これは先月の 1.2 倍にあたります。先月の入場者数は何人ですか。

先月の入場者数を求める式をかきましょう。

考え方 図をみて考えましょう。

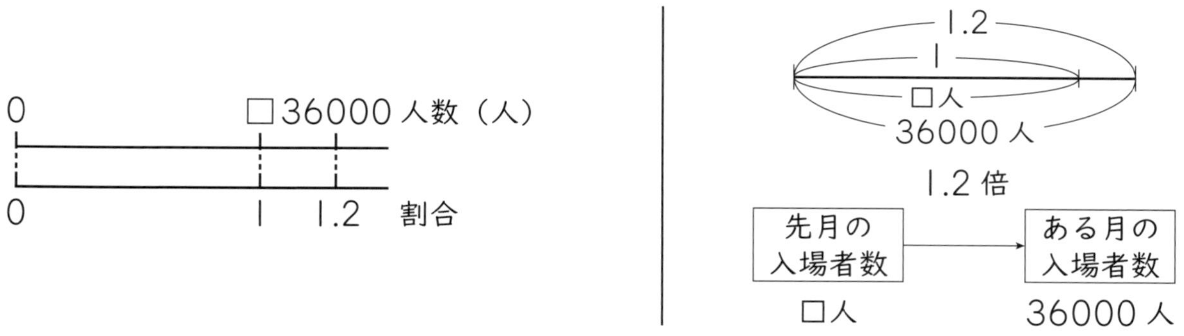


式 ①［　　］ ÷ 1.2

答えを求めましょう。

式 ②［　　］ ÷ 1.2 ＝ ③［　　］　　答え ④［　　］人

ヒント

**2** 「先月の 1.2 倍」だから、1.2 倍になった入場者数がくらべる量、先月の入場者数がもとにする量だよ。

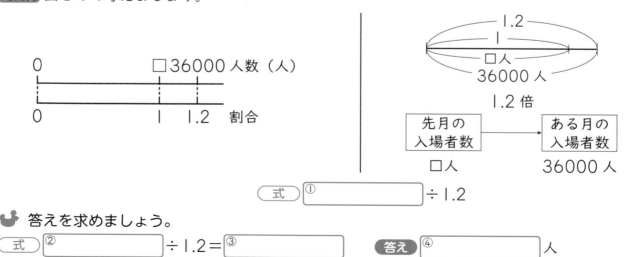

1 5月に売られていたあるくつが、6月から 0.85 倍にね下がりしたため、6月からは 3655 円で売られるようになりました。このくつが5月に売られていたときのねだんは何円ですか。

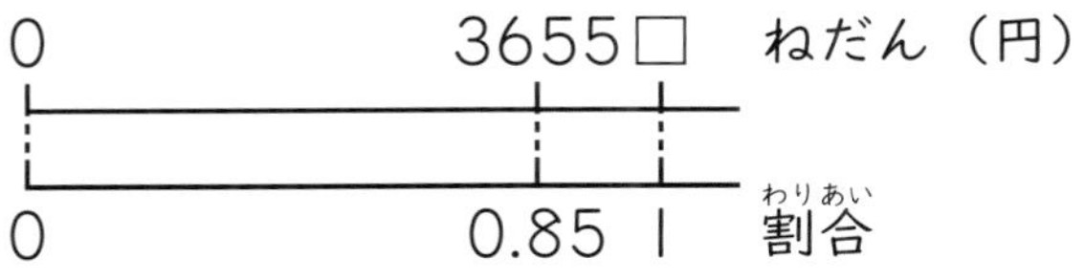


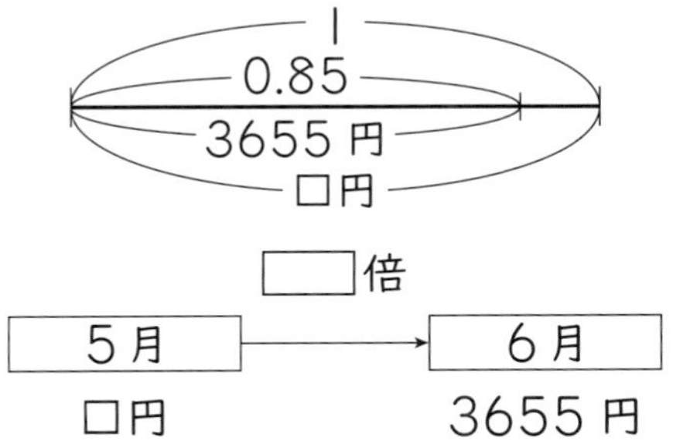


式

答え（　　　　　）

2 ある水田で、昨年は米が 360 kg とれました。これは、おととしの 0.9 倍にあたります。おととしは何 kg の米がとれましたか。

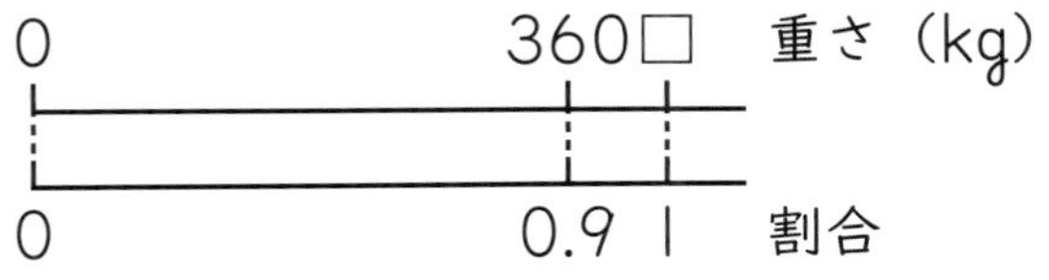


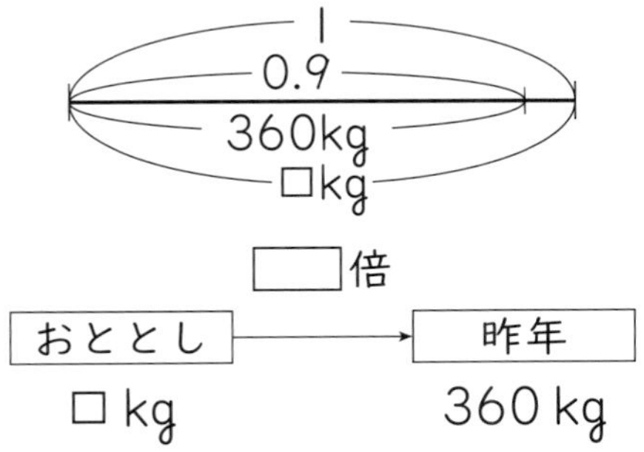


式

答え（　　　　　）

3 あいさんは、120 まいのカードを持っています。あいさんのカードは、かなさんの 1.5 倍のまい数です。かなさんは何まいのカードを持っていますか。

式

答え（　　　　　）

ヒント

3 かなさんのまい数の 1.5 倍が 120 まいなので、もとにする量は、かなさんの持っているカードのまい数です。

# 35 割合⑥

学習日　　月　　日

答え 36ページ

## 百分率《ひゃくぶんりつ》で表した割合《わりあい》を使って、もとにする量を求める

・百分率を割合になおすと、次の式を使ってもとにする量を求めることができます。

[もとにする量]＝[くらべる量]÷[割合]（0.01＝1％）

**1** ある店で、もとのねだんの 80％ でズボンを売っていたので買うことにしました。
代金は 1440 円でした。もとのねだんは何円ですか。

ズボンのもとのねだんを求める式をかきましょう。

考え方 図をみて考えましょう。

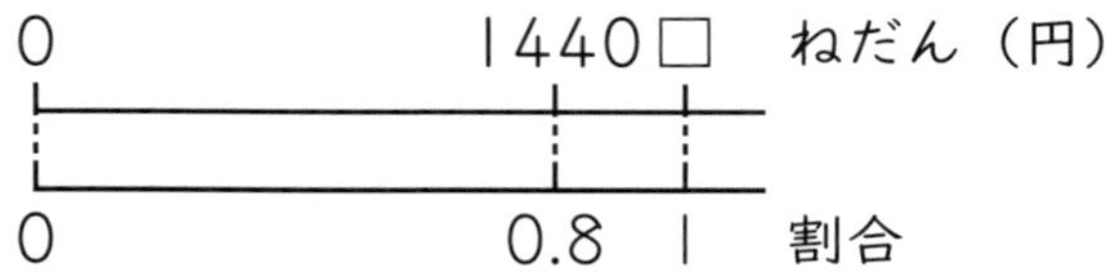


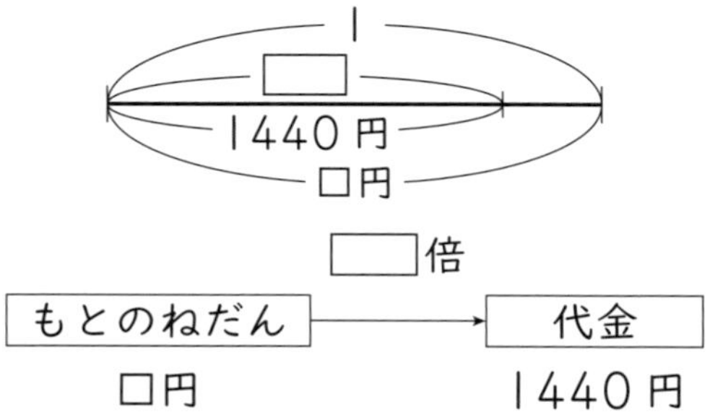


式 1440÷① [　　]

答えを求めましょう。

式 1440÷② [　　]＝③ [　　]　　答え ④ [　　] 円

**2** ね引きセールで 4560 円のくつを買いました。このくつのねだんがもとのねだんの 60％ にあたるとき、くつのもとのねだんは何円ですか。

くつのもとのねだんを求める式をかきましょう。

考え方 図をみて考えましょう。

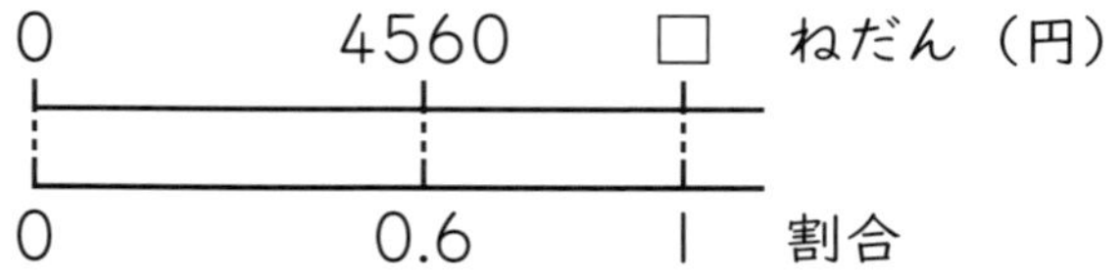


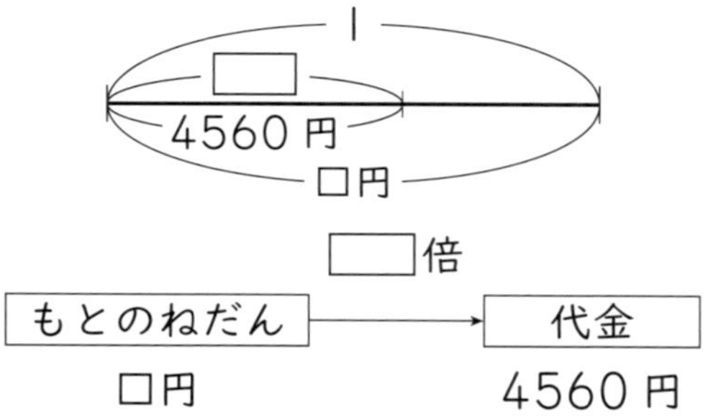


式 4560÷① [　　]

答えを求めましょう。

式 4560÷② [　　]＝③ [　　]　　答え ④ [　　] 円

ヒント **2** 4560 円は、もとのねだんを変えて売ったときのねだんなので、くらべる量にあたるね。

答え 36ページ

**1** ある店では、今日はパンが244個《こ》売れました。これは、昨日売れたパンの個数の80％にあたります。昨日売れたパンの個数は何個ですか。

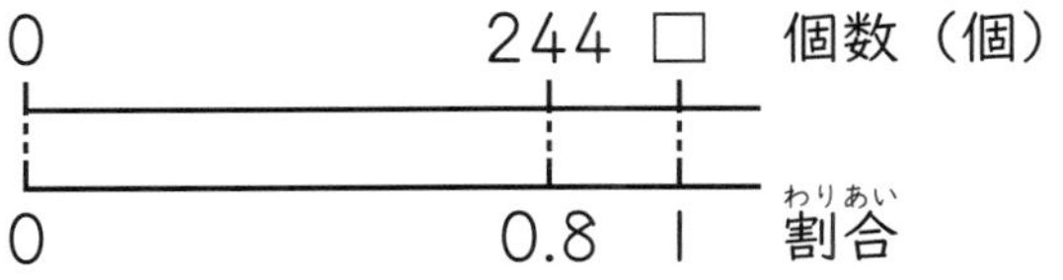


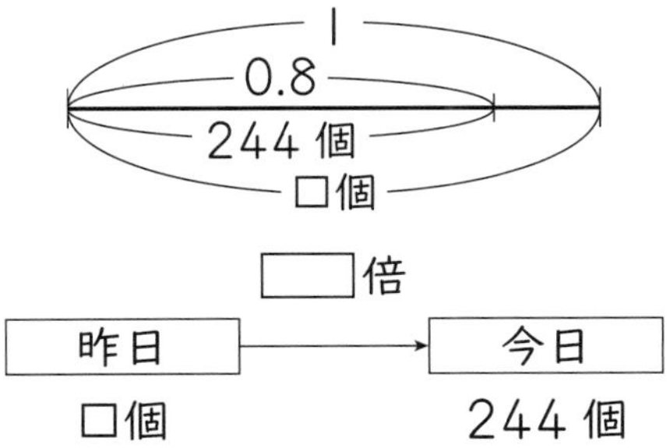


式

答え（　　　　　）

**2** 遠足で水族館に行きました。このうち大人は6人で、全体の人数の4％にあたります。水族館に遠足に行った人数は全部で何人ですか。

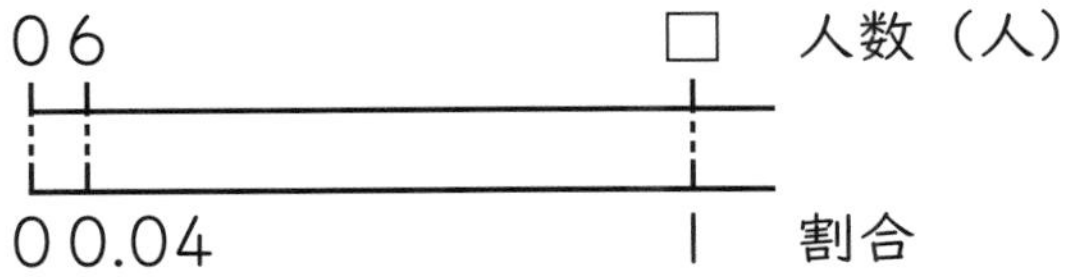


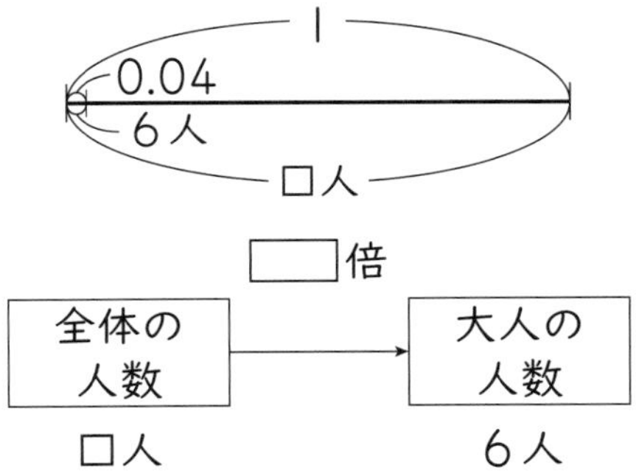


式

答え（　　　　　）

**3** ある小学校の5年生の人数のうち、45％が女子で、その人数は54人です。この小学校の5年生の人数は何人ですか。

式

答え（　　　　　）

ヒント　もとにする量＝くらべる量÷割合で求めるよ。百分率《ひゃくぶんりつ》は、小数の割合になおしてから計算しよう。

学習日　　月　　日

# 36 割合⑦

答え 37ページ

## ね引きの問題

①1000円の本の20％引き後の代金

ね引き額《がく》…$1000\times0.2=200$

代金…もとのねだん－ね引き額＝代金なので、$1000-200=800$　　800円

②もとのねだんの40％引きの1200円で買ったマフラーのもとのねだん

お金をはらう割合《わりあい》…$1-0.4=0.6$

もとのねだん…くらべる量÷割合＝$1200\div0.6=2000$　　2000円

**1** ねだんが12000円のポットを25％引きで買います。代金は何円ですか。

ね引き分を求める式をかきましょう。

考え方 図をみて考えましょう。

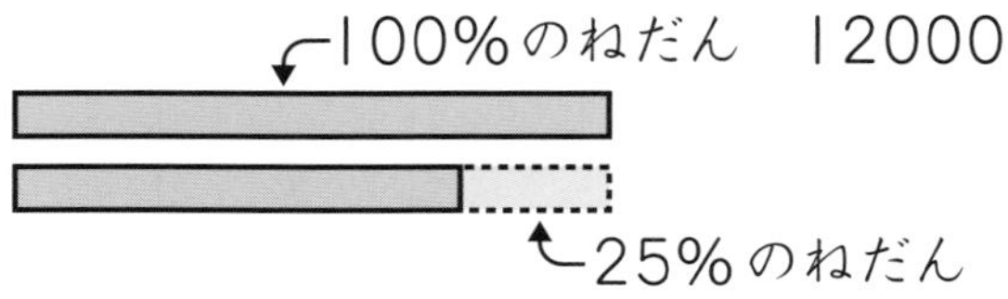


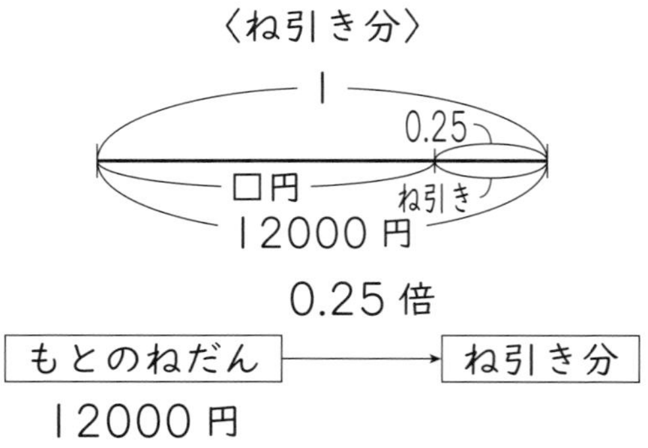


式 12000×① ＝②

答えを求めましょう。

考え方 ね引きされたあとの代金を求めます。

式 12000－③ ＝④　　答え ⑤ 円

**2** 図かんを、もとのねだんの15％引きで買ったところ、代金は1275円でした。図かんのもとのねだんは何円ですか。

もとのねだんを求める式をかきましょう。

考え方 図をみて考えましょう。

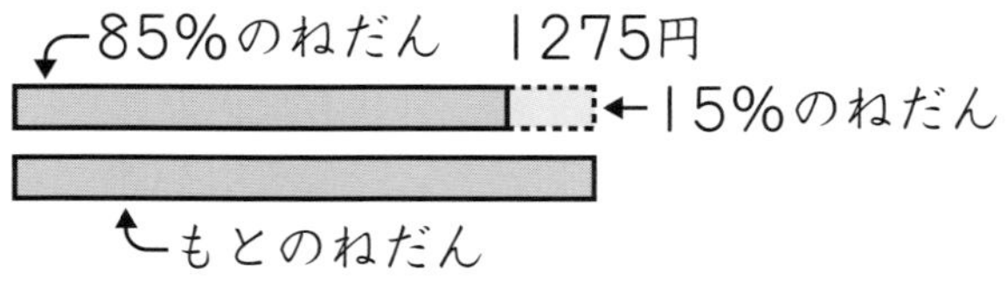


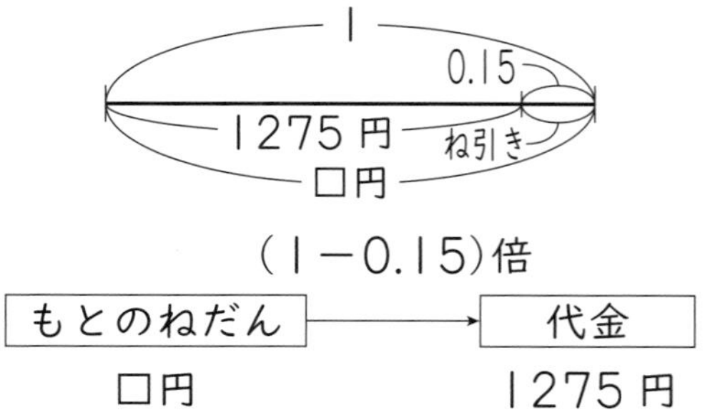


式 1275÷①

答えを求めましょう。 式 1275÷② ＝③　　答え ④ 円

ヒント

**2** もとのねだんのうち、ね引きした残りの分を代金としてはらうので、ね引きした量の割合を使って求めるよ。

★できた問題には、「た」をかこう！★

でき 1　でき 2　でき 3

学習日　月　日

答え 37ページ

**1** 750円の文具セットを20％引きで買いました。代金は何円ですか。

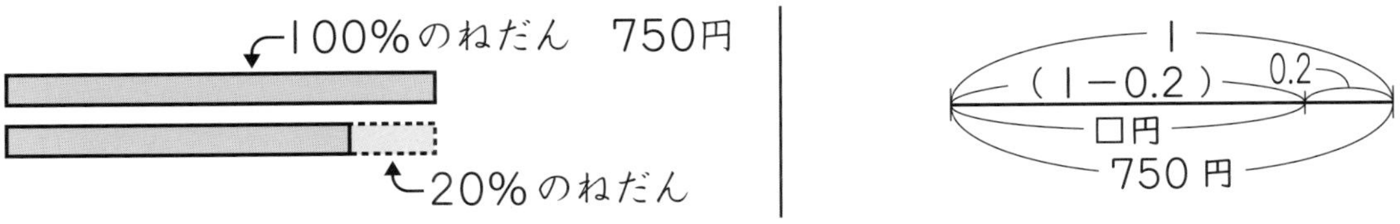


式

答え（　　　　　　）

**2** 絵の具セットをもとのねだんの45％引きで買ったところ、代金が1144円になりました。絵の具セットのもとのねだんは何円ですか。

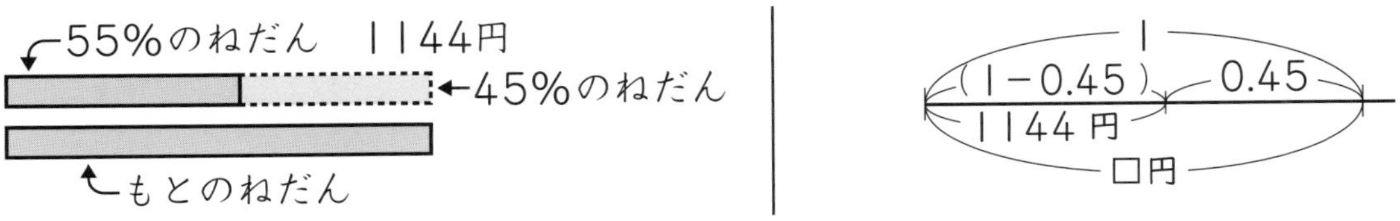


式

答え（　　　　　　）

**3** ダンボールの中ににんじんがあり、このうち25％を使ったところ、残りが5400gになりました。ダンボールにはじめにはいっていたにんじんは、全部で何kgですか。

式

答え（　　　　　　）

ヒント　3 ダンボールに残っている5400gは、1－0.25＝0.75で、全体の0.75倍といえるね。

# 37 割合⑧



答え 38ページ

## 利益《りえき》を考える問題の考え方

例 もとのねだんが 1000 円の商品に、20 % の利益をつけて売ったときの代金は何円ですか。

考え方① もとのねだん ＋ 利益 ＝ 代金

20 %＝0.2 なので、利益…1000×0.2＝200　200 円

代金…1000＋200＝1200　1200 円

考え方② 1000 円をもとにする量（割合《わりあい》＝1）とすると、

代金の割合…もとにする量 ＋ 利益 ＝1＋0.2＝1.2

代金…もとにする量 × 割合 ＝1000×1.2＝1200　1200 円

**1** もとのねだんが 1600 円のシャツに、15 % の利益をつけて売ります。何円で売ることになりますか。

利益が何円になるかを求めましょう。

考え方 もとのねだんよりも 15 % 高く売るので、利益は、くらべる量 ＝ もとにする量 × 割合 で求めます。

式 1600×①＿＿＝②＿＿

売るときのねだんを求める式をかき、答えを求めましょう。

考え方 ことばの式にあてはめてみましょう。

もとのねだん ＋ 利益 ＝ 代金

式 1600＋③＿＿＝④＿＿

答え ⑤＿＿円

考え方

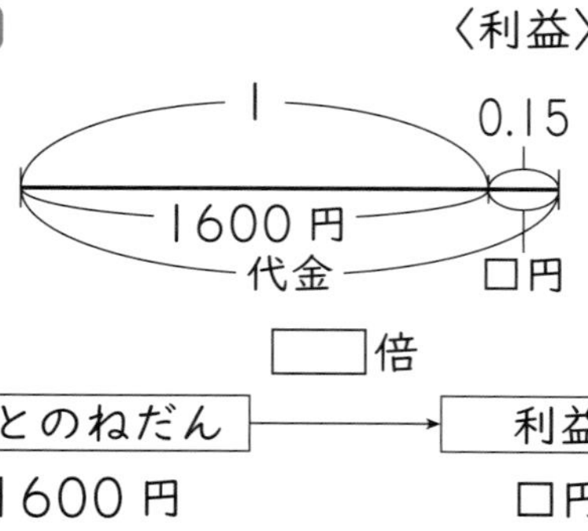


**2** 今日のパンは、いつもよりも 10 % 増量《ぞうりょう》し、1 ふくろに 550 g いれて売られています。いつものパン 1 ふくろには、パンが何 g はいっていますか。

今日の重さがいつもの重さの何倍かを求めましょう。

考え方 いつもの重さよりも 10 % 多くなるので、いつもの重さとくらべて今日の重さは、

式 1＋①＿＿＝②＿＿（倍）

いつものパンの重さを求める式をかき、答えを求めましょう。

式 550÷③＿＿＝④＿＿

答え ⑤＿＿g

考え方

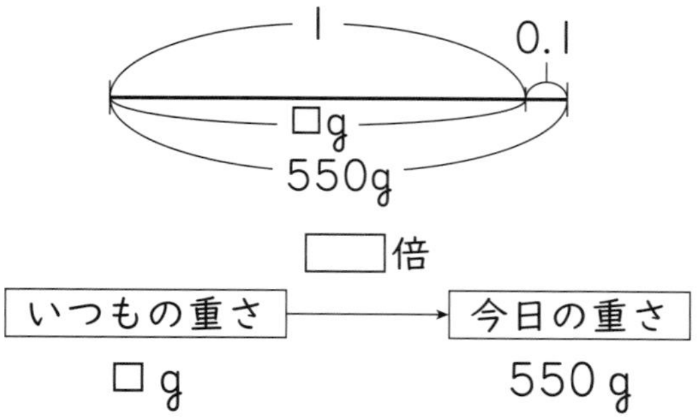


ヒント **2** くらべる量を 550 g として、その割合を使って求めるよ。

**1** もとのねだんが 550 円のサンダルに 12 % の利益《りえき》をつけて売ります。何円で売ることになりますか。

式

答え（　　　　　　）

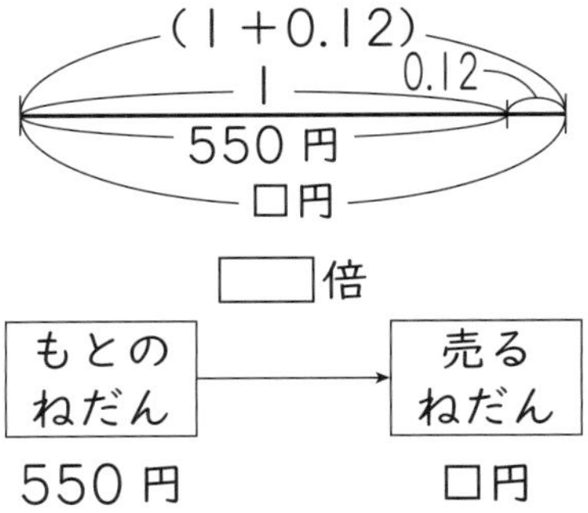


**2** あるサッカーチームの昨年のメンバーの数は 20 人でしたが、今年は昨年よりも 35 % 増《ふ》えました。今年のメンバーの数は何人ですか。

式

答え（　　　　　　）

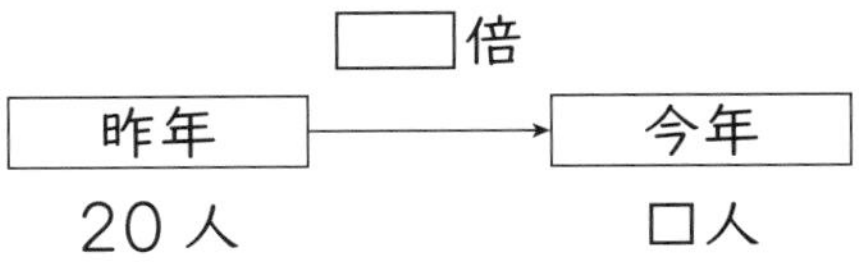


**3** ある店では、ふくろ入りクッキーと箱入りクッキーをつくっており、ふくろ入りクッキーは箱入りクッキーより 10 % 増量《ぞうりょう》し、385 g のクッキーがはいっています。箱入りクッキーには何 g はいっていますか。

式

答え（　　　　　　）

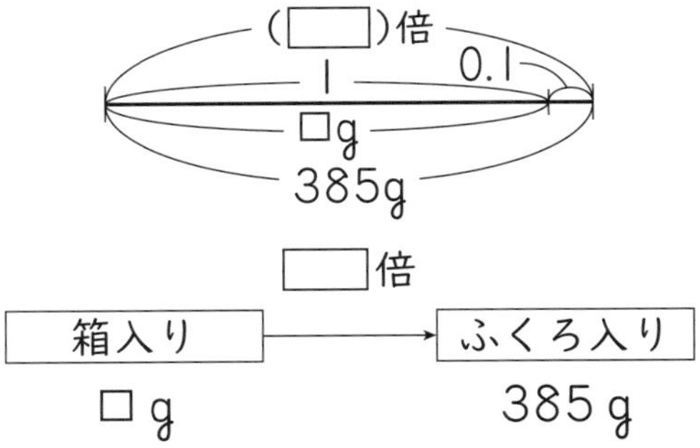


**4** あるイベントでは入場券《にゅうじょうけん》をはん売していますが、8月は、他の月よりも 45 % 多い 5220 まいの入場券をはん売します。他の月にはん売している入場券は何まいですか。

式

答え（　　　　　　）

ヒント
**1** 売るねだんの、もとのねだんに対する割合《わりあい》は、(1＋0.12) で表すことができるよ。
くらべる量＝もとにする量×割合だね。

# 38 割合⑨



答え 39ページ

## 帯《おび》グラフと円グラフ

①それぞれの区切られた部分の割合《わりあい》は、［大きいほうの目もり］－［小さいほうの目もり］で求めます。

②グラフの区切られた部分の割合の合計は100％になります。

③グラフをかくとき、区切られた部分の割合の合計が100％にならない場合は、ふつういちばん大きい部分か「その他」の割合を変えて100％になるようにします。また、帯グラフではふつう左から、また、円グラフではふつう真上から右まわりに百分率《ひゃくぶんりつ》の大きい順に区切り、「その他」はいちばんあとにかきます。

**1** 右の帯グラフは、ある小学校の図書室にある本の割合を表したものです。

㋐伝記の本の割合は何％ですか。

㋑図書室の本が500さつのとき、科学の本は何さつありますか。

図書室にある本の種類別の割合

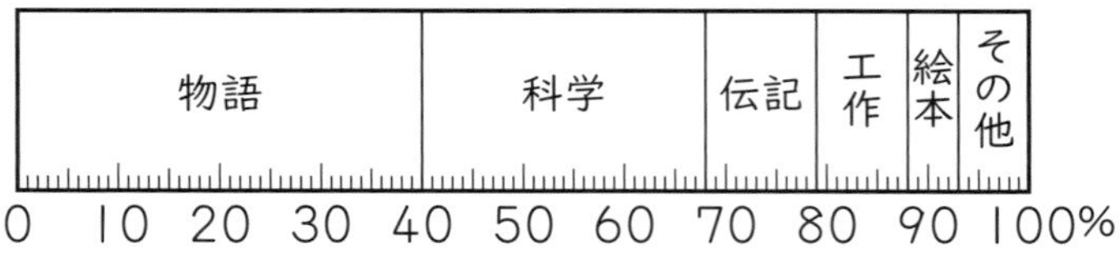


㋐グラフから割合が何％かをよみとりましょう。

考え方 伝記の目もりをよみとり、差を求めます。

式 79－①

答えを求めましょう。

式 79－②　＝③

答え ④　％

---

㋑グラフから科学の本の割合をよみとりましょう。

考え方 それぞれの目もりをよみとり、小数で表した割合で表します。

式 ①　－40＝②

割合は③　％→小数で表した割合になおすと④

科学の本のさっ数を求める式をかきましょう。

考え方 ［くらべる量］＝［もとにする量］×［割合］の式にあてはめましょう。

式 500×⑤

答えを求めましょう。

式 500×⑥　＝⑦

答え ⑧　さつ

百分率を小数で表す割合になおすときは、まちがえないように気をつけよう。0.01が1％だよ。

ヒント

**1** ㋑くらべる量を求める計算では、百分率で表された割合を、もとにする量を1としたときの割合になおしてから計算するよ。

1 右の円グラフは、ある家の先月の支出《ししゅつ》の割合《わりあい》を表したものです。

先月の支出の割合

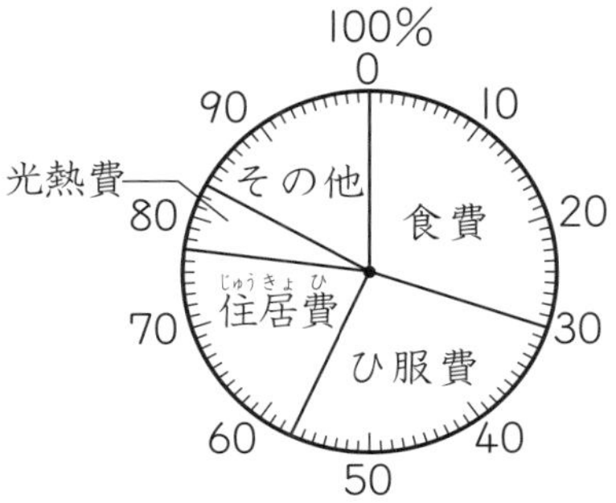


(1)ひ服《ふく》費《ひ》は何 % ですか。

答え(　　　　　)

(2)円グラフをもとにして、帯《おび》グラフに表しましょう。

先月の支出の割合

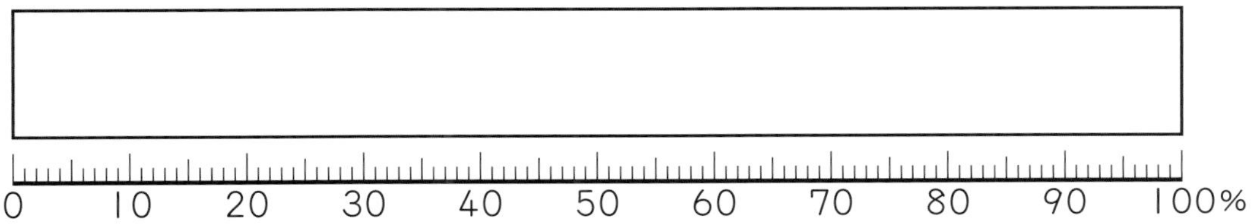


(3)食費は住きょ費の何倍ですか。

式

答え(　　　　　)

(4)支出が全部で 250000 円のとき、光熱費は何円ですか。

式

答え(　　　　　)

ヒント
1 (3)住居費が何 % かを求めるときは、住居費の部分の大きい目もりと小さい目もりの差を求めればいいよ。

# 39 変わり方

答え 40ページ

・表を利用して、和や差などが、どのように変わっていくのか、きまりをみつけて考えます。

**1** よしおさんの弟は、よしおさんよりも3才年下で、2人のたん生日は同じです。

㋐よしおさんの年れいを○才、弟の年れいを△才として、○と△の関係を式に表しましょう。

㋑2人の年れいの変わり方を、表にかいて調べましょう。

㋐○と△で、いつも大きいのはどちらでしょうか。

①

○と△を使って式をかきましょう。

考え方 ひき算の式に表しましょう。

答え ②　－3＝③

㋑よしおさんの年れい○才と弟の年れい△才の変わり方を、表にかいて調べましょう。

考え方 △は、必ず○よりも3小さくなります。

| ○(才) | 3 | 4 | 5 | 6 | 7 | 8 | |
|---|---|---|---|---|---|---|---|
| △(才) | ① | ② | ③ | ④ | ⑤ | ⑥ | |

**2** まりさんは、箱に6個《こ》のいちごクッキーを入れました。この箱にチョコクッキーを加えて入れていきます。

㋐加えるチョコクッキーの数を○個、箱の中のクッキーの合計の数を△個として、○と△の関係を式に表しましょう。

㋑加えたチョコクッキーの数○個と箱の中のクッキーの数△個の変わり方を、表にかいて調べましょう。

㋐○と△を使って式をかきましょう。

考え方 たし算の式に表しましょう。

答え 6＋①　＝②

㋑加えたチョコクッキーの数○個と箱の中のクッキーの数△個の変わり方を、表にかいて調べましょう。

考え方 △は、必ず○よりも大きくなります。

| ○(個) | 1 | 2 | 3 | 4 | 5 | 6 | |
|---|---|---|---|---|---|---|---|
| △(個) | ① | ② | ③ | ④ | ⑤ | ⑥ | |

ヒント **1** は差の変わり方、**2** は和の変わり方を調べているよ。

答え 40ページ

**1** かつきさんには、5才年上のお兄さんがいます。かつきさんとお兄さんのたん生日は同じです。

(1)2人の年れいの変わり方を調べましょう。

| かつきさん○(才) | 1 | 2 | 3 | 4 | 5 | 6 | |
|---|---|---|---|---|---|---|---|
| お兄さん△(才) | 6 | ㋐ | ㋑ | ㋒ | ㋓ | ㋔ | |

(2)かつきさんの年れいを○才、お兄さんの年れいを△才として、○と△の関係を式に表しましょう。

答え（　　　　　　）

(3)かつきさんが14才のとき、お兄さんは何才ですか。

答え（　　　　　　）

**2** 赤ペンと青ペンを、あわせて10本買います。

(1)赤ペンと青ペンの本数の変わり方を調べましょう。

| 赤ペン○(本) | 1 | 2 | 3 | 4 | 5 | 6 | |
|---|---|---|---|---|---|---|---|
| 青ペン△(本) | 9 | ㋐ | ㋑ | ㋒ | ㋓ | ㋔ | |

(2)赤ペンの本数を○本、青ペンの本数を△本として、○と△の関係を式に表しましょう。

答え（　　　　　　）

ヒント　1は和を使った関係、2は差を使った関係だね。

# 5年生のまとめ

答え 41ページ

**1** 次の図形の体積を求めましょう。

式・答え 各5点(20点)

(1)

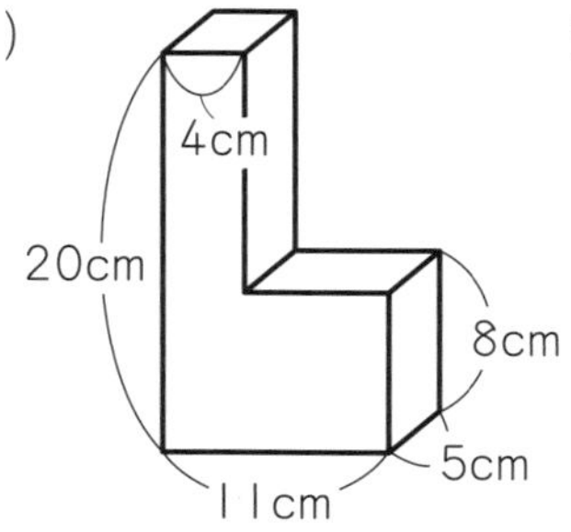


式

答え(　　　　)

(2)

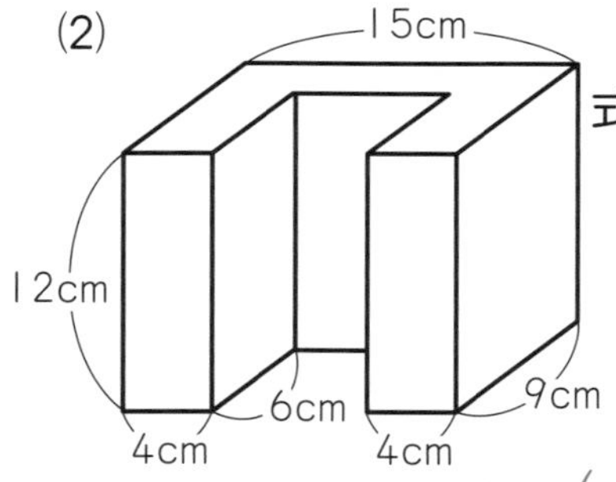


式

答え(　　　　)

**2** 2時間で 144 km 進むトラックと、40 分で 60 km 進む電車があります。各5点(10点)

(1)電車の時速は何 km ですか。

答え(　　　　)

(2)トラックと電車で、速いのはどちらですか。

答え(　　　　)

**3** 表は、あやかさんの漢字テストの結果の1回目から4回目までをまとめたものです。5回のテスト結果の平均点《へいきんてん》を8点にするためには、5回目のテストで何点をとればよいですか。　(15点)

漢字テストの結果

| テスト(回目) | 1 | 2 | 3 | 4 | 5 |
|---|---|---|---|---|---|
| 点数(点) | 10 | 10 | 6 | 7 | ? |

答え(　　　　)

**4** 次の問題に答えましょう。

式・答え 各5点(20点)

(1)重さが $\frac{3}{8}$ kg のかごの中に、重さが $\frac{4}{9}$ kg のりんごがはいっています。全部の重さは何 kg ですか。

式

答え(　　　　)

(2)ある商品をもとのねだんの 20 % 引きで買ったところ、代金が 2760 円でした。この商品のもとのねだんは何円ですか。

式

答え(　　　　)

**5** りんごが 42 個《こ》、なしが 28 個あります。このりんごとなしを全部使って、それぞれ同じ数ずつ箱につめ、箱の数をできるだけ多くします。1箱につめるりんごとなしは、それぞれ何個ですか。　式・答え 各5点(15点)

式

答え　りんご(　　　　)

なし(　　　　)

**6** ガソリン4L で 36.8 km 走る自動車があります。　式・答え 各5点(20点)

(1)1L あたり何 km 走りますか。

式

答え(　　　　)

(2)18 L では何 km 走りますか。

式

答え(　　　　)

# 教科書ぴったりトレーニング

# 丸つけラクラク解答

全教科書版
文章題５年

この「丸つけラクラク解答」は
とりはずしてお使《つか》いください。

「丸つけラクラク解答」では問題《もんだい》と同じ紙面《しめん》に、赤字で答えを書いています。

①問題がとけたら、まずは答え合わせをしましょう。

②まちがえた問題やわからなかった問題は、てびきを読んだり、教科書を読み返《かえ》したりしてもう一度《いちど》見直しましょう。

おうちのかたへ では、次のようなものを示しています。

- 学習のねらいやポイント
- 学習内容のつながり
- まちがいやすいことやつまずきやすいところ

お子様への説明や、学習内容の把握などにご活用ください。

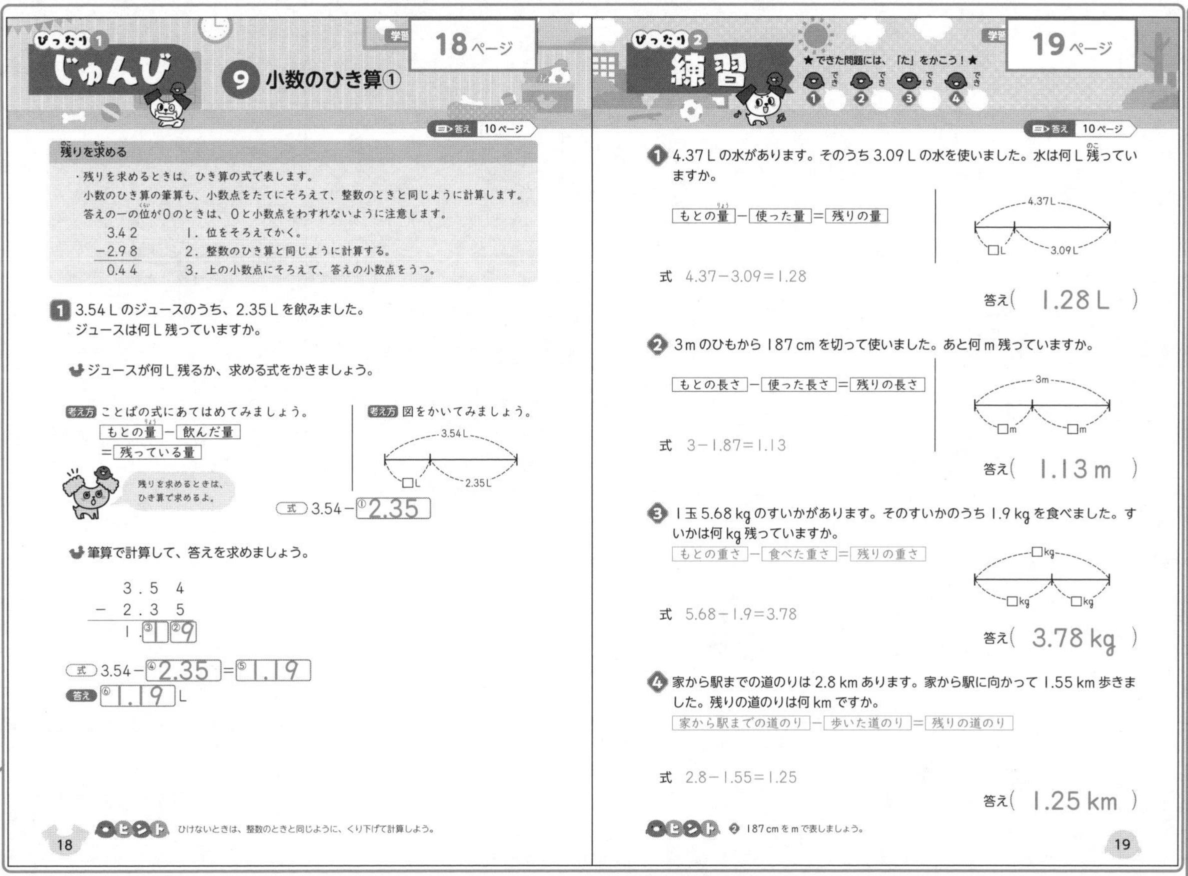

ぴったり1 じゅんび　９ 小数のひき算①　18ページ　答え 10ページ

残りを求める

・残りを求めるときは、ひき算の式で表します。
小数のひき算の筆算も、小数点をたてにそろえて、整数のときと同じように計算します。
答えの一の位が０のときは、０と小数点をわすれないように注意します。

3.42　１．位をそろえてかく。
−2.98　２．整数のひき算と同じように計算する。
0.44　３．上の小数点にそろえて、答えの小数点をうつ。

1 3.54 L のジュースのうち、2.35 L を飲みました。ジュースは何 L 残っていますか。

ジュースが何 L 残るか、求める式をかきましょう。

考え方 ことばの式にあてはめてみましょう。
もとの量 − 飲んだ量
＝ 残っている量

残りを求めるときは、ひき算で求めるよ。

考え方 図をかいてみましょう。

式 3.54 − ①2.35

筆算で計算して、答えを求めましょう。

　3.5 4
− 2.3 5
　1.③1 ②9

式 3.54 − ④2.35 ＝ ⑤1.19
答え ⑥1.19 L

ヒント ひけないときは、整数のときと同じように、くり下げて計算しよう。

18

ぴったり2 練習　19ページ　答え 10ページ

★できた問題には、「た」をかこう！★

1 4.37 L の水があります。そのうち 3.09 L の水を使いました。水は何 L 残っていますか。

もとの量 − 使った量 ＝ 残りの量

式 4.37−3.09＝1.28
答え（ 1.28 L ）

2 3 m のひもから 187 cm を切って使いました。あと何 m 残っていますか。

もとの長さ − 使った長さ ＝ 残りの長さ

式 3−1.87＝1.13
答え（ 1.13 m ）

3 １玉 5.68 kg のすいかがあります。そのすいかのうち 1.9 kg を食べました。すいかは何 kg 残っていますか。

もとの重さ − 食べた重さ ＝ 残りの重さ

式 5.68−1.9＝3.78
答え（ 3.78 kg ）

4 家から駅までの道のりは 2.8 km あります。家から駅に向かって 1.55 km 歩きました。残りの道のりは何 km ですか。

家から駅までの道のり − 歩いた道のり ＝ 残りの道のり

式 2.8−1.55＝1.25
答え（ 1.25 km ）

ヒント 2 187 cm を m で表しましょう。

19

**18ページ**

1 残《のこ》りの量《りょう》を求《もと》めるときは、ひき算を使います。筆算で計算するときにひけないときは、くり下げて計算します。

**19ページ**

1 残りの量を求めるときは、ひき算を使います。筆算で計算するときにひけないときは、くり下げて計算します。

2 187 cm＝1.87 m として から筆算をします。筆算で計算するときにひけないときは、くり下げて計算します。

3 残りの量を求めるときは、ひき算を使います。筆算で計算するときにひけないときは、くり下げて計算します。

4 筆算をするときは、2.8 を 2.80 とかきます。筆算で計算するときにひけないときは、くり下げて計算します。

おうちのかたへ
答えの単位はどの単位か、注意が必要です。長さや重さなどの単位がそろっているか確認させましょう。1 m＝100 cm です。忘れやすいですので、くり返し確認させましょう。

10

見やすい答え

おうちのかたへ

くわしいてびき

※紙面はイメージです。

ぴったり1
# 準備
## 1 体積

学習 **2ページ**

答え 2ページ

**直方体や立方体の体積を求める公式**

・体積は、$1\,cm^3$（1立方センチメートル）や $1\,m^3$（1立方メートル）が何個《なんこ》分あるかで表します。
直方体や立方体の体積は、次の公式で求められます。
**直方体の体積＝たて×横×高さ**
**立方体の体積＝1辺×1辺×1辺**

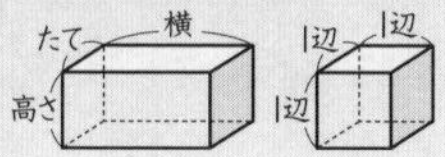


**1** 次の直方体や立方体の体積を求めましょう。
あたて4cm、横6cm、高さ3cmの直方体の体積
い1辺6cmの立方体の体積

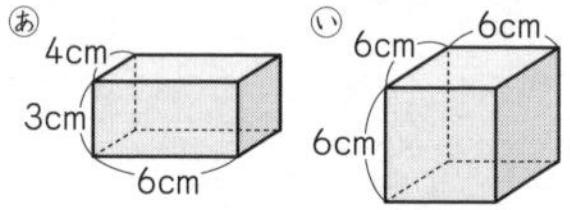


体積を求める式をかきましょう。
考え方 公式にあてはめてみましょう。
あ 直方体の体積＝たて×横×高さ
式 4×① 6 ×② 3
い 立方体の体積＝1辺×1辺×1辺
式 ③ 6 ×④ 6 ×⑤ 6

答えを求めましょう。
式 あ4×⑥ 6 ×⑦ 3 ＝⑧ 72
答え ⑨ 72 $cm^3$
式 い⑩ 6 ×⑪ 6 ×⑫ 6 ＝⑬ 216
答え ⑭ 216 $cm^3$

**2** 右の図形の体積を、2つの直方体うとえに分けて求めましょう。

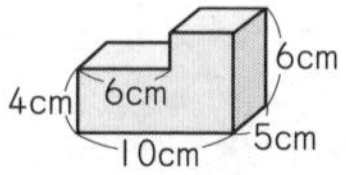


2つの直方体う、えの辺の長さを求めましょう。
考え方 えの横の長さは 10－6＝4 より、4cm となります。

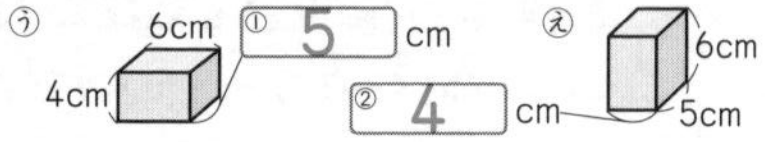


う ① 5 cm　② 4 cm

う、えの直方体の体積を求める式を、それぞれかきましょう。
式 う5×6×③ 4 ＝④ 120
え5×⑤ 4 ×6＝⑥ 120

うの直方体とえの直方体をたす考え方で式をつくり、答えを求めましょう。
式 120＋⑦ 120 ＝⑧ 240
答え ⑨ 240 $cm^3$

ヒント **2** 直方体の体積を求める公式は、たて×横×高さだよ。



ぴったり2
# 練習

★できた問題には、「た」をかこう！★

学習 **3ページ**

答え 2ページ

**1** 次の体積を求めましょう。
(1)たて10cm、横12cm、高さ8cmの直方体
たて×横×高さ＝直方体の体積

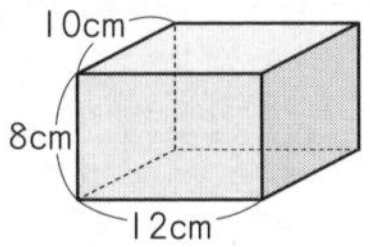


式 10×12×8＝960
答え（ 960 $cm^3$ ）

(2)1辺8mの立方体
1辺×1辺×1辺＝立方体の体積

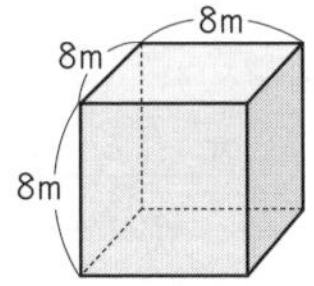


式 8×8×8＝512
答え（ 512 $m^3$ ）

**2** 次のような図形の体積を、くふうして求めましょう。
(1)

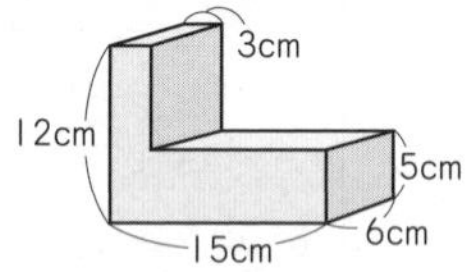

式 6×3×12＝216　6×(15－3)×5＝360
216＋360＝576
答え（ 576 $cm^3$ ）

(2)

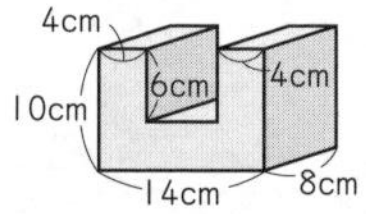


式 8×14×10＝1120　8×(14－4－4)×6＝288
1120－288＝832
答え（ 832 $cm^3$ ）

ヒント **2** (1)は2つの直方体、(2)は3つの直方体に分けてみたり、大きい直方体からへこんだ部分をひいたりしてもいいね。



**2**ページ

**1** 直方体の体積は、たて×横×高さで求められます。また、立方体の体積は、1辺×1辺×1辺で求められます。かける順番をかえても答えは同じになります。

**2** 直方体や立方体が組み合わさった立体の体積は、2つ以上の部分に分けてそれぞれの体積をたすか、大きな直方体の体積からへこんだ部分の体積をひいて求めます。

**3**ページ

**1** (2)1辺の長さが8mの立方体の体積を求めますので、答えの単位は $m^3$（立方メートル）になります。

**2** (2)大きな直方体の体積からへこんだ部分の体積をひいて求めています。

**おうちのかたへ**
公式を身につけさせるとよいでしょう。6年でも体積を学習する場面がありますので、公式の理解は大切です。

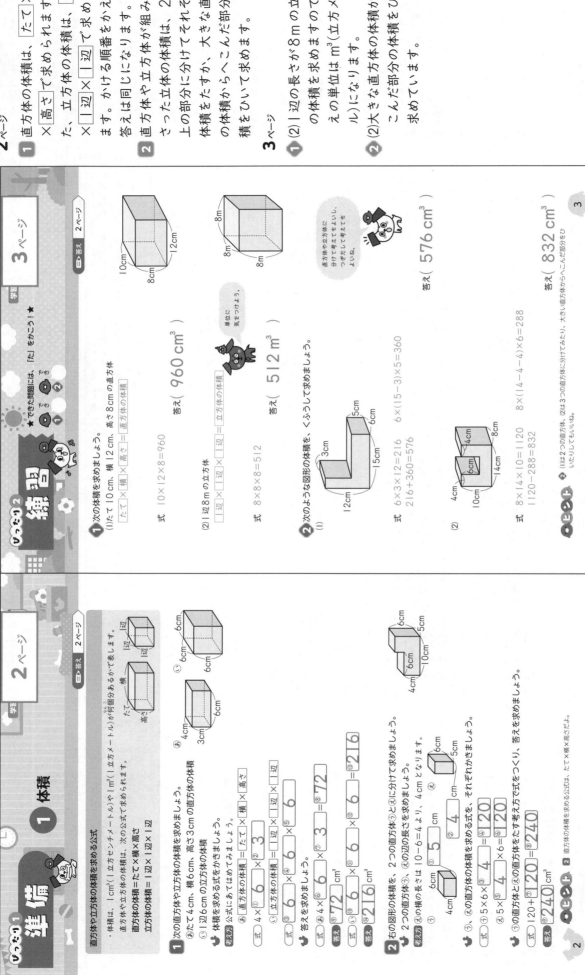

## 2 数直線図をかこう①

答え 3ページ

**数量の関係の表し方①**

・算数では、問題にある数量を使って「数直線図」や「関係図」に表すと、考えやすくなります。

＜数直線図＞

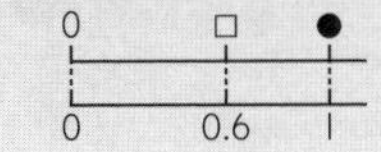


＜関係図＞

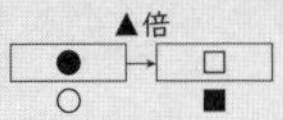


**1** 1mの重さが6kgの鉄のぼうがあります。この鉄のぼう0.4mの重さは何kgですか。
あ数直線図や、い関係図に表して考えましょう。

あ数量の関係を、「数直線図」に表してみましょう。

考え方 図をかいてみましょう。

(1)長さ(m)を表す直線と、重さ(kg)を表す直線をかく。
これに、1mの重さが6kgであることをかく。

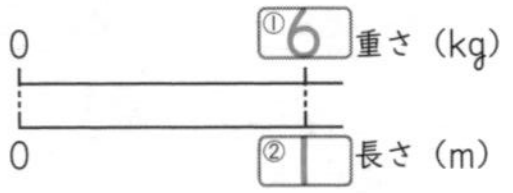


(2)(1)でかいた図に、これから求める0.4mの重さ□kgをかく。

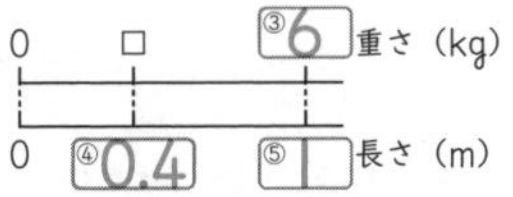


式をかき、答えを求めましょう。

(3)長さが1mの0.4倍なので、重さも6kgの⑥ 0.4 倍になる。

式 6×⑦ 0.4 =⑧ 2.4

答え ⑨ 2.4 kg

い数量の関係を、「関係図」に表してみましょう。

考え方 図をかいてみましょう。

(1)1mの重さが6kgであることをかき、これから求める0.4mの重さを□kgとする。

(2)(1)でかいた図に、0.4mが1mの何倍かをかく。

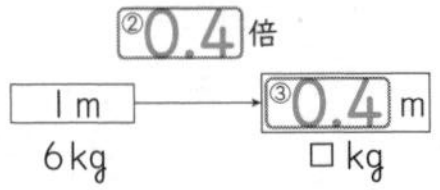


式をかき、答えを求めましょう。

(3)長さが1mの④ 0.4 倍なので、重さも6kgの⑤ 0.4 倍になる。

式 6×⑥ 0.4 =⑦ 2.4

答え ⑧ 2.4 kg

ヒント 数直線図をかくときは、一方の数量を1としたときに、もう一方の数量がいくつになるかを、探してみよう。





★できた問題には、「た」をかこう！★ でき 1 でき 2 でき 3 でき 4

答え 3ページ

**1** 1kgのねだんが450円の大豆を2.8kg買いました。代金は何円になりますか。

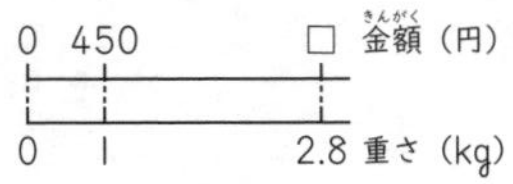


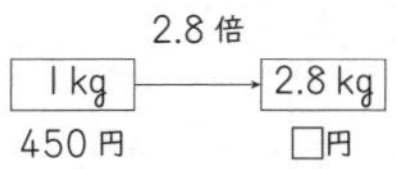


式 450×2.8=1260

答え（ 1260円 ）

**2** 1dLで2.4m²ぬることができるペンキがあります。このペンキ8dLでは、何m²ぬることができますか。

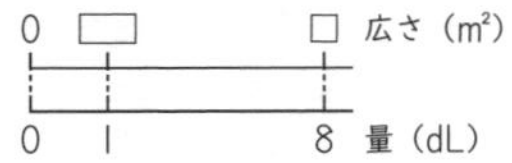


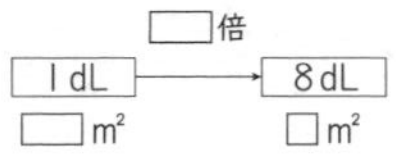


式 2.4×8=19.2

答え（ 19.2 m² ）

**3** 1mの重さが0.9kgのホースがあります。このホース3.6mの重さは何kgですか。

1mの重さ × ホースの長さ ＝ ホースの重さ

式 0.9×3.6=3.24

答え（ 3.24 kg ）

**4** 1Lで3.5m²の畑にまくことができる肥料《ひりょう》があります。この肥料8.4Lでは、何m²の畑にまくことができますか。

1Lでまける面積 × 肥料の量 ＝ まける面積

式 3.5×8.4=29.4

答え（ 29.4 m² ）

ヒント 1とする量が何倍になっているかに着目しよう。一方の量が2倍になると、もう一方の量も2倍になるよ。



**4ページ**

**1** 数直線図をかくときは、1とする数量を下にかくと分かりやすくなります。また、関係図では、1とする数量を左にかくと分かりやすくなります。

**5ページ**

**1** 2つの量のうち、ねだんがわかっているのは1にあたる大豆のねだん450円です。1kgに対して2.8kgは2.8倍なので、金額《きんがく》も450円の2.8倍になります。

**4** 2つの量のうち、面積(m²)がわかっているのは1にあたるまくことができる肥料《ひりょう》の面積3.5m²です。1Lに対して8.4Lは8.4倍なので、面積も3.5m²の8.4倍になります。

**おうちのかたへ**
2つの量をみて、一方が1とする量の何倍になっているかをみつけさせましょう。式がたてられない場合は、具体的な例を入れて説明したり、いっしょに数直線図を書いたりしながら、理解させましょう。

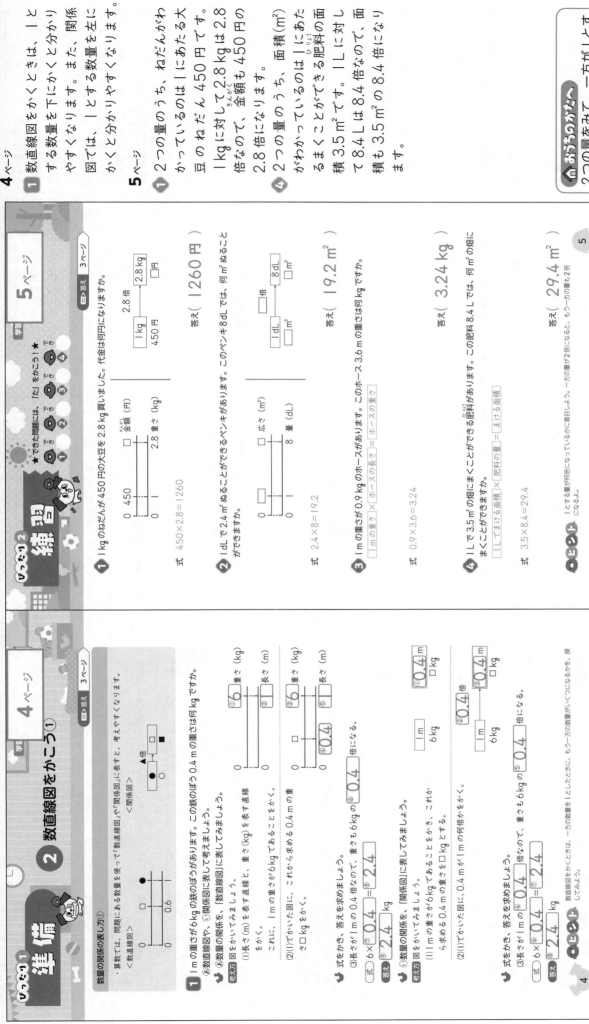

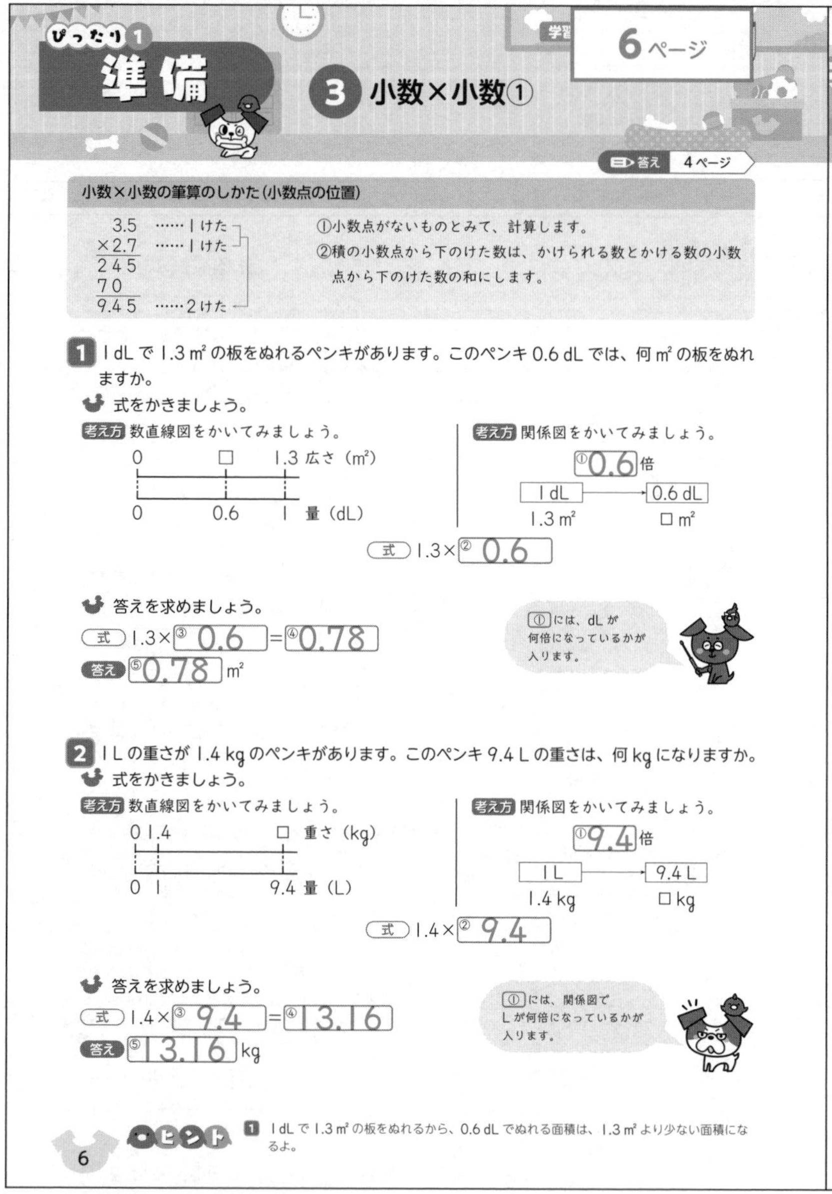

ぴったり1 準備

# 3 小数×小数①

学習 6ページ

答え 4ページ

**小数×小数の筆算のしかた（小数点の位置）**

```
   3.5  ……1けた
 ×2.7  ……1けた
  245
  70
  9.45 ……2けた
```

①小数点がないものとみて、計算します。
②積の小数点から下のけた数は、かけられる数とかける数の小数点から下のけた数の和にします。

**1** 1dLで1.3 m² の板をぬれるペンキがあります。このペンキ0.6dLでは、何 m² の板をぬれますか。

式をかきましょう。

考え方 数直線図をかいてみましょう。

考え方 関係図をかいてみましょう。



式 1.3×② 0.6

答えを求めましょう。

式 1.3×③ 0.6 =④ 0.78

答え ⑤ 0.78 m²

①には、dL が何倍になっているかが入ります。

**2** 1Lの重さが1.4kgのペンキがあります。このペンキ9.4Lの重さは、何kgになりますか。

式をかきましょう。

考え方 数直線図をかいてみましょう。

考え方 関係図をかいてみましょう。



式 1.4×② 9.4

答えを求めましょう。

式 1.4×③ 9.4 =④ 13.16

答え ⑤ 13.16 kg

①には、関係図で L が何倍になっているかが入ります。

ヒント **1** 1dLで1.3 m² の板をぬれるから、0.6dLでぬれる面積は、1.3 m² より少ない面積になるよ。



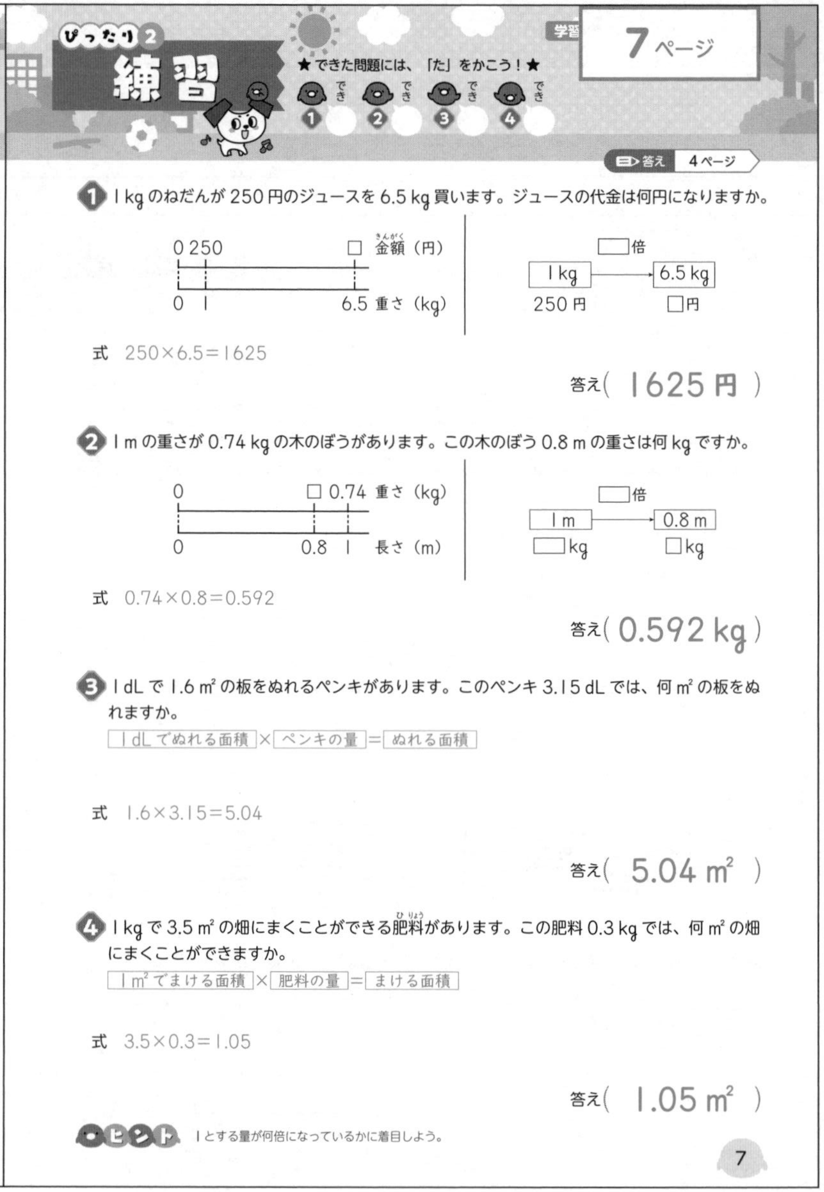

ぴったり2 練習

学習 7ページ

★できた問題には、「た」をかこう！★ 1 2 3 4

答え 4ページ

**1** 1kgのねだんが250円のジュースを6.5kg買います。ジュースの代金は何円になりますか。



式 $250×6.5=1625$

答え（ 1625円 ）

**2** 1mの重さが0.74kgの木のぼうがあります。この木のぼう0.8mの重さは何kgですか。



式 $0.74×0.8=0.592$

答え（ 0.592kg ）

**3** 1dLで1.6 m² の板をぬれるペンキがあります。このペンキ3.15dLでは、何 m² の板をぬれますか。

1dLでぬれる面積 × ペンキの量 ＝ ぬれる面積

式 $1.6×3.15=5.04$

答え（ 5.04 m² ）

**4** 1kgで3.5 m² の畑にまくことができる肥料《ひりょう》があります。この肥料0.3kgでは、何 m² の畑にまくことができますか。

1 m² でまける面積 × 肥料の量 ＝ まける面積

式 $3.5×0.3=1.05$

答え（ 1.05 m² ）

ヒント 1とする量が何倍になっているかに着目しよう。



**おうちのかたへ**

答えの小数点の位置に注意させましょう。5.92や59.2などと答えた場合、この問題は1より小さい数字をかけますので、答えはかけられる数よりも小さくなるということを理解させましょう。

**6ページ**

**1** かける数が1より小さいときは、答えがかけられる数より小さくなります。

**2** 小数×小数の筆算では、積の小数点から下のけた数は、かけられる数とかける数の小数点から下のけた数の和になります。

**7ページ**

**1** 単位が同じ2つの量をさがすと、1kgと6.5kgがあります。重さが6.5倍になると、代金も6.5倍になります。

**2** 単位が同じ2つの量をさがすと、1mと0.8mがあります。長さが0.8倍になると、重さも0.8倍になります。

**おうちのかたへ**

何倍になっているかをみつけるには、単位が同じ量を2つみつけさせましょう。式がたてられない場合は、具体的な例を入れて説明したり、いっしょに数直線図をかいたりしながら、理解させましょう。

ぴったり1 準備

# 4 小数×小数②



答え 5ページ

**面積と体積の公式**

・面積や体積を求めるとき、辺の長さが小数であっても、それぞれの公式を使って求めることができます。

公式　長方形の面積＝たて×横　　正方形の面積＝１辺×１辺
　　　直方体の体積＝たて×横×高さ　　立方体の体積＝１辺×１辺×１辺

**1** 次の形の面積を求めましょう。
あ たて 2.8 cm、横 3.6 cm の長方形
い １辺が 2.4 cm の正方形

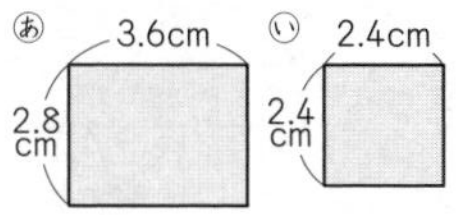


面積を求める式をかきましょう。
考え方 公式にあてはめてみましょう。
あ 長方形の面積＝たて×横
式 ①2.8 ×②3.6
い 正方形の面積＝１辺×１辺
式 ③2.4 ×④2.4

答えを求めましょう。
式 あ ⑤2.8 ×⑥3.6 ＝⑦10.08
答え ⑧10.08 $cm^2$
式 い ⑨2.4 ×⑩2.4 ＝⑪5.76
答え ⑫5.76 $cm^2$

**2** たて 6.2 cm、横 5 cm、高さ 7.4 cm の直方体の体積を求めましょう。

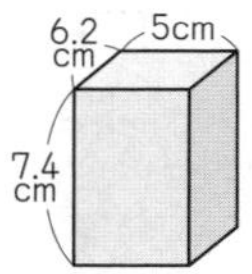


体積を求める式をかきましょう。
考え方 公式にあてはめてみましょう。
直方体の体積＝たて×横×高さ
式 6.2×5×①7.4

答えを求めましょう。
式 6.2×5×②7.4 ＝③229.4
答え ④229.4 $cm^3$

ヒント 面積や体積を求めるときは、数が小数でも、公式にあてはめればいいよ。



ぴったり2 練習



★できた問題には、「た」をかこう！★　でき 1　でき 2　でき 3　でき 4

答え 5ページ

**1** １辺の長さが 5.2 cm の正方形の面積は、何 $cm^2$ ですか。
１辺×１辺＝正方形の面積

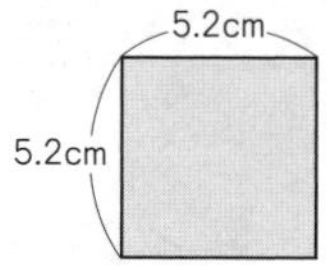


式 5.2×5.2＝27.04

答え（27.04 $cm^2$）

**2** たて 0.9 m、横 2.45 m の長方形の面積は、何 $m^2$ ですか。
たて×横＝長方形の面積

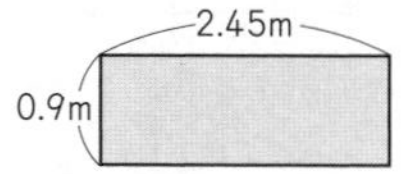


式 0.9×2.45＝2.205

答え（2.205 $m^2$）

**3** １辺の長さが 1.8 cm の立方体の体積は、何 $cm^3$ ですか。
１辺×１辺×１辺＝立方体の体積

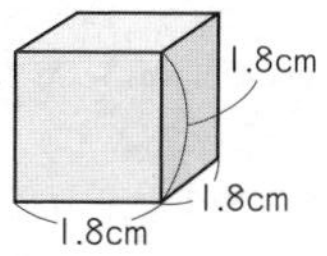


式 1.8×1.8×1.8＝5.832

答え（5.832 $cm^3$）

**4** たて 3.4 m、横 1.1 m、高さ 10.2 m の直方体の体積は、何 $m^3$ ですか。
たて×横×高さ＝直方体の体積

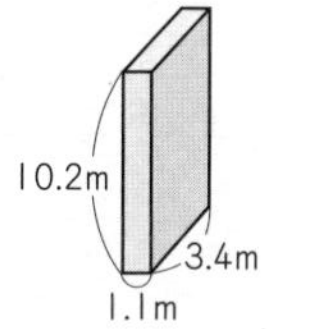


式 3.4×1.1×10.2＝38.148

答え（38.148 $m^3$）

ヒント 答えの小数点の位置に気をつけよう。また、答えの単位のちがいに気をつけよう。



**おうちのかたへ**
3つの数字のかけ算は計算がめんどうに思ってしまうこともあるかもしれませんが、１つ１つていねいに計算させましょう。

**8ページ**

**1** 長さが小数でも面積の公式を使って求めることができます。小数×小数の筆算では、積の小数点から下のけた数は、かけられる数とかける数の小数点から下のけた数の和になります。

**2** 6.2×5 を計算してから、その答えに 7.4 をかけましょう。

**9ページ**

**1** 正方形の面積の公式にあてはめて求めましょう。

**2** 長方形の面積の公式にあてはめて求めましょう。

**3** 立方体の体積の公式にあてはめて求めましょう。

**4** 直方体の体積の公式にあてはめて求めましょう。

**おうちのかたへ**
答えの単位に注意させましょう。計算だけできても問題をよく読まないこともありますので、何を答えるのか、どんな単位で答えればよいのか気をつけさせましょう。

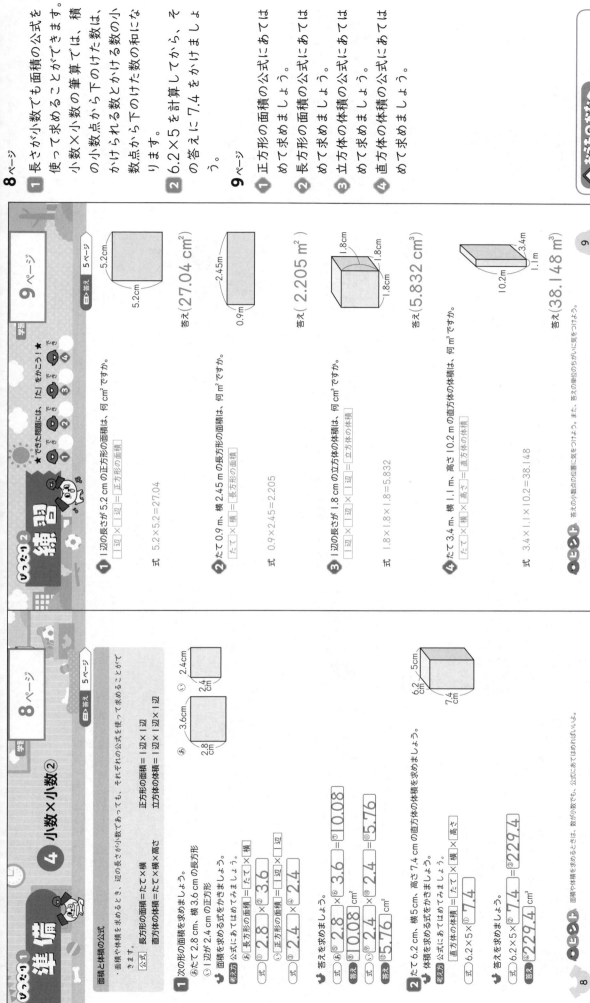

ぴったり1
# 準備
## 5 小数×小数③



答え 6ページ

**割合《わりあい》を表す小数**

・何倍にあたるかを表した数を割合といいます。何倍にあたるかを表す数(割合)が小数のときでも、整数のときと同じように計算できます。倍(割合)にあたる大きさは、かけ算をすると求められます。

例200円の1.4倍は、200×1.4＝280(円)
200円の0.7倍は、200×0.7＝140(円)

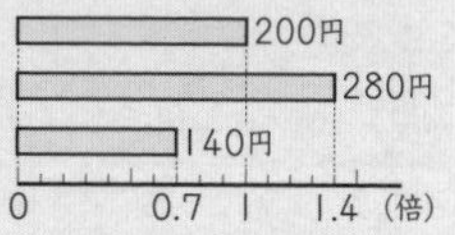


**1** 赤いテープが7m、白いテープが5m、青いテープが白いテープの長さの1.7倍あります。
あ青いテープの長さは何mですか。
い赤いテープの長さは白いテープの長さの何倍ですか。

テープの長さ

| | |
|---|---|
| 赤 | 7m |
| 白 | 5m |
| 青 | ?m |

あ青いテープの長さを求める式をかきましょう。

考え方 数直線図で考えてみましょう。

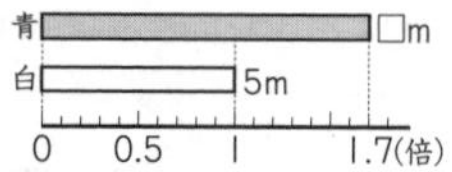


考え方 関係図で考えてみましょう。

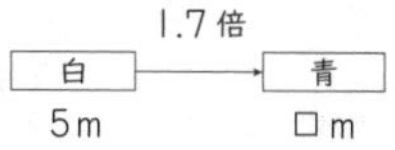


式 5×① 1.7

白いテープの長さを1として考えよう。

答えを求めましょう。

式 5×② 1.7 ＝③ 8.5

答え ④ 8.5 m

い倍を求める式をかきましょう。

考え方 数直線図で考えてみましょう。

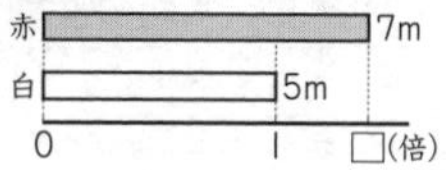


考え方 関係図で考えてみましょう。

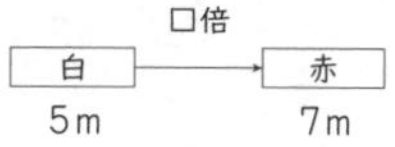


式 ① 7 ÷② 5

答えを求めましょう。

式 ③ 7 ÷④ 5 ＝⑤ 1.4

答え ⑥ 1.4 倍

ヒント 数量の関係を数直線図や関係図で表すと、わかりやすいよ。



ぴったり2
# 練習

★できた問題には、「た」をかこう！★



答え 6ページ

**1** なしが300g、りんごが360g、メロンはなしの4.2倍の重さがあります。

(1)メロンの重さは何gですか。

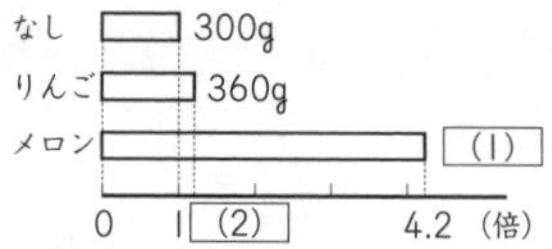


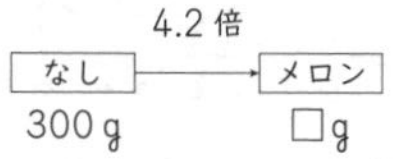


式 300×4.2＝1260

答え( 1260g )

(2)りんごの重さは、なしの重さの何倍ですか。

りんごとなしの重さの関係は、300×□＝360の式で表せるね。

式 360÷300＝1.2

答え( 1.2倍 )

**2** 小学校の5年生の人数をくらべます。A小学校は80人、B小学校は72人、C小学校はA小学校の人数の0.7倍です。

(1)C小学校の5年生の人数は何人ですか。

1とした大きさ×倍＝倍にあたる大きさ

式 80×0.7＝56

答え( 56人 )

(2)B小学校の5年生の人数は、A小学校の5年生の人数の何倍ですか。

倍にあたる大きさ÷1とした大きさ
＝倍

A小学校とB小学校の5年生の人数の関係は、80×□＝72の式で表せるね。

式 72÷80＝0.9

答え( 0.9倍 )

ヒント 1 (2)で何倍かを求めるときは、倍にあたる大きさ÷1とした大きさで求められるよ。



**10ページ**

**1** 倍にあたる大きさは、1とした大きさ×倍で求めることができます。また、何倍かを求めるには、倍にあたる大きさ÷1とした大きさで計算します。

**11ページ**

**1** (1)1とした大きさ×倍＝倍にあたる大きさの式にあてはめます。

(2)りんごの重さがなしの重さの何倍になるかなので、なしの重さを1として考えます。
倍＝倍にあたる大きさ÷1とした大きさで求めます。

**2** (2)倍にあたる大きさはB小学校の5年生の人数、1とした大きさはA小学校の5年生の人数になります。

**おうちのかたへ**

1とした大きさ×倍(割合)＝倍にあたる大きさの式を理解させましょう。倍を求めるときは、倍にあたる大きさ÷1とした大きさで計算させましょう。

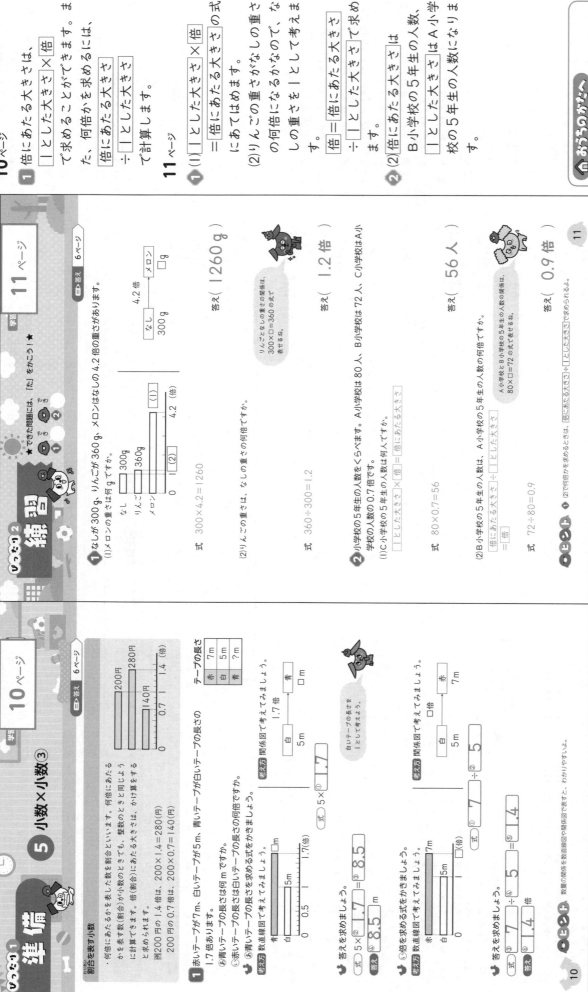

# 6 数直線図をかこう②

答え 7ページ

**数量の関係の表し方②**

・問題にある数量を使って「数直線図」や「関係図」に表すと、考えやすくなります。

＜数直線図＞

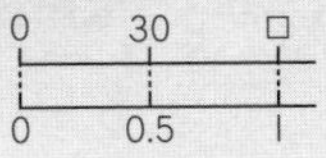


＜関係図＞

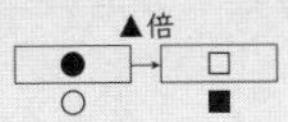


**1** 0.6 m のはり金の重さをはかると、90 g でした。このはり金 1 m 分の重さは何 g ですか。
㋐数直線図や、㋑関係図に表して考えましょう。

㋐数量の関係を、数直線図に表してみましょう。

考え方 図をかいてみましょう。

(1)長さ(m)を表す直線と、重さ(g)を表す直線をかき、1 m の重さを□ g としておく。

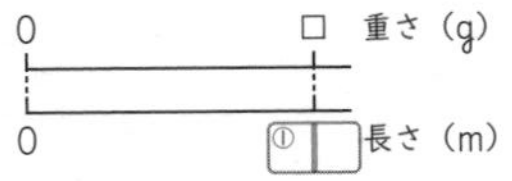


(2)(1)でかいた図に、0.6 m の重さが 90 g であることをかく。

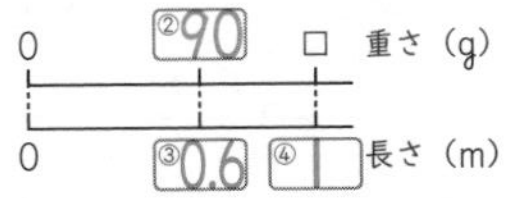


式をかき、答えを求めましょう。

(3) 1 m の重さを□ g とします。1 m の 0.6 倍の長さのはり金の重さは□ g の ⑤ 0.6 倍になるので、□× ⑥ 0.6 = ⑦ 90 となります。この式から□を求めます。

式 ⑧ 90 ÷ ⑨ 0.6 = ⑩ 150

答え ⑪ 150 g

㋑数量の関係を、関係図に表してみましょう。

考え方 図をかいてみましょう。

(1) 1 m の重さを□ g とし、0.6 m の重さが 90 g であることをかく。

(2)(1)でかいた図に、0.6 m が 1 m の何倍かをかく。

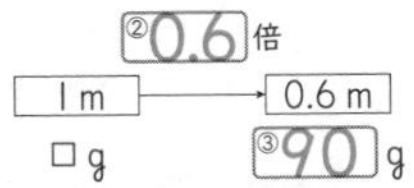


式をかき、答えを求めましょう。

式 ④ 90 ÷ ⑤ 0.6 = ⑥ 150

答え ⑦ 150 g

ヒント 重さが何倍かを求めるとき、まずは、「長さが何倍か」を考えてみよう。





★できた問題には、「た」をかこう！★ 1 2 3 4

答え 7ページ

**1** 0.3 L の油の重さは 276 g でした。この油 1 L の重さは何 g ですか。

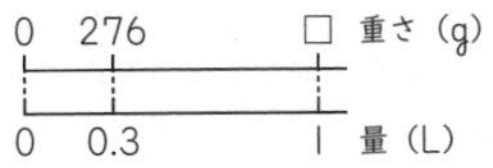


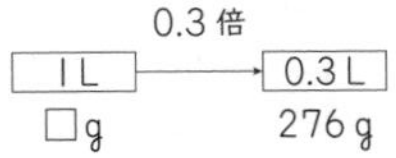


式 276÷0.3=920

答え（ 920 g ）

**2** 0.8 m のひもの重さをはかると、100.4 g でした。このひも 1 m の重さは何 g ですか。

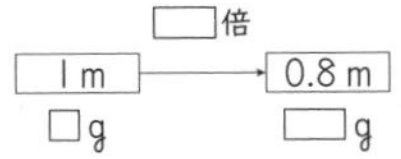


式 100.4÷0.8=125.5

答え（ 125.5 g ）

**3** 1.5 L のペンキで、板を 645 まいぬることができます。このペンキ 1 L でぬることができる板は何まい分ですか。

ぬれるまい数 ÷ ペンキの量 ＝ 1 L でぬれるまい数

式 645÷1.5=430

答え（430 まい分）

**4** 2.4 $m^2$ の畑に肥料《ひりょう》をまくのに、2.88 kg 使いました。1 $m^2$ の畑にまくのに必要な肥料は何 kg ですか。

まける量 ÷ 畑の面積 ＝ 1 $m^2$ でまける量

式 2.88÷2.4=1.2

答え（ 1.2 kg ）

ヒント 1 □×0.3=276 だから、276÷0.3=□だよ。



## 12ページ

**1** 長さが何倍になっているか考えます。0.6 m は 1 m の 0.6 倍になっていますので、0.6 でわって答えを求めます。

## 13ページ

**1** □をつかった式で考えると、□×0.3=276 の式になります。□を求めるには、わり算の式をつかいます。

**3** □をつかった式で考えると、□×1.5=645 の式になります。□を求めるには、わり算の式をつかいます。

**おうちのかたへ**

○倍になった量がいくつなのかは図を使うとわかりやすくなりますので、図をかかせましょう。また、答えの単位にも気をつけさせましょう。
式がたてられない場合は、具体的な例を入れて説明したり、いっしょに数直線図や関係図を書いたりしながら、理解させましょう。

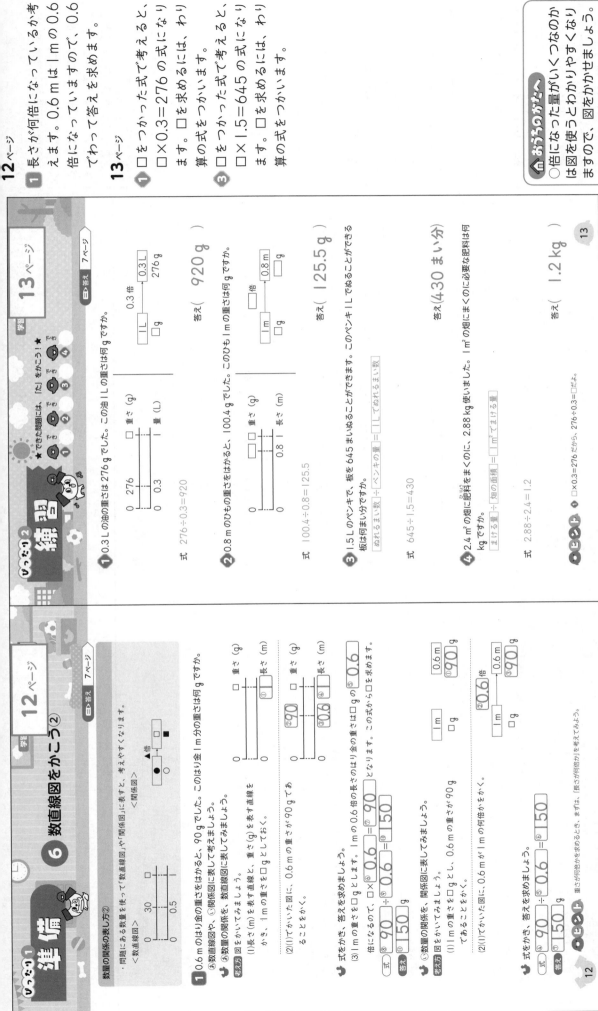

ぴったり1 **準備**

# 7 小数÷小数①



答え 8ページ

**小数÷小数の筆算のしかた**

```
      3.5
2.4)8.4
    72
    120
    120
      0
```

①わる数の小数点を右に移《うつ》して、整数になおします。
②わられる数の小数点も、わる数の小数点を移したけた数だけ右に移します。
③わる数が整数のときと同じように計算します。
④商の小数点は、わられる数の右に移した小数点にそろえてうちます。

**1** 0.8 m の重さが 1.28 kg のパイプがあります。このパイプ 1 m の重さは何 kg ですか。

式をかきましょう。

考え方 数直線図で考えてみましょう。

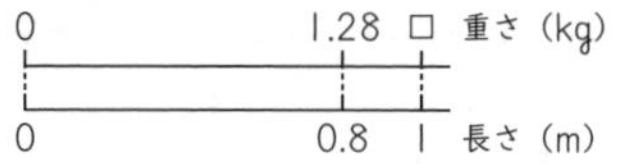


考え方 関係図で考えてみましょう。

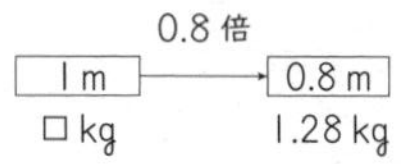


式 1.28÷① 0.8

答えを求めましょう。

式 1.28÷② 0.8 =③ 1.6

答え ④ 1.6 kg

**2** 1.25 m² の重さが 5.5 kg の板があります。この板 1 m² の重さは何 kg ですか。

式をかきましょう。

考え方 数直線図で考えてみましょう。

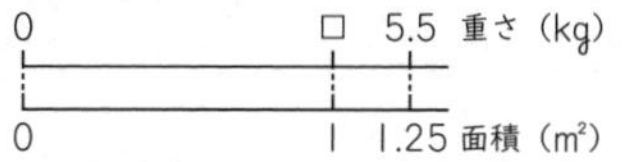


考え方 関係図で考えてみましょう。

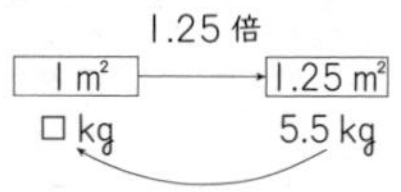


式 5.5÷① 1.25

答えを求めましょう。

式 5.5÷② 1.25 =③ 4.4

答え ④ 4.4 kg

ヒント 小数が出てきても、式のつくり方は同じだよ。図をかいて考えてみよう。



ぴったり2 **練習**



★できた問題には、「た」をかこう！★ でき 1 でき 2 でき 3 でき 4

答え 8ページ

**1** 1.6 m の重さが 5.6 kg のぼうがあります。このぼう 1 m の重さは何 kg ですか。

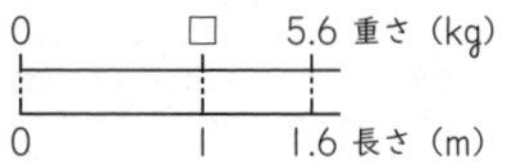


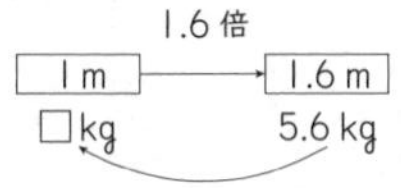


式 5.6÷1.6=3.5

答え（ 3.5 kg ）

**2** 3.5 L の牛にゅうの重さは 3.57 kg でした。牛にゅう 1 L の重さは何 kg ですか。

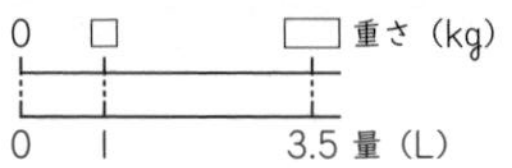


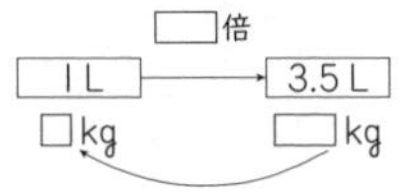


式 3.57÷3.5=1.02

答え（ 1.02 kg ）

**3** 3.6 L のペンキで 45.36 m² をぬれます。このペンキ 1 L では何 m² ぬれますか。

ぬれる面積 ÷ ペンキの量 = 1 L でぬれる面積

式 45.36÷3.6=12.6

答え（ 12.6 m² ）

**4** 1.2 m² の畑に 2.16 kg の水をまきました。この畑 1 m² にまいた水は何 kg ですか。

まいた量 ÷ 畑の面積 = 1 m² にまいた量

式 2.16÷1.2=1.8

答え（ 1.8 kg ）

ヒント ❷ 量が 1 L の 3.5 倍になるなら、重さも 1 L のときの 3.5 倍になっているはずだね。



おうちのかたへ
わり算の筆算での小数点のあつかいも、しっかり気をつけさせましょう。

**14ページ**

**1** わり算の筆算では、わる数の小数点を右に移《うつ》して整数になおします。わられる数の小数点もわる数の小数点を移したけた数だけ右に移します。

**2** わる数が 1.25 ですので、筆算では、わる数の小数点を右に 2 つ移し、わられる数の小数点も右に 2 つ移します。数字がない場合は 0 をつけます。

**15ページ**

**1** □をつかった式で考えると、□×1.6=5.6 の式になります。

**3** □をつかった式で考えると、□×3.6=45.36 の式になります。

おうちのかたへ
1 あたりの大きさを求めるときはわり算の計算をします。図を使うとわかりやすくなりますので、図をかかせましょう。また、答えの単位にも気をつけさせましょう。

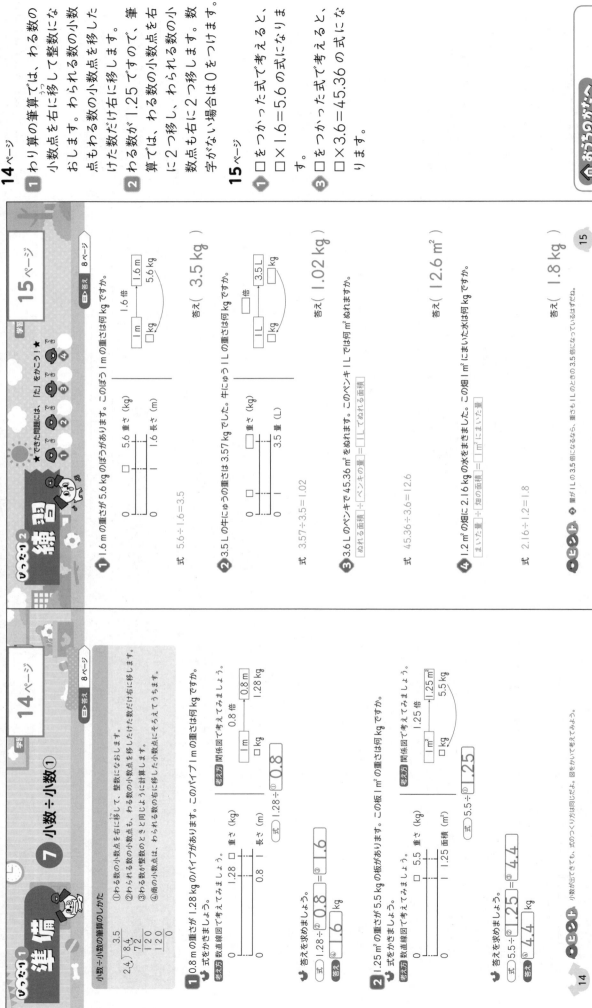

ぴったり1 準備　学習 16ページ

## 8 小数÷小数②

答え 9ページ

**小数のわり算での商と余《あま》り**

・小数のわり算で余りを考えるとき、余りの小数点の位置は、わられる数のもとの小数点にそろえてうちます。
わる数 × 商 + 余り = わられる数
という関係があります。

例
```
        5
0.4 ) 2.3
      2 0
      0.3
```
2.3÷0.4=5 余り 0.3

**1** 21.4 m のリボンを 3.8 m ずつに切っていきます。何本できて、何 m 余りますか。

式をかきましょう。
考え方 3.8 m ずつに等しく分けます。

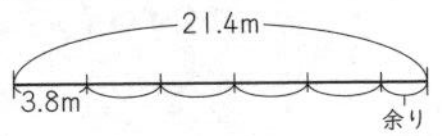


式 21.4÷① 3.8

答えを求めましょう。
考え方 何本できるか答えるので、商は整数で求め、余りも出します。

わる数×商+余り=わられる数 になるかどうか確《たし》かめよう。

式 21.4÷② 3.8 =③ 5 余り④ 2.4
答え ⑤ 5 本できて、⑥ 2.4 m 余る。

**2** 46.3 kg あるさとうを、1人に 0.7 kg ずつ配ります。何人に配ることができて、何 kg 余りますか。

式をかきましょう。
考え方 0.7 kg ずつ等しく分けていきます。
式 46.3÷① 0.7

余りの小数点の位置に注意しよう。

答えを求めましょう。
考え方 何人に配ることができるかを答えるので、商は整数で求め、余りも出します。

```
         6 6
0.7 ) 4 6.3
      4 2
        4 3
        4 2
        0.1
```

式 46.3÷② 0.7 =③ 66 余り④ 0.1
答え ⑤ 66 人に配ることができて、⑥ 0.1 kg 余る。

ヒント 余りがわる数よりも小さくなっているか確かめよう。



ぴったり2 練習　学習 17ページ

★できた問題には、「た」をかこう！★ ① ② ③ ④

答え 9ページ

**1** 長さ 8.1 m のひもから 0.7 m のひもをつくります。何本できて、何 m 余《あま》りますか。

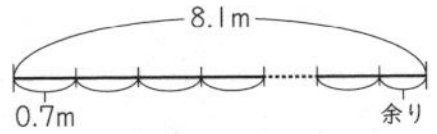


式 8.1÷0.7=11 余り 0.4

答え（ 11 本できて、0.4 m 余る。 ）

**2** 3.7 kg のねん土を 0.5 kg ずつふくろに入れます。いくつのふくろに分けることができて、何 kg 余りますか。

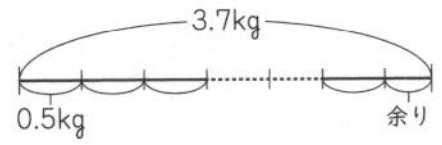


式 3.7÷0.5=7 余り 0.2

答え（ 7つのふくろに分けることができて、0.2 kg 余る。 ）

**3** 11.1 kg の肥料《ひりょう》を、1人に 0.6 kg ずつ配ります。何人に配れますか。

式 11.1÷0.6=18 余り 0.3

答え（ 18人 ）

**4** 12.8 L のオレンジジュースを、1人に 1.5 L ずつ配ります。何人に配れて、何 L 余りますか。

式 12.8÷1.5=8 余り 0.8

答え（ 8人に配れて 0.8 L 余る。 ）

ヒント 商は整数になるね。余りは、わられる数のもとの小数点の位置にそろえてうつんだったね。



**16ページ**

**1** 余《あま》りの小数点はわられる数のもとの小数点にそろえてうちます。

**2** 商は一の位まで求めます。余りはわる数よりも小さくなります。

**17ページ**

**2** 答えが正しいかどうかは、1ふくろ分のねん土の重さ × ふくろの数 + 余り = 全部のねん土の重さ で確《たし》かめることができます。

**3** 余った分は配れないので、商は一の位まで求めます。$\frac{1}{10}$の位を計算しないようにしましょう。

**おうちのかたへ**
「何本」や「何人」のときの答えは整数になることをしっかり理解させましょう。答えが整数になるためには、商は一の位まで求めます。答えの確かめもさせましょう。

**おうちのかたへ**
わる数×商+余り=わられる数になっているかしっかり確かめさせましょう。わり算の筆算での余りの小数点の位置を間違えないようにさせましょう。

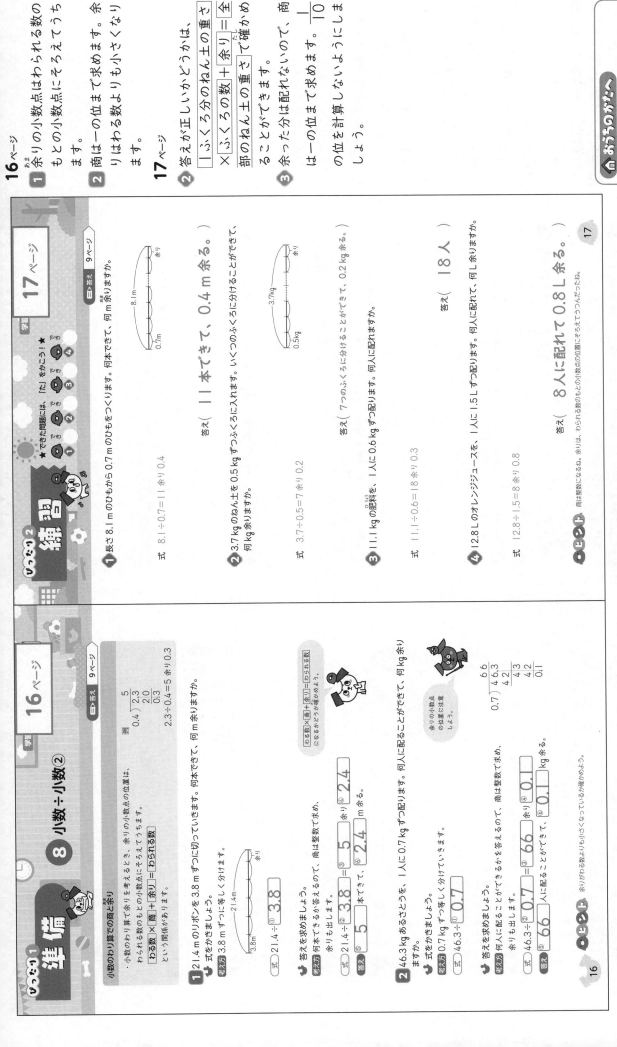

ぴったり1

# 準備

## 9 小数÷小数③



答え 10ページ

**わり進む計算**

・わり進む計算では、商は四捨五入《ししゃごにゅう》して、
求めようとする位までの概数《がいすう》で表します。

例 5÷1.2=4.1̸6…（1の上に2）

商を $\frac{1}{10}$ の位までの概数で表すと、4.2

**1** ジュースが 0.7 L あります。重さをはかると、0.78 kg ありました。このジュース 1 L の重さは何 kg ですか。四捨五入で $\frac{1}{10}$ の位までの概数で表しましょう。

式をかきましょう。

考え方 数直線図で考えてみましょう。

0　0.78　□　重さ（kg）

0　0.7　1　量（L）

式 0.78÷① 0.7

答えを求めましょう。

考え方 $\frac{1}{100}$ の位まで計算してから四捨五入しましょう。

式 0.78÷② 0.7 =③ 1.11…

答え ④ 1.1 kg

0.7）0.7.8　1.1̸1
$\frac{1}{100}$ の位を四捨五入するよ。

**2** 1.7 dL のペンキで 2.3 m² のかべをぬりました。このペンキ 1 dL では何 m² のかべをぬることができますか。四捨五入で上から2けたの概数で表しましょう。

式をかきましょう。

考え方 数直線図で考えてみましょう。

0　□　2.3　面積（m²）

0　1　1.7　量（dL）

式 2.3÷① 1.7

答えを求めましょう。

考え方 商を上から3けた目まで計算してから四捨五入しましょう。

式 2.3÷② 1.7 =③ 1.35…

答え ④ 1.4 m²

1.7）2.3　1.3̸5（上に4）
上から3けた目を四捨五入するよ。

ヒント 何の位まで計算すればよいのか、よくみてから計算しよう。



ぴったり2

# 練習

★できた問題には、「た」をかこう！★

① ② ③ ④



答え 10ページ

**1** 0.3 m の重さが 2.84 g のはり金があります。このはり金の 1 m の重さは何 g ですか。四捨《ししゃ》五入《ごにゅう》で $\frac{1}{10}$ の位までの概数《がいすう》で表しましょう。

はり金の重さ ÷ はり金の長さ
= 1 m のはり金の重さ

式 2.84÷0.3=9.4̸6…（上に5）

答え（ 9.5 g ）

一の位　$\frac{1}{10}$の位　$\frac{1}{100}$の位
○．○　○
↑ これを四捨五入するよ。

**2** 1.7 L の重さが 2.5 kg のはちみつがあります。このはちみつ 1 L の重さは何 kg ですか。四捨五入で上から2けたの概数で表しましょう。

はちみつの重さ ÷ はちみつの量
= 1 L のはちみつの重さ

0　□　□ 重さ（kg）

0　1　□ 量（L）

式 2.5÷1.7=1.4̸7…（上に5）

答え（ 1.5 kg ）

**3** 4.5 L で 9.8 m² をぬれるペンキがあります。このペンキ 1 L でぬれる面積は何 m² ですか。四捨五入で上から2けたの概数で表しましょう。

ぬれる面積 ÷ ペンキの量
= 1 L でぬれる面積

□倍

1 L → 4.5 L

□ m²　9.8 m²

式 9.8÷4.5=2.1̸7…（上に2）

答え（ 2.2 m² ）

**4** 10.5 m で 9.8 kg の木のぼうがあります。この木のぼう 1 m の重さは何 kg ですか。四捨五入で $\frac{1}{100}$ の位までの概数で表しましょう。

木のぼうの重さ ÷ 木のぼうの長さ = 1 m の木のぼうの重さ

式 9.8÷10.5=0.933…

答え（ 0.93 kg ）

ヒント ② 1 L の重さをもとにしたとき、□×1.7=2.5 の式ができるね。この式から、2.5÷1.7=□ になることがわかるね。



**18ページ**

**1** $\frac{1}{10}$ の位までの概数《がいすう》で表しますので、$\frac{1}{100}$ の位まで計算し、四捨五入《ししゃごにゅう》します。

**2** 上から2けたの概数で表しますので、上から3けた目の数を四捨五入します。

**19ページ**

**1** $\frac{1}{10}$ の位までの概数で表しますので、$\frac{1}{100}$ の位まで計算し、四捨五入します。

**2** **3** 上から2けたの概数で表しますので、上から3けた目の数を四捨五入します。

**4** $\frac{1}{100}$ の位までの概数で表しますので、$\frac{1}{1000}$ の位まで計算し、四捨五入します。

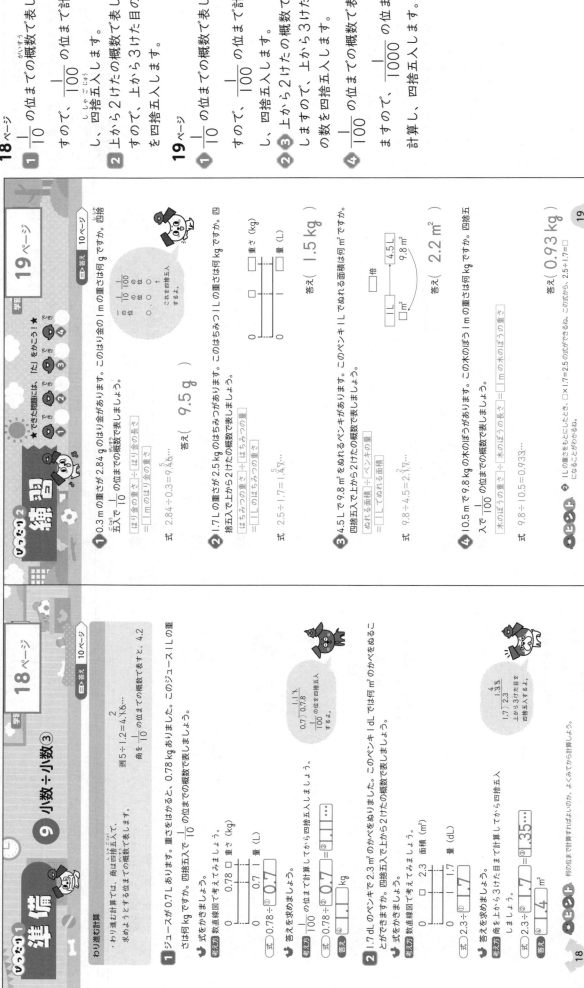

ぴったり1 準備

学習 20ページ

# 10 小数÷小数④

答え 11ページ

**割合《わりあい》とわり算**

①小数のときも、ある量が、1とする量の何倍にあたるかを求めるとき、わり算を使います。

②1とする量を求めるとき、□を使ってかけ算の式をつくると考えやすくなります。

例 1.2 m のリボンは、0.8 m のリボンの 1.2÷0.8=1.5(倍)

例 1.6 m が 240 円のリボン 1 m のねだんは、□×1.6=240
□=240÷1.6=150(円)

**1** 家から学校までの道のりは 2.4 km で、家から駅までの道のりの 0.8 倍です。家から駅までの道のりは何 km ですか。

式をかきましょう。

考え方 数直線図をかいてみましょう。

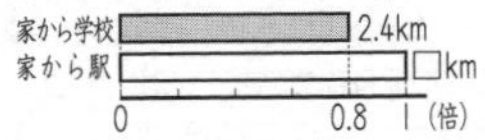


考え方 関係図をかいてみましょう。

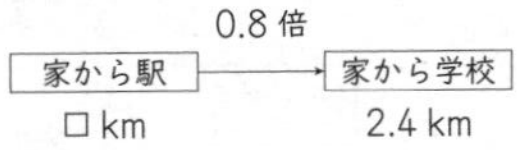


式 2.4÷① 0.8

答えを求めましょう。

式 2.4÷② 0.8 =③ 3

答え ④ 3 km

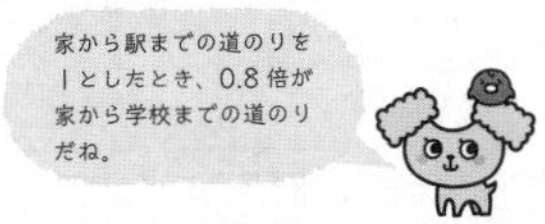


**2** 重さ 1.8 kg のメロンと、重さ 0.4 kg のなしがあります。メロンの重さはなしの重さの何倍ですか。

式をかきましょう。

考え方 数直線図をかいてみましょう。

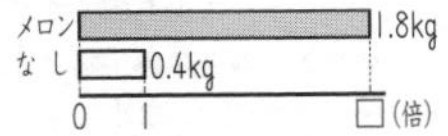


考え方 関係図をかいてみましょう。

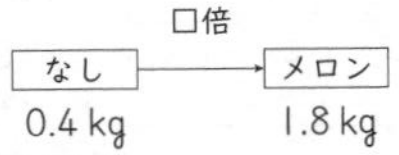


式 1.8÷① 0.4

答えを求めましょう。

式 1.8÷② 0.4 =③ 4.5

答え ④ 4.5 倍

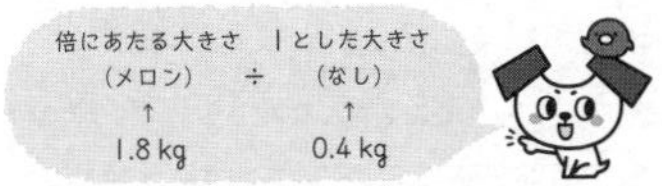


ヒント 1とする数はどの量にすればよいかを考えてから式をたてよう。



ぴったり2 練習

★できた問題には、「た」をかこう!★ でき 1 でき 2 でき 3

学習 21ページ

答え 11ページ

**1** 水とうには水が 2.1 L、やかんには水が 2.8 L はいっています。水とうの水の量は、やかんの水の量の何倍ですか。

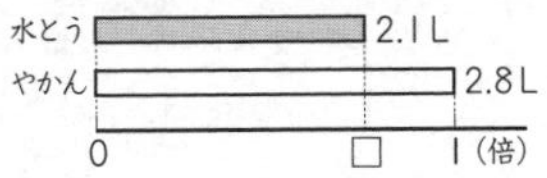


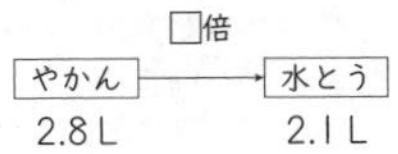


式 2.1÷2.8=0.75

答え( 0.75 倍 )

**2** A遊園地の面積は $0.6\ km^2$ で、B遊園地の 0.4 倍の広さです。B遊園地の面積は何 $km^2$ ですか。

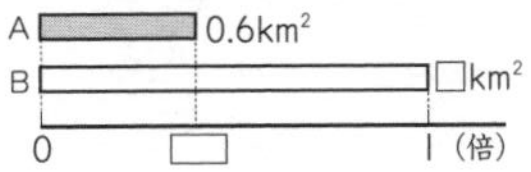


式 0.6÷0.4=1.5

答え( $1.5\ km^2$ )

**3** 1パックに 1.5 dL はいった牛にゅうと、2.5 dL はいったジュースがあります。また、お茶 1パックはジュースの 1.4 倍の量がはいっています。

(1)お茶 1パックの量は何 dL ですか。

1とした大きさ × 倍 = 倍にあたる大きさ

式 2.5×1.4=3.5

答え( 3.5 dL )

(2)牛にゅう 1パックの量は、ジュース 1パックの量の何倍ですか。

倍にあたる大きさ ÷ 1とした大きさ = 倍

式 1.5÷2.5=0.6

答え( 0.6 倍 )

ヒント 2 関係図で表すと、こうなるよ。

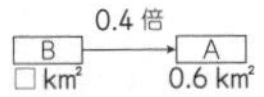




**20ページ**

**1** □をつかった式で考えると、□×0.8=2.4 の式になります。

**2** 倍を求めるには、倍にあたる大きさ÷1とした大きさで計算します。

**21ページ**

**2** □をつかった式で考えると、□×0.4=0.6

**3** (2) 倍にあたる大きさは牛にゅう1パックの量、1とした大きさは、ジュース1パックの量です。

**おうちのかたへ**

何倍かが関わる計算では、図がかけると大変解きやすくなります。2つの量の一方が1とする大きさの何倍になっているかをみつけて、図に表すことができるようにさせましょう。

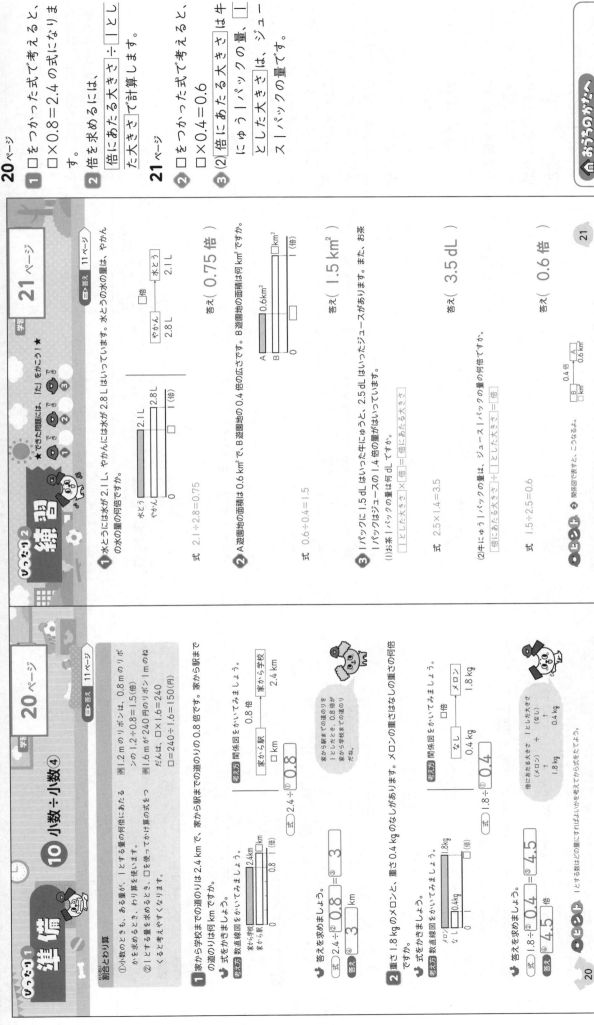

ぴったり1

# 準備

## 11 公倍数を使って①

学習 22ページ

答え 12ページ

**倍数と公倍数**

①2に整数をかけてできる数を、2の**倍数**といいます。
ただし、0は考えません。

②2の倍数にも、3の倍数にもなっている数を、2と3の**公倍数**といいます。

③公倍数のうち、いちばん小さい数を**最小公倍数**といいます。

2の倍数
0 1 ② 3 ④ 5 ⑥ 7 ⑧ 9 ⑩ 11 ⑫ 13

3の倍数
0 1 2 ③ 4 5 ⑥ 7 8 ⑨ 10 11 ⑫ 13

2と3の公倍数は
6, 12, …
↑2と3の最小公倍数

**1** 右の図のように、たて3cm、横5cmの長方形のカードをならべていきます。正方形はできますか。

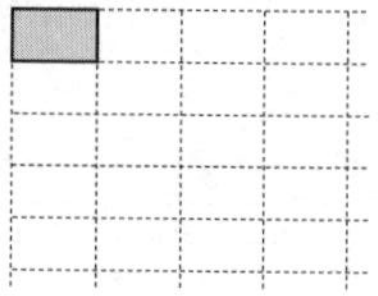

あ「たての長さ」と い「横の長さ」の変化を調べましょう。

考え方 カードを1まい、2まい、…と増《ふ》やしたときのたてと横の長さは、倍数を使って求めます。3と5の倍数は、次のようになります。

あ3の倍数

0　3　6　①9　②12　③15　④18　⑤21　24　27

い5の倍数

0　5　10　⑥15　⑦20　⑧25

答えをまとめましょう。

正方形はでき ⑨ます 。

このときの1辺の長さは、3と5の ⑩公倍数 になります。

**2** 右の図のように、たて2cm、横4cmの長方形のタイルをならべていきます。できるだけ小さい正方形をつくるとき、正方形の1辺の長さは何cmですか。

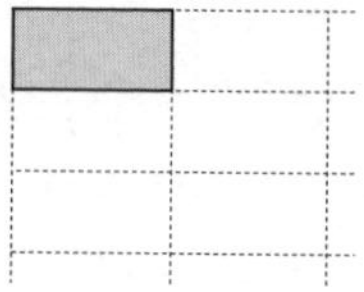

それぞれの倍数を小さいほうから5つずつ求めましょう。

2の倍数… ①2、4、6、8、10

4の倍数… ②4、8、12、16、20

答えを求めましょう。

考え方 最小公倍数を求めます。

答え ③ 4 cm

ヒント 長方形をならべて正方形ができるとき、正方形の1辺の長さは、長方形のたてと横の長さの公倍数になっているんだね。



ぴったり2

# 練習

★できた問題には、「た」をかこう！★ ① ②

学習 23ページ

答え 12ページ

**1** 右の図のように、たて6cm、横9cmの長方形のタイルをならべていき、正方形をつくります。

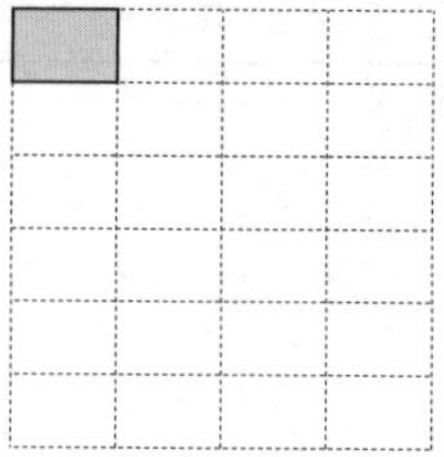

(1)いちばん小さい正方形をつくるとき、1辺の長さは何cmになりますか。

6の倍数…6、12、18、24、30、…
9の倍数…9、18、27、36、45、…
6と9の最小公倍数は18

答え（ 18cm ）

(2)タイルをならべてできる正方形のうち、2番目と3番目に小さい正方形の1辺の長さはそれぞれ何cmになりますか。

18の倍数…18、36、54、…

答え 2番目（ 36cm ） 3番目（ 54cm ）

**2** 右の図のように、たて4cm、横6cmの長方形の紙を、すきまなくならべて、できるだけ小さい正方形をつくります。

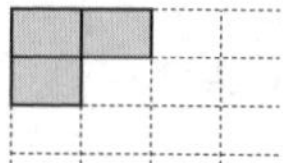

(1)正方形の1辺の長さは、何cmですか。

4の倍数…4、8、12、16、20、…
6の倍数…6、12、18、24、30、…
4と6の最小公倍数は12

答え（ 12cm ）

(2)(1)のとき、ならべた紙は何まいですか。

たて　12÷4=3
横　12÷6=2
3×2=6

答え（ 6まい ）

ヒント **1** (2)いちばん小さい正方形の1辺の長さは、6と9の最小公倍数で求められ、2番目は最小公倍数の2倍、3番目は最小公倍数の3倍になるよ。



**22**ページ

**1** 3の倍数にも、5の倍数にもなっている数を、3と5の公倍数といいます。

**2** できるだけ小さい正方形の1辺の長さは、2と4の公倍数でいちばん小さい数です。

**23**ページ

**1** (1)正方形の1辺の長さは、6と9の公倍数になります。

(2)最小公倍数が18なので、18の次に大きい公倍数は$18\times2=36$、その次に大きい公倍数は$18\times3=54$です。

**2** (1)正方形の1辺の長さは、4と6の公倍数になります。

(2)正方形の1辺の長さが12cmなので、たてに$12\div4=3$(まい)、横に$12\div6=2$(まい)ならべます。よって、ならべた紙は$3\times2=6$(まい)になります。

**おうちのかたへ**
長方形の紙などをならべる問題で、考え方が思いつかない場合は、図をかいたり、実際に長方形の紙などをならべてみて考えさせましょう。

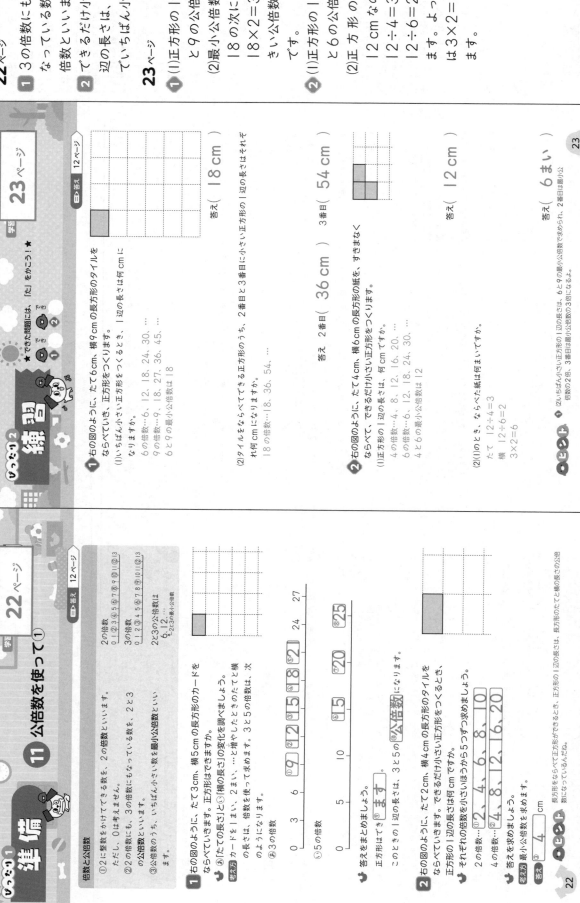

ぴったり1 準備

## 12 公倍数を使って②

学習日 24ページ

答え 13ページ

**公倍数の利用**

・電車が同時に発車したり、ふん水が同時に出たりする場合、次に同時になるのが何分後かを公倍数を使って求めることができます。

**1** 外側と内側にふん水があります。外側のふん水は4分ごと、内側のふん水は10分ごとに水をふき上げます。午前9時に外側と内側のふん水が同時に水をふき上げました。次に同時にふき上げるのは、午前何時何分ですか。

倍数を、それぞれ5つずつかきましょう。

4の倍数…① 4、8、12、16、20

10の倍数…② 10、20、30、40、50

答えを求めましょう。

考え方 4と10の最小公倍数は ③ 20 なので、次にふん水が同時に上がるのは、午前9時の ④ 20 分後です。

答え ⑤ 午前9時20分

**2** 東駅では、ふつう列車が6分おき、急行列車が15分おきに出発します。午前8時にふつう列車と急行列車が同時に出発しました。次にふつう列車と急行列車が同時に出発するのは、午前何時何分ですか。

倍数をそれぞれ5つずつかきましょう。

6の倍数…① 6、12、18、24、30

15の倍数…② 15、30、45、60、75

答えを求めましょう。

考え方 6と15の最小公倍数は、③ 30 です。

答え ④ 午前8時30分

同時に出発するのが何分おきになっているのかは、最小公倍数で求めます。

ヒント 同時に出たり、出発したりする時こくなどは、公倍数を使って考えるよ。



ぴったり2 練習

学習日 25ページ

★できた問題には、「た」をかこう！★ 1 2 3 4

答え 13ページ

**1** 大きいふん水と小さいふん水があります。大きいふん水は8分ごと、小さいふん水は6分ごとに水をふき上げます。午前10時15分に2つのふん水が同時に水をふき上げたあと、次に同時にふき上げるのは、午前何時何分ですか。

8と6の最小公倍数は24

15+24=39

答え（午前10時39分）

**2** 森林駅から、西駅行きのバスが7分おきに、南駅行きのバスが12分おきに出ています。午前8時に森林駅から西駅行きと南駅行きのバスが同時に出発しました。次に同時に出発するのは午前何時何分ですか。

7と12の最小公倍数は84

84分＝1時間24分

西駅行き…7分、14分、…
南駅行き…12分、24分、…

答え（午前9時24分）

**3** 6分ごとに鳴るベル①と、9分ごとに鳴るベル②があります。2つのベルが今はじめて同時に鳴ったとすると、2回目、3回目に同時に鳴るのはそれぞれ何分後ですか。

6と9の最小公倍数は18

18の倍数…18、36、54、…

ベル①…6分、12分、…
ベル②…9分、18分、…

答え 2回目（ 18分後 ） 3回目（ 36分後 ）

**4** ある駅では、バスが15分おき、電車が12分おきに発車します。午後2時に、この駅からバスと電車が同時に発車しました。次に同時に発車するのは午後何時何分ですか。

15と12の最小公倍数は60

60分＝1時間

答え（午後3時0分）

ヒント 3 最小公倍数の倍数を求めていけば、公倍数がかんたんに求められるよ。



**おうちのかたへ**

3 最小公倍数の倍数を求めるという発想がなかなか出てこないかもしれません。3回目の時間が答えられないときは、ベルが鳴る時間をどんどん書いて3回目にベルが同時に鳴る時間をみつけさせましょう。

**24ページ**

2 次に同時に発車する列車の時刻は、6と15の最小公倍数を使って求めます。

**25ページ**

1 次に同時にふき上げるふん水の時刻は、8と6の最小公倍数を使って求めます。

2 次に同時に発車するバスの時刻は、7と12の最小公倍数を使って求めます。84分は、1時間24分で、午前8時の1時間24分後は午前9時24分になります。

3 2回目に同時に鳴るベルの時間は、6と9の最小公倍数になります。3回目に同時に鳴るのは、18×2＝36（分後）となります。

4 15と12の最小公倍数は60です。60分は1時間で、午後2時の1時間後は、午後3時になります。

## 13 公約数を使って①

答え 14ページ

**約数と公約数**

①6をわり切ることのできる整数を6の**約数**といいます。
1ともとの整数6も約数に入れます。
②6の約数にも9の約数にもなっている数を、6と9の**公約数**といいます。
③公約数のうち、いちばん大きい数を**最大公約数**といいます。

| | |
|---|---|
| 6の約数 | ①2③　6 |
| 9の約数 | ①　③　9 |

6と9の公約数は、1と3
6と9の最大公約数は、3

**1** 右の図のような、1cmごとに目もりのついたたて16cm、横12cmの方眼紙《ほうがんし》があります。これを目もりの線にそって切り、紙の余《あま》りが出ないように同じ大きさの正方形に分けます。

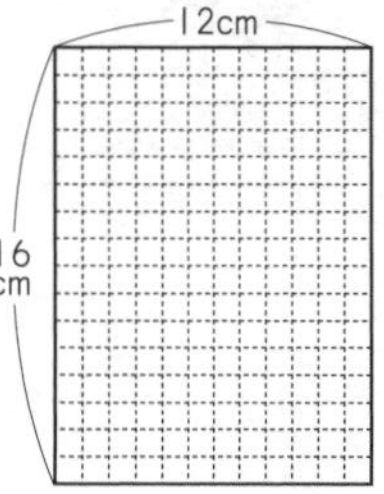


(1)できるだけ大きな正方形に分けるには、1辺の長さを何cmにすればよいですか。
(2)1辺の長さを表す数は、どんな数だといえますか。

(1)方眼紙を余りなく切り分けることができる長さを考えましょう。
考え方 約数をかきましょう。
16…① 1、2、4、8、16
12…② 1、2、3、4、6、12

答えを求めましょう。
考え方 上でかいた数のうち、最大公約数を選びます。
答え ③ 4 cm

(2)正方形の1辺の長さは、16と12のどんな数なのかを答えましょう。
考え方 正方形の1辺の長さは、16と12をわり切ることができる数なので、16と12の ①公約数 です。
答え ②公約数

ヒント 正方形に分けるとき、たてと横の長さを同じ数でわり切ることができる数だから、方眼紙のたてと横の辺の長さの公約数といえるね。





★できた問題には、「た」をかこう！★ でき 1　でき 2　でき 3

答え 14ページ

**1** 1cmごとに目もりのついた、たて20cm、横16cmの長方形の紙があります。この紙を目もりにそって切り、紙の余《あま》りが出ないように、同じ大きさのできるだけ大きな正方形に分けるとき、正方形の1辺の長さは何cmになりますか。

20の公約数…1、2、4、5、10、20
16の公約数…1、2、4、8、16
20と16の最大公約数は4

わりきれる数だから約数に関係があるね。

答え（ 4cm ）

**2** たて28cm、横49cmの長方形の紙があります。この紙を切って、同じ大きさの正方形の紙に分けます。

(1)いちばん大きい正方形の1辺の長さは何cmですか。

28の公約数…1、2、4、7、14、28
49の公約数…1、7、49
28と49の最大公約数は7

答え（ 7cm ）

(2)(1)のとき正方形の紙は何まいできますか。

たて　28÷7=4
横　49÷7=7
4×7=28

答え（ 28まい ）

**3** 1cmごとに目もりのついた、たて54cm、横72cmの長方形の紙があります。この紙を目もりにそって切り、紙の余りが出ないように、同じ大きさの正方形の紙に分けます。このとき、正方形の紙は何種類できますか。

54と72の公約数は、
1、2、3、6、9、18

54の約数…～18、27、54
72の約数…～18、24、36、72
最大公約数を使って考えよう。

答え（ 6種類 ）

ヒント **3** 最大公約数がいくつになるか考えよう。最大公約数の約数が、2つの数の公約数だよ。



**26ページ**

**1** 16の約数にも、12の約数にもなっている数を16と12の公約数といいます。公約数の中でいちばん大きい数を最大公約数といいます。

**27ページ**

**1** 20と16の最大公約数を求めます。20の約数は、1、2、4、5、10、20。16の約数は、1、2、4、8、16です。最大公約数は4となります。

**2** (1)28と49の最大公約数を求めます。28の約数は、1、2、4、7、14、28。49の約数は、1、7、49です。
(2)最大公約数が7ですので、たてに28÷7=4(まい)、横に49÷7=7(まい)で、4×7=28(まい)となります。

**3** 54と72の最大公約数は18です。18の約数は、1、2、3、6、9、18の6つです。これらはすべて54と72の公約数なので、正方形の1辺になることができます。

**おうちのかたへ**
公倍数と公約数を学習すると、どちらを使えばよいかわからなくなることがあります。そのときには、「できるだけ大きな～に分ける」は、最大公約数を求めることだよ、とおぼえさせましょう。

ぴったり1 準備

# 14 公約数を使って②



答え 15ページ

**公約数の利用**

・「ある数」をわり切ることができるとき、その数は「ある数」の約数です。
・2つの数を両方わり切ることができる数は、2つの数の公約数です。

**1** 24本のマジックを同じ数ずつ、18本のボールペンを同じ数ずつ組みあわせて、束にします。どちらも余《あま》りが出ないようにするには、束を何束にすればよいですか。

24と18の約数をかきましょう。

24の約数…① 1、2、3、4、6、8、12、24
18の約数…② 1、2、3、6、9、18

束の数を求めましょう。

考え方 24と18を両方わり切ることができる数(公約数)をみつけ、すべて答えます。

答え ③ 1束、2束、3束、6束

束の数が公約数であれば、余りは出ないね。

**2** 赤い折り紙20まいと黄色い折り紙36まいを、それぞれ同じまい数ずつ、できるだけ多くの子どもに配ります。余りが出ないようにすると、何人に配ることができますか。

20と36の約数をかきましょう。

20の約数…① 1、2、4、5、10、20
36の約数…② 1、2、3、4、6、9、12、18、36

答えを求めましょう。

考え方 20と36の公約数の中から、最も大きい数をみつけます。

答え ③ 4 人

ヒント 2つの数を同じ数でわるとき、ともに余りが出ないのは、2つの数の公約数でわっているからだね。



ぴったり2 練習

★できた問題には、「た」をかこう！★ でき 1 でき 2 でき 3 でき 4



答え 15ページ

**1** チョコレートが48個《こ》、あめが32個あります。これを、チョコレートやあめに余《あま》りが出ないように、チョコレートを同じ数ずつ、あめを同じ数ずつにそれぞれ分け、セットにしてからなるべく多くの子どもに配ります。何人の子どもに配ることができますか。

48と32の最大公約数は16

48の約数…1、2、3、4、6、8、12、16、24、48
32の約数…1、2、4、8、16、32

約数を求めたあと、どの数に注目しようかな。

答え( 16人 )

**2** 赤いバラ21本と、白いバラ14本があります。これを、できるだけ多くの子どもに同じように分け、余《あま》りが出ないようにするには、何人の子どもに分ければよいですか。

21と14の最大公約数は7

21の約数…1、3、7、21
14の約数…1、2、7、14

答え( 7人 )

**3** 小学生が35人、先生が14人います。それぞれ同じ人数に分かれてグループをつくります。余る人が出ないように、できるだけ多くのグループをつくるとき、グループはいくつできますか。

35と14の最大公約数は7

答え( 7つ )

**4** 45本のえん筆と、36本のボールペンがあります。それぞれ、余りが出ないように、同じ本数ずつふくろにいれていきます。ふくろのいれ方は、何通りありますか。

45と36の公約数は1、3、9

答え( 3通り )

ヒント 同じように分けながら、余りも出さないようにするには、公約数を使って考えればいいね。



**28ページ**

**1** 2つの数を余《あま》りの出ないように分けるには、2つの数の公約数でわればよいです。

**2** 20と36の最大公約数を求めます。

**29ページ**

**1** 48と32の最大公約数を求めます。

**4** 45と36の最大公約数を求めると、9になります。余りが出ないように分けるには、9の約数でわればよいことになります。9の約数は、1、3、9の3つですので、ふくろのいれ方は3通りになります。

**おうちのかたへ**

約数は、その数をわり切ることができる数なので、組にしてかくともれが出にくいです。例えば、20の約数では、かけて20になる、1と20、2と10、4と5を考えて1、2、4、5、10、20、の6個が20の約数になります。約数をかき出すときに、もれが出ないように確かめさせましょう。

ぴったり1 準備

# 15 分数のたし算①

学習 30ページ

答え 16ページ

**分数のたし算**

①分母のちがう分数のたし算は、通分してから計算します。

②帯分数のたし算は、仮分数《かぶんすう》になおしたり、整数部分と分数部分に分けたりして計算します。

例 $\frac{2}{3}+\frac{1}{4}=\frac{8}{12}+\frac{3}{12}=\frac{11}{12}$

**1** 牛にゅうが、2つのいれものに、それぞれ $\frac{2}{3}$ L、$\frac{1}{6}$ L はいってい ます。あわせると何 L ですか。

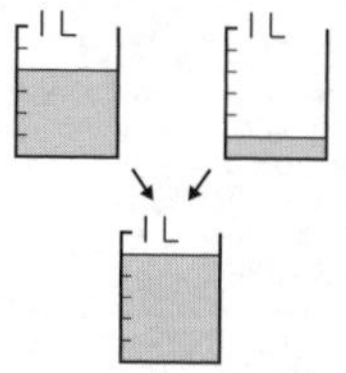


式をかきましょう。

式 $\frac{2}{3}+$ ① $\frac{1}{6}$

答えを求めましょう。

考え方 分母のちがう分数なので、分母を通分してから計算しましょう。

3と6の最小公倍数で通分しよう。

式 $\frac{2}{3}+$ ② $\frac{1}{6}$ = ③ $\frac{4}{6}$ + ④ $\frac{1}{6}$ = ⑤ $\frac{5}{6}$

答え ⑥ $\frac{5}{6}$ L

**2** なおきさんは、$1\frac{2}{3}$ m² のかべをペンキでぬりました。つよしさんは、$1\frac{1}{2}$ m² のかべをペンキでぬりました。2人あわせて何 m² のかべをぬりましたか。

式をかきましょう。

式 $1\frac{2}{3}+$ ① $1\frac{1}{2}$

$1\frac{2}{3}\rightarrow 1+\frac{2}{3}$ のように、帯分数を整数部分と分数部分に分けて考えてもいいよ。

答えを求めましょう。

考え方 仮分数になおしてから通分しましょう。

式 $1\frac{2}{3}+$ ② $1\frac{1}{2}$ = $\frac{5}{3}+$ ③ $\frac{3}{2}$ = ④ $\frac{10}{6}$ + ⑤ $\frac{9}{6}$ = ⑥ $\frac{19}{6}$

（仮分数になおす。）（通分する。）

答え ⑦ $\frac{19}{6}\left(3\frac{1}{6}\right)$ m²

ヒント 「あわせる」から、たし算だよ。分数のたし算は、分母を同じ数に通分してから計算すればいいね。



ぴったり2 練習

学習 31ページ

★できた問題には、「た」をかこう！★　1 でき　2 でき　3 でき　4 でき

答え 16ページ

**1** お茶がやかんに $\frac{5}{4}$ L、ポットに $\frac{4}{5}$ L はいっています。お茶はあわせると何 L ですか。

4と5の最小公倍数は…

式 $\frac{5}{4}+\frac{4}{5}=\frac{25}{20}+\frac{16}{20}=\frac{41}{20}\left(2\frac{1}{20}\right)$

答え（ $\frac{41}{20}\left(2\frac{1}{20}\right)$ L ）

**2** 小さいバケツにジャガイモが $\frac{5}{6}$ kg、大きいバケツには $\frac{15}{8}$ kg はいっています。あわせて何 kg ありますか。

式 $\frac{5}{6}+\frac{15}{8}=\frac{20}{24}+\frac{45}{24}=\frac{65}{24}\left(2\frac{17}{24}\right)$

答え（ $\frac{65}{24}\left(2\frac{17}{24}\right)$ kg ）

**3** たかしさんは、1日目に $1\frac{2}{5}$ km、2日目に $2\frac{2}{3}$ km 走りました。あわせて何 km 走りましたか。

仮分数《かぶんすう》になおしたり、整数部分と分数部分に分けたりして計算しよう。

式 $1\frac{2}{5}+2\frac{2}{3}=\frac{7}{5}+\frac{8}{3}=\frac{21}{15}+\frac{40}{15}=\frac{61}{15}\left(4\frac{1}{15}\right)$

答え（ $\frac{61}{15}\left(4\frac{1}{15}\right)$ km ）

**4** 家から公園まで $\frac{7}{10}$ km、公園から学校まで $1\frac{1}{3}$ km あります。家から公園の前を通り、学校へ行くと、全部で何 km になりますか。

式 $\frac{7}{10}+1\frac{1}{3}=\frac{7}{10}+\frac{4}{3}=\frac{21}{30}+\frac{40}{30}=\frac{61}{30}\left(2\frac{1}{30}\right)$

答え（ $\frac{61}{30}\left(2\frac{1}{30}\right)$ km ）

ヒント 4 家から公園までの道のりと、公園から学校までの道のりをたせばいいね。



**30ページ**

**1** 分母のちがう分数のたし算は、通分をしてから計算します。3と6の最小公倍数6で通分して計算します。

**2** 3と2の最小公倍数6で通分して計算します。帯分数のたし算は、仮分数《かぶんすう》になおしたり、整数部分と分数部分に分けたりして計算します。

**31ページ**

**1** 4と5の最小公倍数20で通分します。答えが仮分数になるときは、帯分数になおしてもよいです。

**2** 6と8の最小公倍数24で通分します。

**3** 帯分数を、整数部分と分数部分に分けて計算することもできます。帯分数のまま計算して、$3\frac{16}{15}$ と答えてしまうと正しくありません。

**4** 帯分数を、整数部分と分数部分に分けて計算してもよいです。

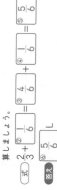

ぴったり1 準備

## 16 分数のたし算②

学習 32ページ

答え 17ページ

**分数のたし算**

・分数のたし算では、分母を通分してから計算します。

**1** びんに水が $\frac{1}{2}$ L はいっています。これに水を $\frac{1}{6}$ L 加えると、全部で何 L になりますか。

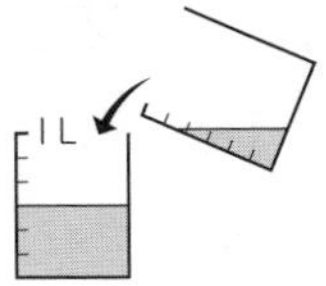


式をかきましょう。

式 $\frac{1}{2}+$ ① $\frac{1}{6}$

答えを求めましょう。

考え方 分母のちがう分数なので、分母を通分してから計算しましょう。

式 $\frac{1}{2}+$ ② $\frac{1}{6}$ = ③ $\frac{3}{6}$ + ④ $\frac{1}{6}$ = ⑤ $\frac{4}{6}$ = ⑥ $\frac{2}{3}$

答え ⑦ $\frac{2}{3}$ L

約分をわすれずに。

**2** バケツに水が $\frac{2}{3}$ L はいっています。このバケツに $\frac{14}{15}$ L の水を加えたあと、さらに $\frac{3}{5}$ L の水を加えました。バケツにはいっている水は何 L になりましたか。

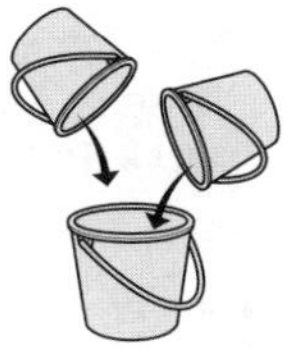

式をかきましょう。

式 $\frac{2}{3}+$ ① $\frac{14}{15}$ + ② $\frac{3}{5}$

答えを求めましょう。

考え方 通分してから計算しましょう。

式 $\frac{2}{3}+$ ③ $\frac{14}{15}$ + ④ $\frac{3}{5}$ = ⑤ $\frac{10}{15}$ + ⑥ $\frac{14}{15}$ + ⑦ $\frac{9}{15}$ = ⑧ $\frac{33}{15}$ = ⑨ $\frac{11}{5}$

通分する。　約分する。

答え ⑩ $\frac{11}{5}\left(2\frac{1}{5}\right)$ L

ヒント **2** 「ふえる」から、たし算だよ。3つの分数のたし算でも、分母を通分すれば計算できるね。



ぴったり2 練習

学習 33ページ

★できた問題には、「た」をかこう！★

答え 17ページ

**1** なべに $\frac{2}{3}$ L の水をいれたあと、$\frac{5}{6}$ L の水を加えました。なべにはいっている水は何 L ですか。

式 $\frac{2}{3}+\frac{5}{6}=\frac{4}{6}+\frac{5}{6}=\frac{9}{6}=\frac{3}{2}\left(1\frac{1}{2}\right)$

答え $\frac{3}{2}\left(1\frac{1}{2}\right)$ L

**2** $1\frac{1}{2}$ m² をペンキでぬったあと、さらに $1\frac{1}{10}$ m² をぬりました。ぬった面積は何 m² ですか。

式 $1\frac{1}{2}+1\frac{1}{10}=\frac{3}{2}+\frac{11}{10}=\frac{15}{10}+\frac{11}{10}=\frac{26}{10}=\frac{13}{5}\left(2\frac{3}{5}\right)$

答え $\frac{13}{5}\left(2\frac{3}{5}\right)$ m²

**3** 朝に牛にゅうを $\frac{2}{3}$ L 飲み、昼に $\frac{1}{4}$ L、夕方に $\frac{5}{6}$ L 飲みました。1日で飲んだ牛にゅうは何 L になりますか。

約分をわすれずに。

式 $\frac{2}{3}+\frac{1}{4}+\frac{5}{6}=\frac{8}{12}+\frac{3}{12}+\frac{10}{12}=\frac{21}{12}=\frac{7}{4}\left(1\frac{3}{4}\right)$

答え $\frac{7}{4}\left(1\frac{3}{4}\right)$ L

**4** 月曜日にとれた野菜は $\frac{1}{2}$ kg、火曜日は $\frac{4}{5}$ kg、水曜日は $\frac{9}{10}$ kg でした。月曜日から水曜日の間にとれた野菜は全部で何 kg ですか。

式 $\frac{1}{2}+\frac{4}{5}+\frac{9}{10}=\frac{5}{10}+\frac{8}{10}+\frac{9}{10}=\frac{22}{10}=\frac{11}{5}\left(2\frac{1}{5}\right)$

答え $\frac{11}{5}\left(2\frac{1}{5}\right)$ kg

ヒント 分母は最小公倍数にすると、計算しやすいよ。



**32ページ**

**1** 分母を通分して計算します。答えが約分できるときは約分しましょう。

**2** 答えが約分できるときは約分しましょう。答えが仮分数《かぶんすう》になるときは、帯分数になおしてもよいです。

**33ページ**

**1** 3と6の最小公倍数の6で通分します。答えが約分できるときは約分しましょう。

**2** 2と10の最小公倍数10で通分します。整数部分と分数部分に分けて計算することもできます。

**3** 3つの分数のたし算では、3つの分母(3、4、6)の最小公倍数(12)で通分します。

**4** 3つの分母(2、5、10)の最小公倍数(10)で通分します。

**おうちのかたへ**
求めた答えが約分できないか、確かめさせましょう。

# ぴったり1 準備

## 17 分数のひき算①

学習 34ページ

答え 18ページ

**分数のひき算**

①分母のちがう分数のひき算は、通分してから計算します。
②帯分数のひき算は、仮分数《かぶんすう》になおしたり、整数部分と分数部分に分けたりして計算します。

例 $\frac{2}{3}-\frac{1}{4}=\frac{8}{12}-\frac{3}{12}=\frac{5}{12}$

**1** $\frac{7}{8}$ m のはり金があります。このはり金から $\frac{1}{12}$ m 切り取ると、残ったはり金は何 m ですか。

式をかきましょう。

式 $\frac{7}{8}-$ ① $\frac{1}{12}$

答えを求めましょう。

考え方 分母のちがう分数なので、分母を通分してから計算しましょう。

式 $\frac{7}{8}-$ ② $\frac{1}{12}$ = ③ $\frac{21}{24}$ − ④ $\frac{2}{24}$ = ⑤ $\frac{19}{24}$

答え ⑥ $\frac{19}{24}$ m

8と12の最小公倍数で通分してみよう。

**2** ペンキが $3\frac{1}{4}$ dL あります。このペンキを $1\frac{1}{2}$ dL 使うと、残りは何 dL になりますか。

式をかきましょう。

式 $3\frac{1}{4}-$ ① $1\frac{1}{2}$

答えを求めましょう。

考え方 仮分数になおしてから通分しましょう。

式 $3\frac{1}{4}-$ ② $1\frac{1}{2}$ = $\frac{13}{4}-$ ③ $\frac{3}{2}$ = ④ $\frac{13}{4}$ − ⑤ $\frac{6}{4}$ = ⑥ $\frac{7}{4}\left(1\frac{3}{4}\right)$

仮分数になおす。　通分する。

答え ⑦ $\frac{7}{4}\left(1\frac{3}{4}\right)$ dL

$3\frac{1}{4}\rightarrow3+\frac{1}{4}$ のように、帯分数を整数部分と分数部分に分けて計算してもいいよ。

ヒント **2** 「残り」を求めるから、ひき算だよ。帯分数でも、分母を通分すれば計算できるね。



# ぴったり2 練習

学習 35ページ

★できた問題には、「た」をかこう！★　でき 1　でき 2　でき 3　でき 4

答え 18ページ

**1** $\frac{7}{10}$ m のリボンから、$\frac{1}{4}$ m 切り取りました。残りは何 m ですか。

式 $\frac{7}{10}-\frac{1}{4}=\frac{14}{20}-\frac{5}{20}=\frac{9}{20}$

答え（ $\frac{9}{20}$ m ）

**2** $\frac{4}{5}$ kg の油のうち、$\frac{1}{3}$ kg を使いました。残りは何 kg ですか。

式 $\frac{4}{5}-\frac{1}{3}=\frac{12}{15}-\frac{5}{15}=\frac{7}{15}$

答え（ $\frac{7}{15}$ kg ）

**3** $1\frac{4}{7}$ L のオレンジジュースのうち、$\frac{2}{3}$ L を飲みました。残りは何 L ですか。

仮分数になおしてから計算しよう。

式 $1\frac{4}{7}-\frac{2}{3}=\frac{11}{7}-\frac{2}{3}=\frac{33}{21}-\frac{14}{21}=\frac{19}{21}$

答え（ $\frac{19}{21}$ L ）

**4** $3\frac{1}{4}$ kg の肉があり、このうち $1\frac{3}{5}$ kg を使いました。残りは何 kg ですか。

式 $3\frac{1}{4}-1\frac{3}{5}=\frac{13}{4}-\frac{8}{5}=\frac{65}{20}-\frac{32}{20}=\frac{33}{20}\left(1\frac{13}{20}\right)$

答え（ $\frac{33}{20}\left(1\frac{13}{20}\right)$ kg ）

ヒント **3** **4** 帯分数の計算は、仮分数になおしてから計算するほか、整数部分と分数部分に分けて計算してもいいよ。



**34ページ**

**1** 分母のちがう分数のひき算は、通分をしてから計算します。8と12の最小公倍数24で通分して計算します。

**2** 4と2の最小公倍数4で通分して計算します。帯分数を整数部分と分数部分に分けて計算することもできます。

**35ページ**

**1** 10と4の最小公倍数20で通分して計算します。

**2** 5と3の最小公倍数15で通分して計算します。

**3** 7と3の最小公倍数21で通分して計算します。仮分数《かぶんすう》になおして計算しますが、帯分数を整数部分と分数部分に分けて計算することもできます。

**4** 4と5の最小公倍数20で通分して計算します。仮分数になおして計算しますが、帯分数を整数部分と分数部分に分けて計算することもできます。

**おうちのかたへ**

分数のたし算、ひき算では、仮分数になおして計算する方法のほか、帯分数のまま整数部分と分数部分に分けて計算する方法がありますが、やりやすいほうで計算させてかまいません。

ぴったり1 準備

# 18 分数のひき算②

36ページ

答え 19ページ

**分数のひき算**

・分数のひき算では、分母を通分してから計算します。

**1** 大きいびんに水が $\frac{3}{4}$ L、小さいびんに水が $\frac{1}{12}$ L はいっています。ちがいは何 L ですか。

式をかきましょう。

式 $\frac{3}{4}-$ ① $\frac{1}{12}$

答えを求めましょう。

考え方 分母のちがう分数なので、分母を通分してから計算しましょう。

式 $\frac{3}{4}-$ ② $\frac{1}{12}$ = ③ $\frac{9}{12}$ − ④ $\frac{1}{12}$

= ⑤ $\frac{8}{12}$ = ⑥ $\frac{2}{3}$

答え ⑦ $\frac{2}{3}$ L

約分をわすれずに。

**2** お茶が $\frac{4}{5}$ L あります。このうち $\frac{2}{15}$ L 飲んだあと、さらに $\frac{1}{3}$ L 飲みました。残っているお茶は何 L ですか。

式をかきましょう。

式 $\frac{4}{5}-$ ① $\frac{2}{15}$ − ② $\frac{1}{3}$

答えを求めましょう。

考え方 通分してから計算しましょう。

式 $\frac{4}{5}-$ ③ $\frac{2}{15}$ − ④ $\frac{1}{3}$

= ⑤ $\frac{12}{15}$ − ⑥ $\frac{2}{15}$ − ⑦ $\frac{5}{15}$

= ⑧ $\frac{5}{15}$ = ⑨ $\frac{1}{3}$

答え ⑩ $\frac{1}{3}$ L

ヒント **1** 「ちがい」を求めるから、ひき算だよ。3つの分数の計算も、分母をみて最小公倍数で通分すれば、計算のしかたは同じだね。



ぴったり2 練習

37ページ

★できた問題には、「た」をかこう！★

でき 1 でき 2 でき 3 でき 4

答え 19ページ

**1** なべに水が $\frac{11}{12}$ L、やかんに水が $\frac{2}{3}$ L はいっています。ちがいは何 L ですか。

通分をすると、分数の大小がわかるね。

式 $\frac{11}{12}-\frac{2}{3}=\frac{11}{12}-\frac{8}{12}$

$=\frac{3}{12}=\frac{1}{4}$

答え（ $\frac{1}{4}$ L ）

**2** 長さ $\frac{11}{14}$ m のぼうと、長さ $\frac{31}{35}$ m のひもがあります。どちらが何 m 長いですか。

14 の倍数…14、28、…
35 の倍数…35、70、…
最小公倍数はいくつかな。

式 $\frac{31}{35}-\frac{11}{14}=\frac{62}{70}-\frac{55}{70}$

$=\frac{7}{70}=\frac{1}{10}$

答え（ ひもが $\frac{1}{10}$ m 長い。 ）

**3** $\frac{9}{10}$ L の油があります。月曜日に $\frac{2}{5}$ L、火曜日に $\frac{1}{3}$ L 使いました。残った油は何 L ですか。

式 $\frac{9}{10}-\frac{2}{5}-\frac{1}{3}=\frac{27}{30}-\frac{12}{30}-\frac{10}{30}=\frac{5}{30}=\frac{1}{6}$

答え（ $\frac{1}{6}$ L ）

**4** 家から学校までの道のりは、2km です。家から学校まで行くと中に本屋とコンビニがあり、家から本屋までは $\frac{4}{5}$ km、本屋からコンビニまでは $\frac{7}{10}$ km です。コンビニから学校までは何 km ありますか。

式 $2-\frac{4}{5}-\frac{7}{10}=\frac{20}{10}-\frac{8}{10}-\frac{7}{10}=\frac{5}{10}=\frac{1}{2}$

答え（ $\frac{1}{2}$ km ）

ヒント **4** 整数を仮分数《かぶんすう》にしてから計算しよう。



**36**ページ

**1** 4と12の最小公倍数12で通分して計算します。答えが約分できるときは約分しましょう。

**37**ページ

**1** 12と3の最小公倍数12で通分します。通分した分数をみて、大きい数から小さい数をひきます。答えが約分できるときは約分しましょう。

**2** 35と14の最小公倍数は70です。通分した分数をみて、ぼうとひものどちらが長いかくらべます。そして、大きい数から小さい数をひきます。

**3** 3つの分数のひき算では、3つの分母の数（ここでは10、5、3）の最小公倍数（30）で通分します。

**4** 5と10の最小公倍数は10です。また、$2=\frac{20}{10}$ として計算します。

ぴったり1 準備

# 19 平均①



答え 20ページ

**平均《へいきん》**

・いくつかの数量を、同じ大きさになるようにならしたものを、それらの数量の平均といいます。
平均は、平均するものの数量の合計を、個数《こすう》でわれば求められます。
**平均＝合計÷個数**

**1** 3個のみかんをしぼると、とれたジュースの量は右のようでした。
みかん1個からとれるジュースの量は、平均何mLですか。

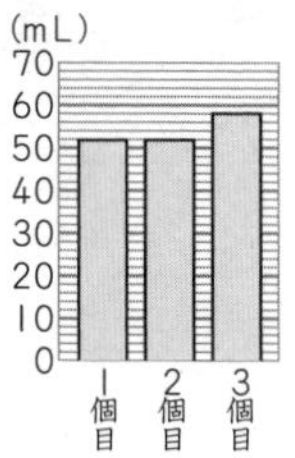


1目もりは2mLを表しているね。

みかん3個分のジュースの合計を求めましょう。
52＋52＋58＝① 162 (mL)

ことばの式にあてはめてみましょう。
平均 ＝ 合計 ÷ 個数
式 ② 162 ÷3

答えを求めましょう。
式 ③ 162 ÷3＝④ 54
答え ⑤ 54 mL

**2** 5個のたまごの重さをはかったら、次のようになりました。

| 59g 64g 65g 56g 62g |
|---|

たまごの重さは、1個平均何gですか。
たまご5個の重さの合計を求めましょう。
59＋64＋65＋56＋62＝① 306

ことばの式にあてはめてみましょう。
平均 ＝ 合計 ÷ 個数
式 ② 306 ÷5

個数は たまごの数だから、5がはいるんだね。

答えを求めましょう。
式 ③ 306 ÷5＝④ 61.2
答え ⑤ 61.2 g

ヒント 2 平均を求めると、答えが小数になることがあるよ。



ぴったり2 練習

★できた問題には、「た」をかこう！★ ① ② ③ ④



答え 20ページ

**1** 右の表は、あるスーパーの月曜日から金曜日までのメロンの売れた個数《こすう》を表したものです。売れたメロンの個数は、1日平均《へいきん》何個ですか。

| 曜日 | 月 | 火 | 水 | 木 | 金 |
|---|---|---|---|---|---|
| メロンの個数(個) | 86 | 42 | 51 | 38 | 55 |

式 86＋42＋51＋38＋55＝272
272÷5＝54.4

答え（ 54.4個 ）

**2** ある日にとれたみかんの重さをはかると、次のようになっていました。みかんの重さは、1個平均何gですか。

| 160g 168g 158g 157g 163g 162g 164g 156g |
|---|

式 160＋168＋158＋157＋163＋162＋164＋156＝1288
1288÷8＝161

答え（ 161g ）

**3** 漢字テストの点数をまとめると、右の表のようになりました。
漢字テストの平均点は何点でしたか。

| | |
|---|---|
| さおり | 20点 |
| こうた | 18点 |
| しんや | 15点 |
| ゆき | 20点 |
| ななみ | 12点 |
| えいた | 20点 |

式 20＋18＋15＋20＋12＋20＝105
105÷6＝17.5

答え（ 17.5点 ）

**4** 右の表は、ある店で売れたノートのさっ数を、1週間調べたものです。この店で売れたノートのさっ数は、1日平均何さつですか。

| 曜日 | 月 | 火 | 水 | 木 | 金 | 土 | 日 |
|---|---|---|---|---|---|---|---|
| 売れたノートのさっ数(さつ) | 11 | 8 | 7 | 9 | 4 | 12 | 26 |

式 11＋8＋7＋9＋4＋12＋26＝77
77÷7＝11

答え（ 11さつ ）

ヒント 平均は、合計÷個数で求められるね。



**38ページ**

**1** とれたジュースの量の合計を個数《こすう》でわると、平均《へいきん》が求められます。

**2** たまごの重さの合計を個数でわると、平均が求められます。答えは小数になることもあります。

**39ページ**

**1** 5日間に売れたメロンの合計は272個です。これを売った日数でわります。答えは小数になることもあります。

**2** みかん8個の合計は1288gです。これを個数でわります。答えがいちばん大きいあたい168gより大きくなったり、いちばん小さいあたい156gより小さくなったりすることはありません。

**3** 6人の点数の合計は105点です。これを人数でわります。

**4** 1週間に売れたノートのさっ数は77さつです。これを日数でわります。

**おうちのかたへ**
平均は、さまざまな結果の傾向をつかむ上で重要な値です。平均は算数以外の教科でも使うことがありますし、今後もいろいろな場面で使うことがありますので、必ずできるようにさせておきましょう。

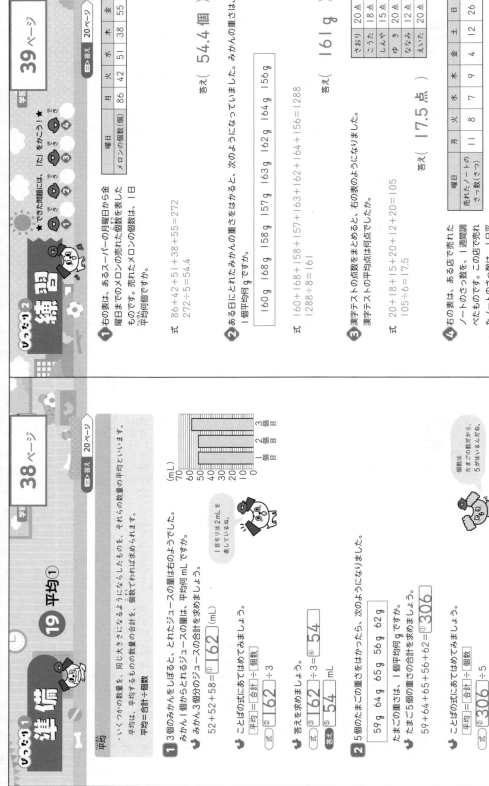

ぴったり1 準備　学習 40ページ

# 20 平均②

答え 21ページ

**平均《へいきん》から合計を求める**

・平均から合計を求めるときは、個数《こすう》を平均にかけます。
合計＝平均×個数

**1** 24個のりんごが入った箱の中から3個を取り出して重さをはかると、次のようでした。

295g　298g　289g

りんご24個の重さは、何kgになると考えられますか。

りんご3個の重さから、1個平均何gかを求めましょう。

りんごの1個平均の重さ＝りんご3個の合計の重さ÷りんごの数

式 (①295＋②298＋③289)÷3＝④294

りんごの1個平均の重さは⑤294g

1個平均の重さを使って、答えを求めましょう。

全体の重さ＝りんごの1個平均の重さ×りんごの数

式 ⑥294×24＝⑦7056

1000g＝1kgだから、⑧7056g＝⑨7.056kg

答え ⑩7.056kg

**2** 1組の子どもが男子と女子に分かれて、折り紙でツルを折りました。男子と女子の人数と、できたツルの1人平均の数は右の表のようになりました。1組全体では、1人平均何羽を折ったことになりますか。

折ったツルの数

| | 人数 | 1人平均の数 |
|---|---|---|
| 男子 | 15人 | 13羽 |
| 女子 | 10人 | 18羽 |

できたツルと1組の子どもの人数のそれぞれの合計を求めましょう。

男子と女子が折ったツルの合計の数…①13×15＋②18×10＝③375
（男子が折った合計）（女子が折った合計）（男子と女子の合計）

1組の人数の合計…15＋④10＝⑤25

ことばの式にあてはめて式をつくりましょう。

1組の平均＝1組全体の折ったツルの合計÷1組の人数の合計

式 ⑥375÷⑦25

答えを求めましょう。

式 ⑧375÷⑨25＝⑩15

答え ⑪15羽

ヒント 2 男子の平均と女子の平均を使って、その平均を求めてはいけないよ。男子の合計と女子の合計の和を求めてから、1組全体の人数でわって求めるよ。



ぴったり2 練習　学習 41ページ

★できた問題には、「た」をかこう！★　でき ①　でき ②　でき ③

答え 21ページ

**1** 5個《こ》のじゃがいもの重さをはかったら、次のようになりました。

120g　115g　124g　132g　118g

じゃがいも10個では、合計で何gになると考えられますか。

全体の重さ＝1個平均の重さ×じゃがいもの個数

式 (120＋115＋124＋132＋118)÷5＝121.8
121.8×10＝1218

まずは、平均《へいきん》を求めよう。

答え（ 1218g ）

**2** 右の表は、さとるさんが10歩ずつ5回歩いたときの記録です。さとるさんが家から図書館まで歩くと820歩ありました。さとるさんの家から図書館までは、約何mですか。四捨五入《ししゃごにゅう》して上から2けたの概数《がいすう》で求めましょう。

| 回 | 10歩のきょり |
|---|---|
| 1 | 7m10cm |
| 2 | 7m13cm |
| 3 | 7m 6cm |
| 4 | 7m15cm |
| 5 | 7m11cm |

式 (7.1＋7.13＋7.06＋7.15＋7.11)÷5＝7.11
7.11÷10＝0.711
0.711×820＝583.02

答え（ 580m ）

**3** 右の表は、5年1組と2組で集めたペットボトルのふたの数を使って、各組で1人平均何個のペットボトルのふたを集めたかを求めてまとめたものです。

| | 人数(人) | 平均の個数(個) |
|---|---|---|
| 5年1組 | 35 | 12.2 |
| 5年2組 | 35 | 13.4 |

(1) 1組と2組をあわせて、集めたペットボトルのふたの数の合計は何個ですか。

式 12.2×35＋13.4×35＝896

(合計)＝(平均)×(人数)だから、5年1組の合計は、12.2×35、5年2組の合計は、13.4×35だよ。

答え（ 896個 ）

(2) 1組と2組をあわせて、集めたペットボトルのふたの数は1人平均何個ですか。

式 896÷(35＋35)＝12.8

答え（ 12.8個 ）

ヒント 3 (2)全体の平均を求めるときは、各組の平均を使って全部の数を出してから人数でわるよ。



**40ページ**

1 りんごの1個平均《こへいきん》の重さが分かると、りんご24個の重さが分かります。

**41ページ**

1 じゃがいも10個の重さは、1個平均の重さ×10で求められますので、まずは、じゃがいも1個平均の重さを求めます。

2 平均を求めるときの公式にあてはめて、10歩のきょりの平均を求めると、7.11mとなります。この数を10でわり、1歩のきょりの平均を求めると、0.711mとなります。これに820をかけて、820歩のきょりを求めます。

3 (2)全体の人数は、35＋35＝70(人)となります。1組と2組をあわせて、集めたペットボトルのふたの数の合計を全体の人数でわって求めます。

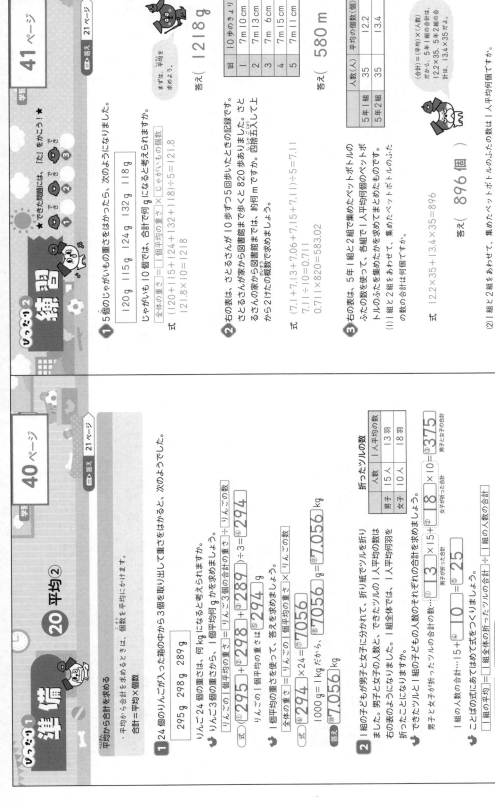

ぴったり1 準備

# 21 平均③

学習 42ページ

答え 22ページ

**0があるときの平均《へいきん》**

・平均を求めるときは、0のときも個数《こすう》に入れて計算します。

**1** 右の表は、4月から8月までにあきらさんが読み終わった本のさっ数をまとめたものです。読み終わった本は、1か月平均何さつですか。

| 月 | 4月 | 5月 | 6月 | 7月 | 8月 |
|---|---|---|---|---|---|
| さっ数(さつ) | 1 | 0 | 2 | 2 | 4 |

0のときも月数に入れます。また、平均では、さっ数でも小数になることがあります。

平均を求める公式にあてはめましょう。

考え方 0さつだった5月の結果も入れて計算します。

平均＝合計÷個数

式 (① 1 ＋② 0 ＋③ 2 ＋④ 2 ＋⑤ 4 )÷5

答えを求めましょう。

式 (⑥ 1 ＋⑦ 0 ＋⑧ 2 ＋⑨ 2 ＋⑩ 4 )÷5＝⑪ 1.8

答え ⑫ 1.8 さつ

**2** 右の表は、たけるさんが1週間で飲んだかんジュースの本数を表したものです。たけるさんが飲んだかんジュースは、1日平均何本ですか。

| 曜日 | 月 | 火 | 水 | 木 | 金 | 土 | 日 |
|---|---|---|---|---|---|---|---|
| かんジュースの本数(本) | 1 | 2 | 0 | 1 | 2 | 1 | 0 |

平均を求める公式にあてはめましょう。

考え方 7日間の平均を求めるので、0を入れて計算します。

平均＝合計÷個数

式 (① 1 ＋② 2 ＋③ 0 ＋④ 1 ＋⑤ 2 ＋⑥ 1 ＋⑦ 0 )÷7

答えを求めましょう。

式 (⑧ ＋⑨ 2 ＋⑩ 0 ＋⑪ ＋⑫ 2 ＋⑬ ＋⑭ 0 )÷7

＝⑮

答え ⑯ 本

ヒント **2** 0があっても、そのまま計算して答えを求めよう。

42

ぴったり2 練習

★できた問題には、「た」をかこう！★ 1 2 3 4

学習 43ページ

答え 22ページ

**1** 右の表は、ある週の月曜日から金曜日までの間に、5年生で欠席した人数をまとめたものです。この週に欠席した5年生の人数は、1日平均《へいきん》何人ですか。

| 曜日 | 月 | 火 | 水 | 木 | 金 |
|---|---|---|---|---|---|
| 人数(人) | 3 | 5 | 0 | 2 | 4 |

平均＝合計÷日数

水曜日の0人も入れて計算します。

式 $(3+5+0+2+4)\div5=2.8$

答え( 2.8人 )

**2** 下は、ある野球チームのメンバーが、1日の練習の間で打ったヒットの数を調べたものです。このチームのメンバーが打ったヒットの数は、1人平均何本ですか。

3本　2本　0本　1本　2本　1本

式 $(3+2+0+1+2+1)\div6=1.5$

答え( 1.5本 )

**3** 右の表は、ゆうたさんが4月から7月までの間に図書室で借りた本のさっ数をまとめたものです。ゆうたさんが借りた本のさっ数は、1か月平均何さつですか。

| 月 | 4月 | 5月 | 6月 | 7月 |
|---|---|---|---|---|
| 図書室で借りた本のさっ数(さつ) | 0 | 7 | 10 | 9 |

式 $(0+7+10+9)\div4=6.5$

答え( 6.5さつ )

**4** 下の表は、ある週にゆかりさんが飲んだスポーツドリンクの量を調べ、まとめたものです。

| 曜日 | 月 | 火 | 水 | 木 | 金 | 土 | 日 |
|---|---|---|---|---|---|---|---|
| スポーツドリンクの量(mL) | 850 | 740 | 640 | 860 | 740 | 910 | 0 |

ゆかりさんが飲んだスポーツドリンクの量の1日平均は何mLですか。四捨五入《ししゃごにゅう》して $\frac{1}{10}$ の位までの概数《がいすう》にして表しましょう。

式 $(850+740+640+860+740+910+0)\div7=677.14\cdots$

答え( 677.1 mL )

ヒント **4** $\frac{1}{100}$ の位まで計算して求めよう。

43

**42ページ**

**1** 0があっても結果に入れて計算します。合計を4でわらないようにしましょう。

**2** 0があっても結果に入れて計算します。合計を5でわらないようにしましょう。

**43ページ**

**1** 欠席した人がいなかった水曜日の0人の結果も入れて計算をします。人数の合計を、調べた曜日の数の5でわります。

**2** 調べた人数は6人です。ヒットの数の合計を6でわります。

**3** 4月から7月までの4か月間について調べていますので、合計を4でわります。

**4** 飲んだスポーツドリンクの量の合計を1週間の日数の7でわります。答えは、$\frac{1}{10}$ の位までの概数《がいすう》にして表します。

**おうちのかたへ**
四捨五入では、0～4は切り捨て、5～9は切り上げることを確認しておきましょう。

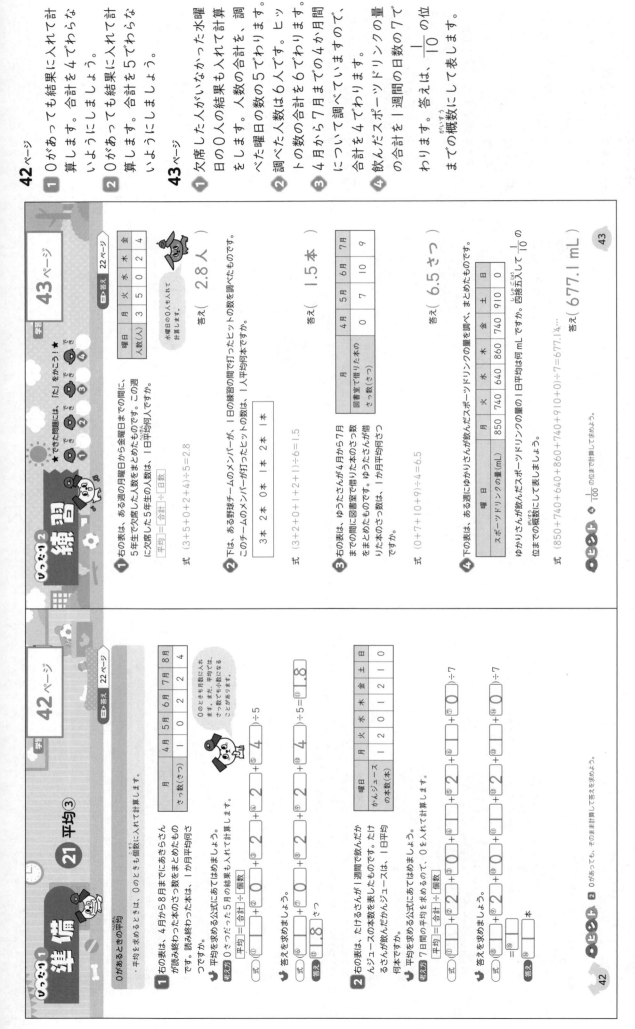

ぴったり1 準備 **44ページ**

## 22 単位量あたりの大きさ①

答え 23ページ

**単位量あたりの大きさ**

・こみぐあいを、１人あたりの平均《へいきん》の面積や、$1\,m^2$ あたりの平均の人数を調べて、くらべることがあります。このようにして表した数量を、単位量あたりの大きさといいます。

**1** 下の3つの部屋のこみぐあいをくらべます。3つの部屋でいちばんこんでいるのはどの部屋でしょうか。

１号室　２号室　３号室

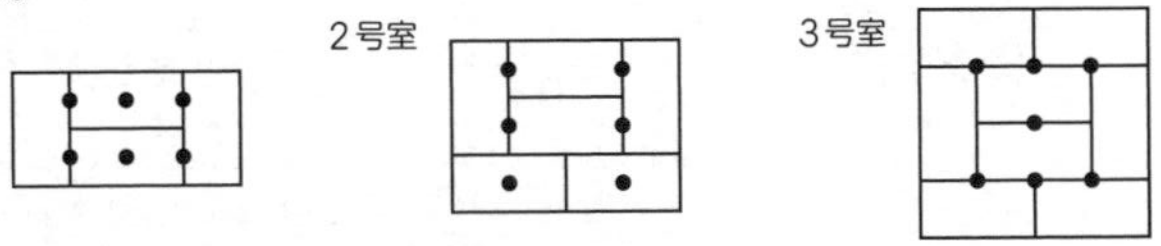

たたみ4まい、子ども6人　たたみ6まい、子ども6人　たたみ8まい、子ども7人

あたたみ１まいあたりの子どもの数を求めてくらべましょう。
いの子ども１人あたりのたたみの数を求めてくらべましょう。
ういちばんこんでいる部屋はどの部屋かを答えましょう。

あたたみ１まいあたりの子どもの数を求めます。

考え方 ことばの式にあてはめて、計算しましょう。

子どもの数 ÷ たたみの数 ＝ たたみ１まいあたりの子どもの数

式 １号室…6÷① 4 ＝② 1.5 、たたみ１まいあたりの子どもの数③ 1.5 人
２号室…④ 6 ÷6＝⑤ ［　］、たたみ１まいあたりの子どもの数⑥ ［　］人
３号室…⑦ 7 ÷8＝⑧ 0.875 、たたみ１まいあたりの子どもの数⑨ 0.875 人

答えをかきましょう。

答え １まいのたたみにいちばん多くの子どもがいる部屋は、⑩ ［　］号室です。

いの子ども１人あたりのたたみの数を求めます。

考え方 ことばの式にあてはめて、計算しましょう。
わり切れないときは、四捨五入《ししゃごにゅう》して上から2けたの概数《がいすう》で表しましょう。

たたみの数 ÷ 子どもの数 ＝ 子ども１人あたりのたたみの数

式 １号室…4÷① 6 ＝0.666…、子ども１人あたりのたたみの数約② 0.67 まい
２号室…③ 6 ÷6＝④ ［　］、子ども１人あたりのたたみの数⑤ ［　］まい
３号室…⑥ 8 ÷7＝1.14…、子ども１人あたりのたたみの数約⑦ ［ . ］まい

答えをかきましょう。

答え 子ども１人あたりのたたみの数がいちばん少ない部屋は、⑧ ［　］号室です。

うのいちばんこんでいる部屋はどの部屋かを答えましょう。

答え ① ［　］号室

ヒント あは、たたみ１まいあたりの子どもの数が多いほうが、いは子ども１人あたりのたたみの数が少ないほうがこんでいるね。



ぴったり2 練習 **45ページ**

★できた問題には、「た」をかこう！★ でき 1　でき 2　でき 3

答え 23ページ

**1** A室とB室の面積と、中にいる児童数は、右の表のようになっています。面積のわりに人数が多いのはどちらですか。

| | A室 | B室 |
|---|---|---|
| 児童数 | 9人 | 13人 |
| 面積 | $15\,m^2$ | $20\,m^2$ |

A室…9÷15＝0.6
B室…13÷20＝0.65

A室の $1\,m^2$ あたりの人数は、児童数が9人、面積が $15\,m^2$ だから、9÷15で求められるね。

答え（　B室　）

**2** 北公園と南公園の面積と、そこで遊んでいる子どもの人数は、右の表のようになっています。
面積のわりに人数が多いのはどちらの公園ですか。

| | 北公園 | 南公園 |
|---|---|---|
| 人数 | 36人 | 30人 |
| 面積 | $180\,m^2$ | $135\,m^2$ |

北公園…36÷180＝0.2
南公園…30÷135＝0.22…

概数《がいすう》でくらべることもあるよ。

答え（　南公園　）

**3** ある旅館の「さくらの間」の面積は $37\,m^2$ です。そこに、ちひろさんたち8人がとまります。
次の問題に上から2けたの概数で答えましょう。

(1) １人あたりの面積は何 $m^2$ ですか。

面積 ÷ 人数

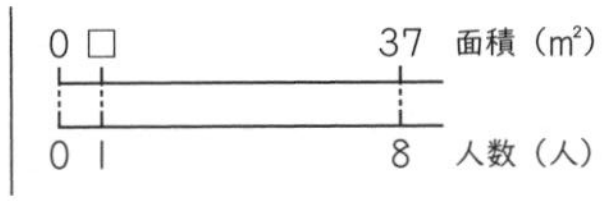


式 37÷8＝4.625

答え（ 約 $4.6\,m^2$ ）

(2) $1\,m^2$ あたりの人数は何人ですか。

人数 ÷ 面積

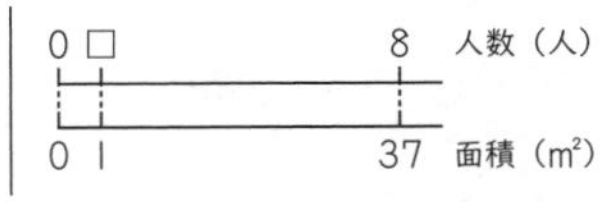


式 8÷37＝0.216…

答え（約 0.22 人）

ヒント 1 2 同じ面積あたりの人数が多いほうがこんでいるよ。



**44ページ**

**1** たたみ１まいあたりの子どもの数が多いほうがこんでいるといえます。また、子ども１人あたりのたたみの数が少ないほうがこんでいるといえます。

**45ページ**

**1** $1\,m^2$ あたりの人数を求めるには、児童数 ÷ 面積 で計算します。$1\,m^2$ あたりの人数が多いほうがこんでいるといえます。

**2** $1\,m^2$ あたりの人数を求めるには、人数 ÷ 面積 で計算します。$1\,m^2$ あたりの人数が多いほうがこんでいるといえます。

**3** (1)「１人あたりの面積」を求めるときは、面積 ÷ 人数 で計算します。
(2)「$1\,m^2$ あたりの人数」を求めるときは、人数 ÷ 面積 で計算します。

**おうちのかたへ**
$1\,m^2$ あたりの人数が多いほうがこんでいて、１人あたりの面積が小さいほうがこんでいることに注意させましょう。

ぴったり1 準備

## 23 単位量あたりの大きさ②

学習 46ページ

答え 24ページ

人口密度《じんこうみつど》

・1 $km^2$ あたりの人口を、人口密度といいます。
人口密度＝人口(人)÷面積($km^2$)

例12000 人が住んでいる、面積が 60 $km^2$ の町の人口密度は、
12000÷60＝200(人)

**1** 右の表は、A県とB県の人口と面積を調べてまとめたものです。面積のわりに人口が多いのはどちらですか。

| | 人口(万人) | 面積($km^2$) |
|---|---|---|
| A県 | 548 | 8400 |
| B県 | 145 | 2300 |

面積 1 $km^2$ あたりの人口(人口密度)を求める式をかきましょう。

考え方 ことばの式にあてはめてみましょう。

人口÷面積＝人口密度

式 A県…5480000÷① 8400

B県…② 1450000 ÷2300

上の式の答えを、四捨五入《ししゃごにゅう》して一の位までの概数《がいすう》で求めましょう。

式 A県の人口密度…5480000÷③ 8400 ＝④ 652.3…

1 $km^2$ あたり約⑤ 652 人

B県の人口密度…⑥ 1450000 ÷2300＝⑦ 630.4…

1 $km^2$ あたり約⑧ 630 人

答えを書きましょう。

答え 面積のわりに人口が多いのは、⑨ A 県です。

**2** 右の表は、東市と西市の人口と面積を調べてまとめたものです。どちらの市のほうがこんでいますか。東市と西市の人口密度を、四捨五入して一の位までの概数で求めて答えましょう。

| | 人口(人) | 面積($km^2$) |
|---|---|---|
| 東市 | 75570 | 8.2 |
| 西市 | 71000 | 5.1 |

それぞれの市の人口密度を求める式をかきましょう。

考え方 ことばの式にあてはめてみましょう。

人口÷面積＝人口密度

式 東市 1 $km^2$ あたりの人口…① 75570 ÷8.2

西市 1 $km^2$ あたりの人口…② 71000 ÷5.1

上の式の答えを、四捨五入して一の位までの概数で求めましょう。

式 東市…③ 75570 ÷8.2＝④ 9215.8…、人口密度　約⑤ 9216 人

西市…⑥ 71000 ÷5.1＝⑦ 13921.5…、人口密度　約⑧ 13922 人

答えを書きましょう。

答え ⑨ 西 市のほうがこんでいる。

ヒント 人口密度が大きいほうがこんでいるよ。人口密度は 1 $km^2$ あたりの人口を表しているから、単位量あたりの大きさを求めているんだよ。



ぴったり2 練習

★できた問題には、「た」をかこう！★　でき 1　でき 2

学習 47ページ

答え 24ページ

**1** 面積 17 $km^2$ のA市には、19820 人が住んでいます。
A市の人口密度《じんこうみつど》を小数第 1 位を四捨五入《ししゃごにゅう》して求めましょう。

人口÷面積＝人口密度

式 19820÷17＝1165.8…

答え(約 1166 人)

**2** B市の面積は 120 $km^2$ で、人口は 216000 人です。
C市の面積は 160 $km^2$ で、人口は 266000 人です。

(1)B市の人口密度を求めましょう。

人口÷面積＝人口密度

式 216000÷120＝1800

答え( 1800 人 )

(2)C市の人口密度を、小数第 1 位を四捨五入して、整数で求めましょう。

式 266000÷160＝1662.5

答え(約 1663 人)

(3)どちらの市のほうが面積のわりに人口が多いですか。

答え( B市 )

ヒント 2 (3) 1 $km^2$ あたりに住んでいる人数が多いほど、人口密度も大きいよ。



**46ページ**

**1** 人口密度《じんこうみつど》は、人口÷面積で求めることができます。面積の単位は $km^2$ であることに注意しましょう。

**2** 一の位までの概数《がいすう》で表しますので、$\frac{1}{10}$ の位の数を四捨《ししゃ》五入《ごにゅう》して求めます。

**47ページ**

**1** 人口密度は、人口÷面積で求めることができます。面積の単位は $km^2$ であることに注意しましょう。$\frac{1}{10}$ の位の数を四捨五入して求めます。

**2** (3) 1 $km^2$ あたりの人口が多いほうが、面積のわりに人口が多いといえます。(1)と(2)の答えをくらべましょう。

**おうちのかたへ**

人口密度とは 1 $km^2$ あたりの人口を表すものです。このときの人口の単位は「人」です。「～万人」で計算させないようにしましょう。人口密度の計算はけたが大きくなることがあります。2の問題では、わられる数とわる数を両方とも 10 でわってから計算しても答えは同じになりますので、くふうして計算させましょう。

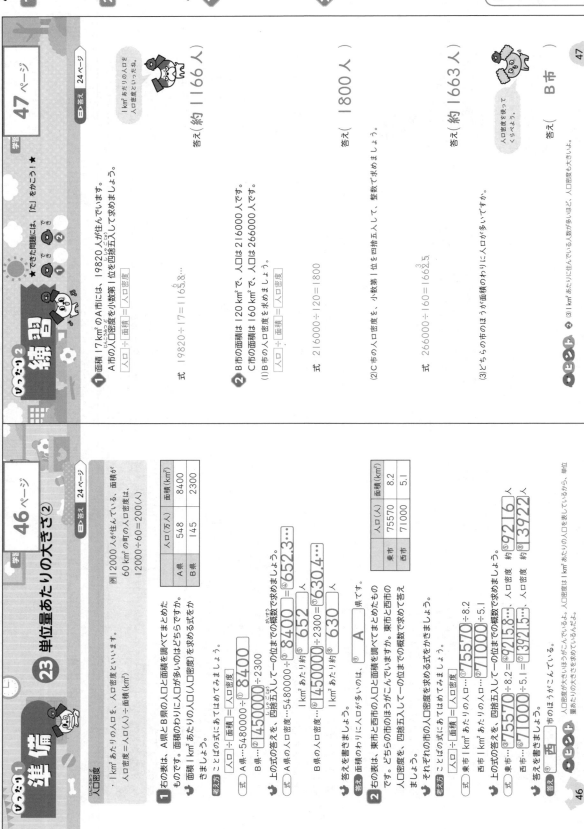

ぴったり1 準備

# 24 単位量あたりの大きさ③

学習 48ページ

答え 25ページ

**単位量あたりの大きさの利用**

・1L あたり、1$m^2$ あたり、1kg あたりなど、1あたりの量を求めると、いろいろな数量をくらべることができます。

**1** 乗用車とトラックがあります。乗用車は 40L のガソリンで 800km 走れます。トラックは 45L のガソリンで 810km 走れます。同じガソリンの量でより長いきょりを走れるのは、どちらの自動車ですか。

ガソリン 1L あたりで走れるきょりでくらべましょう。

考え方 数直線図で考えてみましょう。

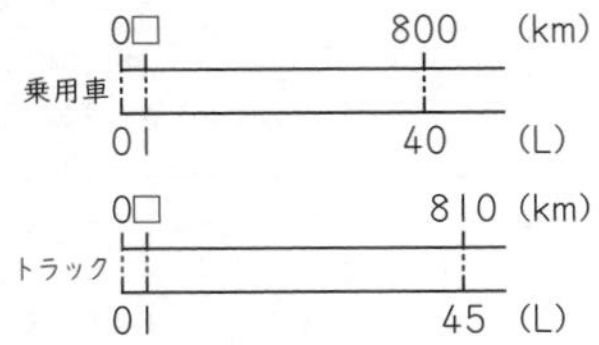


式 乗用車…①800÷40=②20

トラック…③810÷45=④18

答えを求めましょう。

答え 同じガソリンの量で、より長いきょりを走れるのは、⑤乗用車です。

**2** たまねぎが、スーパーでは3個《こ》で 135円、八百屋では5個で 240円で売られています。1個あたりのねだんが安いのは、どちらですか。

たまねぎ1個あたりのねだんでくらべましょう。

考え方 数直線図で考えてみましょう。

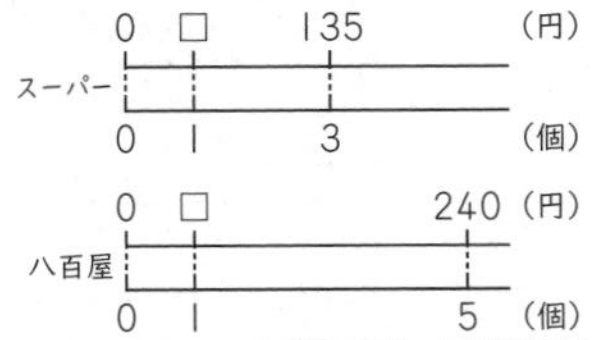


式 スーパー…135÷①3=②45

八百屋…240÷③5=④48

答えを求めましょう。

答え たまねぎ1個あたりのねだんが安いのは、⑤スーパーです。

ヒント 1 1L で走るきょりが長いほうが、同じガソリンの量でより長いきょりを走れるよ。



ぴったり2 練習

学習 49ページ

★できた問題には、「た」をかこう！★ できた 1 できた 2 できた 3 できた 4

答え 25ページ

**1** バスはガソリン 30L で 360km 走り、タクシーはガソリン 36L で 540km 走ります。ガソリンを使う量のわりに、走る道のりが長いのはどちらですか。

バス…360÷30=12

タクシー…540÷36=15

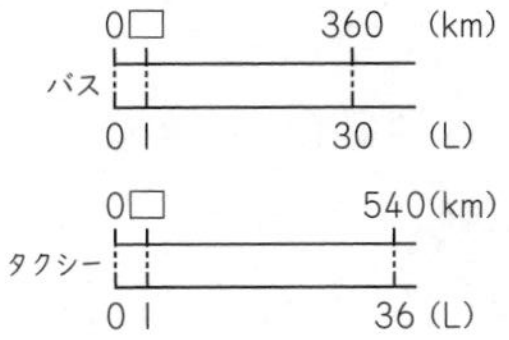


答え（ タクシー ）

**2** 赤いペンキ2dL で 1$m^2$ のかべをぬり、青いペンキ4dL で 1.6$m^2$ のかべをぬりました。かべをぬるのに、1$m^2$ あたりでは、どちらのペンキを多く使いましたか。

赤…2÷1=2

青…4÷1.6=2.5

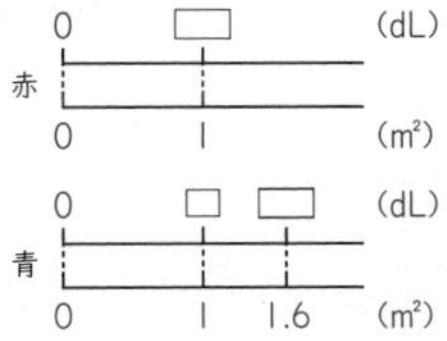


答え（ 青いペンキ ）

**3** 国語のノートは2さつで 220円、算数のノートは3さつで 345円です。ノート1さつあたりのねだんは、どちらが、どれだけ高いですか。

国語…220÷2=110

算数…345÷3=115

115−110=5

答え（算数のノートが、5円高い。）

**4** 150g で 180円のポテトサラダと、200g で 280円のかぼちゃサラダがあります。サラダ1g あたりのねだんは、どちらが、どれだけ安いですか。

ポテトサラダ…180÷150=1.2

かぼちゃサラダ…280÷200=1.4

1.4−1.2=0.2

答え（ポテトサラダが、0.2円安い。）

ヒント 1 ガソリン1L あたりで走る道のりを求めてくらべるよ。



**48ページ**

**1** ガソリン1L あたりで走れるきょりを求めるには、走れるきょり÷ガソリンの量で計算します。

**49ページ**

**1** ガソリン1L あたりで走れるきょりを求めるには、走れるきょり÷ガソリンの量で計算します。1L で走るきょりが長いほうが答えになります。

**3** ノート1さつあたりのねだんを求めると、国語は 110円、算数は 115円となりますので、この2つをくらべます。

**おうちのかたへ**

2つの数量を比較するときは、1あたりの量になおしてからくらべればよいことを確認させておきましょう。式をかかずになんとなくで答えさせるのではなく、しっかり計算をさせて2つの数量をくらべさせましょう。

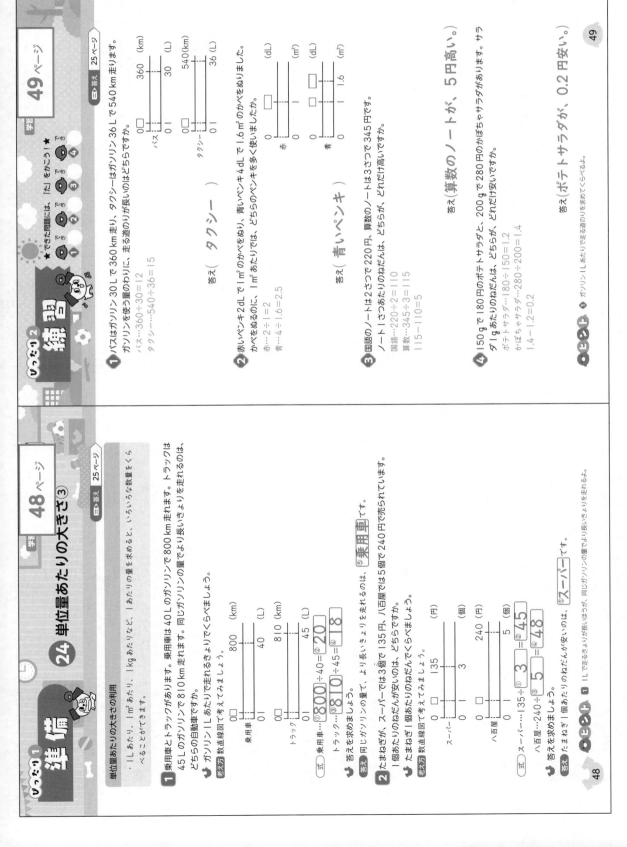

## ぴったり1 準備 ㉕ 速さ①



答え 26ページ

**速さ**

①1時間あたりに進む道のりで表した速さを「時速」、1分間あたりに進む道のりで表した速さを「分速」、1秒間あたりに進む道のりで表した速さを「秒速」といいます。
②速さの公式　速さ＝道のり÷時間

**1** 右の表は、ライオン、チーター、トラの走った道のりと時間を表しています。どの動物がいちばん速いですか。

走った道のりと時間

| | ライオン | チーター | トラ |
|---|---|---|---|
| 道のり(m) | 100 | 330 | 128 |
| 時間(秒) | 5 | 10 | 8 |

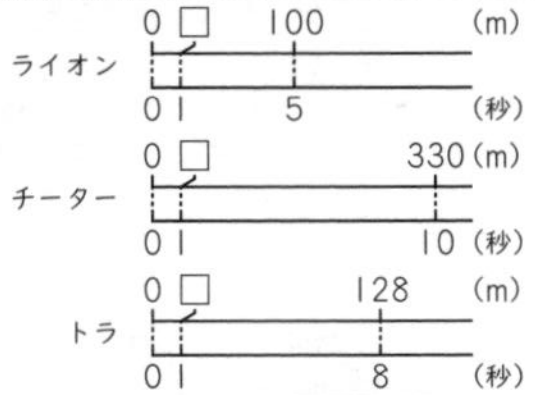


それぞれの秒速を求める式をかきましょう。

考え方　1秒間あたりに走る道のりを求めます。
公式にあてはめてみましょう。
速さ＝道のり÷時間

式　ライオン…100÷①5
チーター…②330÷10
トラ…③128÷8

上の式を計算して、秒速を求めましょう。

式　ライオン…100÷④5＝⑤20
チーター…⑦330÷10＝⑧33
トラ…⑩128÷8＝⑪16

答え　ライオン…秒速⑥20 m
チーター…秒速⑨33 m
トラ…秒速⑫16 m

いちばん速い動物を答えましょう。

考え方　秒速がいちばん大きい動物を答えます。

答え　⑬チーター

**2** 次の速さを求めましょう。
㋐300 km を4時間で進む電車の時速
㋑12300 m を15分間で進むオートバイの分速
㋒6 m を12秒で進むエスカレーターの秒速

公式にあてはめて式をつくりましょう。
速さ＝道のり÷時間

式　㋐300÷①4　㋑②12300÷15　㋒6÷③12

答えを求めましょう。

式　㋐300÷④4＝⑤75
㋑⑦12300÷15＝⑧820
㋒6÷⑩12＝⑪0.5

答え　㋐時速⑥75 km
㋑分速⑨820 m
㋒秒速⑫0.5 m

ヒント　1 かかった時間がちがうものどうしの速さをくらべるときは、時速、分速、秒速などを求めてくらべるよ。



## ぴったり2 練習



★できた問題には、「た」をかこう！★　1 2 3

答え 26ページ

**1** 次の速さを求めましょう。
(1)4900 m を7分間で進むバスの分速
速さ＝道のり÷時間
4900÷7＝700

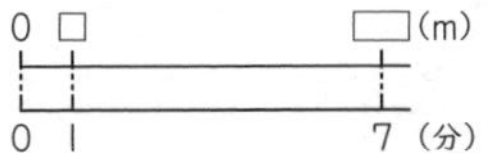


答え（分速 700m）

(2)100 m を8秒間で走る動物の秒速
100÷8＝12.5

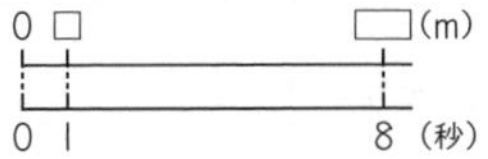


答え（秒速 12.5m）

**2** あきらさんは2分間で150 m 進み、ゆきさんは3分間で210 m 進みました。
あきらさんとゆきさんでは、どちらが速く進みますか。
あきら…150÷2＝75
ゆき…210÷3＝70

1分間で進む道のり(分速)を求めてくらべよう。

答え（あきらさん）

**3** Aの自動車は4時間で180 km 進み、Bの自動車は6時間で288 km 進みます。
AとBの自動車では、どちらが速く進みますか。
A…180÷4＝45
B…288÷6＝48

1時間で進む道のり(時速)を求めてくらべましょう。

答え（B(の自動車)）

ヒント　速さは道のり÷時間で求めるよ。



**50ページ**

**1** 1秒あたりに進む道のりは、道のり(m)÷時間(秒)で求めます。このときの速さは秒速となります。

**2** 時速は時間でわり、分速は分でわり、秒速は秒でわります。

**51ページ**

**1** (2)秒速を求めますので、道のり(m)÷時間(秒)で求めます。答えが小数になることもあります。

**3** A《エー》の自動車とB《ビー》の自動車それぞれの時速を求めてくらべます。Aの自動車は時速45 km、Bの自動車は時速48 km となります。

**おうちのかたへ**
速さの表し方には、時速、分速、秒速があります。2つの速さをくらべるときは、これらの時速、分速、秒速を求めてくらべます。

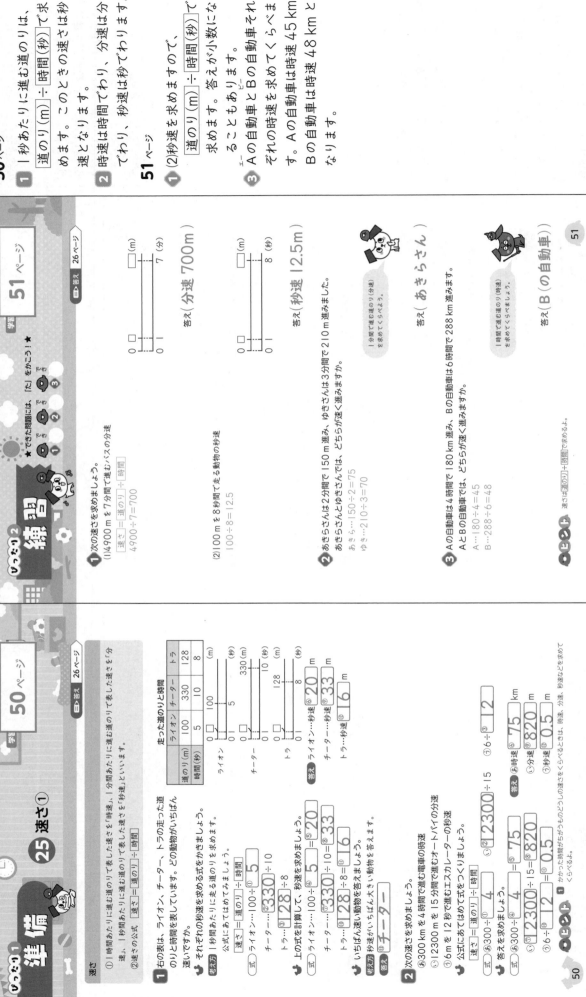

ぴったり1 準備

# 26 速さ②

学習 52ページ

答え 27ページ

**道のり**

・道のりは、次の式で求めることができます。
道のりの公式　道のり＝速さ×時間

**1** 時速 120 km で走る急行列車があります。この列車が次の時間走り続けたときに何 km 進むかを求めましょう。

あ 3時間
い 4時間 30 分

それぞれの移動《いどう》した道のりを求める式をかきましょう。

考え方 公式にあてはめてみましょう。
道のり＝速さ×時間

式 あ 120×① 3
い 120×② 4.5

考え方

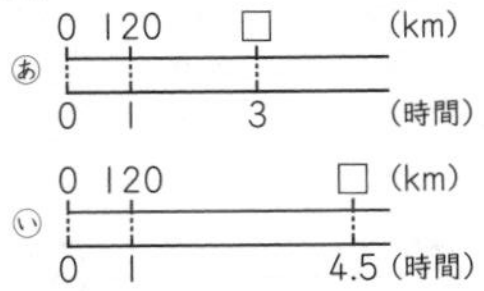

答えを求めましょう。

式 あ 120×③ 3 ＝④ 360　答え あ ⑤ 360 km
い 120×⑥ 4.5 ＝⑦ 540　い ⑧ 540 km

**2** 次の道のりを求めましょう。

あ 時速 85 km の自動車が 3 時間に進む道のり
い 分速 0.06 km で歩く人が 30 分間歩いたときの道のり
う 秒速 15 m のトラが 20 秒間走ったときの道のり

公式にあてはめて式をつくりましょう。
道のり＝速さ×時間

式 あ 85×① 3
い ② 0.06 ×30
う 15×③ 20

答えを求めましょう。

式 あ 85×④ 3 ＝⑤ 255　答え あ ⑥ 255 km
い ⑦ 0.06 ×30＝⑧ 1.8　い ⑨ 1.8 km
う 15×⑩ 20 ＝⑪ 300　う ⑫ 300 m

ヒント 2 それぞれの時速、分速、秒速に、かかった時間をかければ道のりが求められるね。

52

ぴったり2 練習

★できた問題には、「た」をかこう！★

学習 53ページ

答え 27ページ

**1** 分速 800 m で走るトラックがあります。

(1) このトラックが 5 分間に進む道のりは何 km ですか。

道のり＝速さ×時間
800×5＝4000
4000 m＝4 km

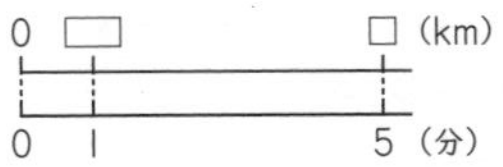

答え（ 4 km ）

(2) このトラックが 30 秒間に進む道のりは何 m ですか。

30 秒＝0.5 分
800×0.5＝400

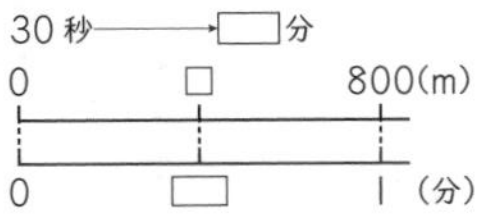

答え（ 400 m ）

**2** 次の道のりを求めましょう。

(1) 時速 45 km で進むオートバイが 2 時間 30 分で進む道のり

2 時間 30 分＝2.5 時間
45×2.5＝112.5

答え（112.5 km（112500 m））

(2) 秒速 15 m で走るダチョウが 1 分 30 秒走ったときに進む道のり

1 分 30 秒＝90 秒
15×90＝1350

答え（1350 m（1.35 km））

ヒント 2 (2) 1 分 30 秒が何秒にあたるかを求めて解いてみよう。

53

**52ページ**

**1** 道のりを求めるためには、速さ×時間をつかいます。答えの単位は km になります。4 時間 30 分は 4.5 時間として計算します。

**53ページ**

**1** (1) m を km にしてから計算すると、800 m＝0.8 km
0.8×5＝4
よって、4 km となります。

**2** (1) 2 時間 30 分を時間にしてから計算します。
(2) 1 分 30 秒を秒になおして計算します。

**おうちのかたへ**
km と m の変換、時間・分・秒の変換をしっかり確認させましょう。問われている単位で答えないといけないことに注意させましょう。

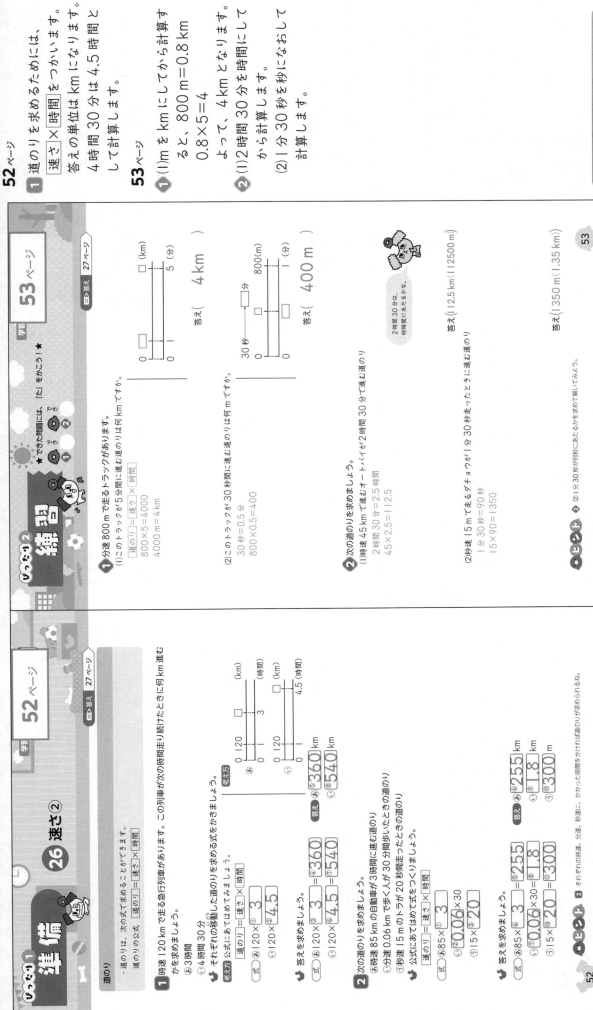

ぴったり1 準備

## 27 速さ③

学習日 54ページ

答え 28ページ

時間

・時間は、次の式で求めることができます。

時間の公式 時間＝道のり÷速さ

**1** 高速道路を時速 85 km で走っている車があります。このままの速さで 510 km 進むのにかかる時間は何時間ですか。

510 km 進むのにかかる時間を求める式をかきましょう。

考え方 公式にあてはめてみましょう。

時間＝道のり÷速さ

考え方

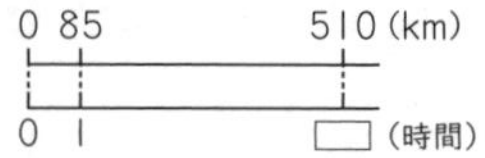


式 510÷①85

答えを求めましょう。

式 510÷②85＝③6

答え ④6 時間

**2** 秒速 60 m で走る新幹線《しんかんせん》が 3km 進むのに何秒かかりますか。

3km 進むのにかかる時間を求める式をかきましょう。

考え方 公式にあてはめてみましょう。

時間＝道のり÷速さ

考え方

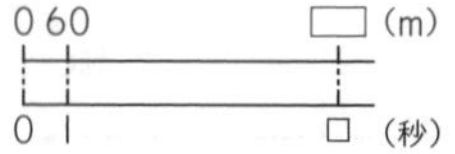


式 3km＝①3000 m ②3000÷60

答えを求めましょう。

式 ③3000÷60＝④50

答え ⑤50 秒

ヒント 道のり＝速さ×時間だから、時間＝道のり÷速さの式になるよ。



ぴったり2 練習

★できた問題には、「た」をかこう！★ でき 1 でき 2 でき 3 でき 4

学習日 55ページ

答え 28ページ

**1** 時速 40 km で走る自動車があります。この自動車が 240 km 進むのにかかる時間は何時間ですか。

時間＝道のり÷速さ
240÷40＝6

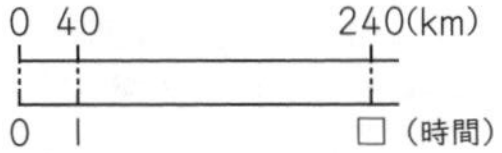


答え（ 6時間 ）

**2** 分速 80 m で歩いている人が 1360 m 進むのにかかる時間は何分ですか。

1360÷80＝17

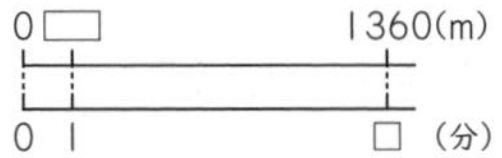


答え（ 17分 ）

**3** 秒速 20 m で走る電車が 1 km 進むのにかかる時間は何秒ですか。

1 km＝1000 m
1000÷20＝50

答え（ 50秒 ）

**4** 分速 200 m で走る自転車が 3.8 km 進むのにかかる時間は何分ですか。

3.8 km＝3800 m
3800÷200＝19

答え（ 19分 ）

ヒント 3 4 m と km の単位が出てくるので、すべての単位を m にそろえて計算しよう。



**54**ページ

**1** 時間を求めるためには、道のり÷速さで計算します。道のり(km)を時速(km)でわりますので、答えの単位は時間になります。

**2** km を m にして計算します。単位がそろっていないときは、単位をあわせます。

**55**ページ

**1** 道のり(km)を時速(km)でわりますので、答えの単位は時間になります。

**2** 道のり(m)を分速(m)でわりますので、答えの単位は分になります。

**3** 単位を m にそろえて計算します。1 km＝1000 m です。

**4** 単位を m にそろえて計算します。3.8 km＝3800 m です。

おうちのかたへ

速さと道のりの単位をそろえてから計算することに注意させましょう。

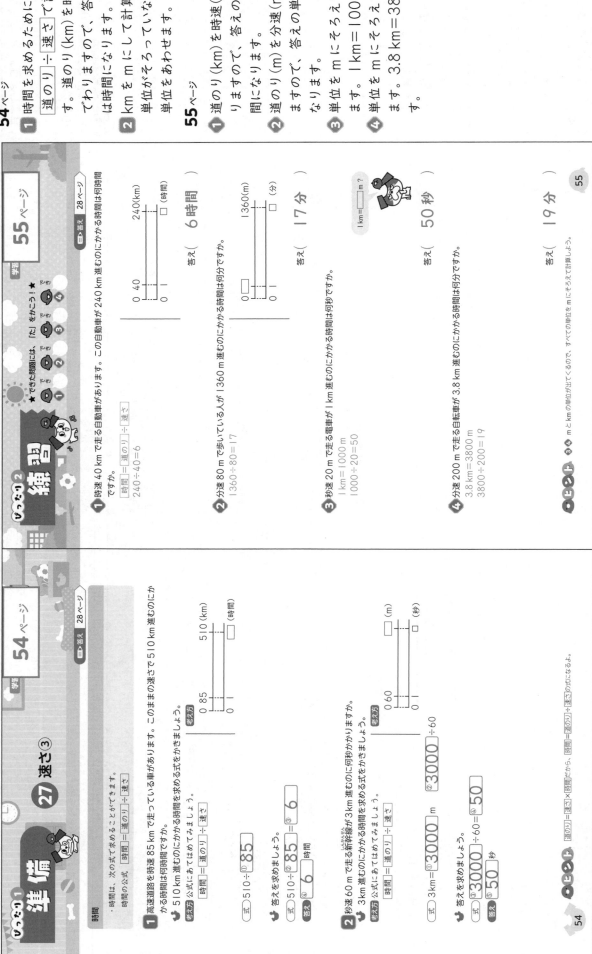

ぴったり1 準備

## 28 速さ④

学習 56ページ

答え 29ページ

**時速・分速・秒速**

時速を秒速になおす　時速÷(60×60)

時速 → 分速 → 秒速

時速を分速になおす　時速÷60

分速を秒速になおす　分速÷60

分速を時速になおす　分速×60

秒速を分速になおす　秒速×60

秒速を時速になおす　秒速×(60×60)

**1** 時速 90 km で進む急行列車と秒速 20 m で進むトラックがあります。どちらのほうが速いですか。

あ急行列車の時速を秒速になおしてくらべましょう。

いトラックの秒速を時速になおしてくらべましょう。

時速とは、3600 秒間に移動した道のりと同じだね。

あ I 時間には何秒間あるかを求めましょう。

考え方 I 時間は、60 秒が 60 集まったものなので、

I 時間は、60×① 60 =② 3600 (秒)

答え ③ 3600 秒

急行列車の時速を秒速になおしましょう。

考え方 I 時間は 3600 秒なので、時速を 3600 秒でわれば、秒速（I 秒間に進む道のり）となります。90 km=90000 m になおして求めましょう。

式 90000÷④ 3600 =⑤ 25 (m)

答え 秒速⑥ 25 m

答えを求めましょう。

答え ⑦ 急行列車 のほうが速い。

---

い I 時間には何秒間あるかをかきましょう。

答え ① 3600 秒

トラックの秒速を時速になおしましょう。

考え方 I 時間は、(60×60)秒間です。

式 20×② 3600 =③ 72000

答え 時速④ 72000 m=⑤ 72 km

答えを求めましょう。

答え ⑥ 急行列車 のほうが速い。

秒速、分速、時速をなおすときは、単位に気をつけよう。

ヒント 時速と秒速の間でなおすときは、I 時間が 3600 秒であることを使おう。



ぴったり2 練習

学習 57ページ

★できた問題には、「た」をかこう！★　1 2 3

答え 29ページ

**1** 秒速 90 m で飛ぶヘリコプターAと、時速 486 km で飛ぶヘリコプターBがあります。どちらのほうが速いですか。

90×3600=324000

秒速 90 m=時速 324 km

I 時間=60 分
I 分=60 秒
↓
I 時間
=60×60(秒)
=3600(秒)
だね。

答え（(ヘリコプター)B）

**2** 時速 I08 km で進む電車について答えなさい。

(1)分速は何 km ですか。

I08÷60=I.8

答え（分速 I.8 km）

(2)秒速は何 m ですか。

I08÷3600=0.03

時速 I08 km=秒速 30 m

単位に気をつけよう。
また、
秒速=時速÷(60×60) に
あてはめてもいいね。

答え（秒速 30 m）

**3** 台風のとき、秒速 40 m の風がふくことがあります。

(1)分速は何 m ですか。

40×60=2400

答え（分速 2400 m）

(2)時速は何 km ですか。

2400×60=I44000

秒速 40 m=時速 I44 km

答え（時速 I44 km）

ヒント 1 ヘリコプターAの時速を求めたり、ヘリコプターBの秒速を求めたりすることで、時速、秒速をそろえてから速さをくらべよう。



**56ページ**

**1** 時速を秒速になおすときは、時速を 3600 でわります。また、秒速を時速になおすときは、秒速に 3600 をかけます。

**57ページ**

**1** ヘリコプターA《エー》の秒速に 3600 秒をかけて、時速を求めます。また、I km=I000 m だから、ヘリコプターAは時速 324 km となります。ヘリコプターB《ビー》の秒速を求める場合は、

486 km=486000 m

486000÷3600=I35

よって、秒速 I35 m となります。

**2** (1)時速を 60 でわって求めます。

(2)時速を 3600 でわって求めます。

**3** (1)秒速に 60 をかけて求めます。

(2)分速に 60 をかけて求めます。I km=I000 m もつかって、答えは km で答えます。

**おうちのかたへ**

時速と分速と秒速の変換をできるようにしっかり理解させましょう。また、速さを求めるときは、m や km などの単位のちがいに注意させましょう。

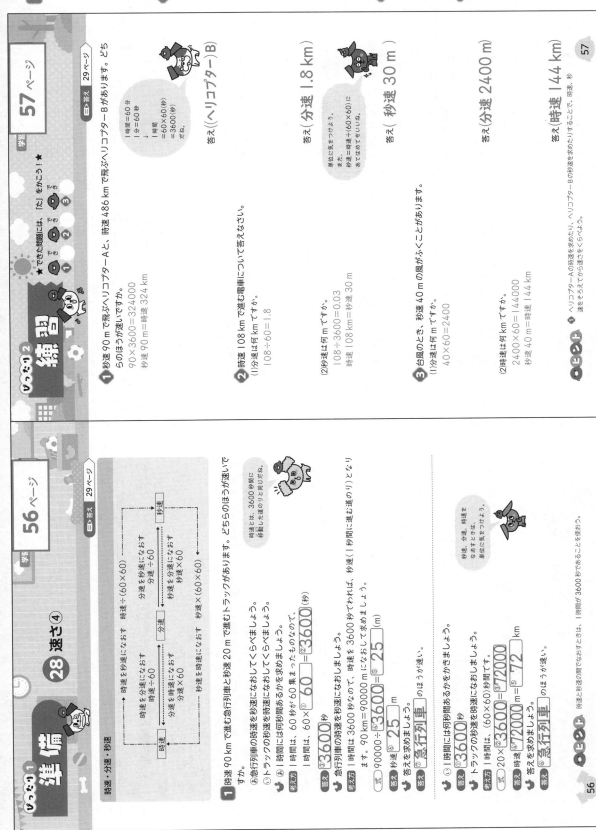

ぴったり1 準備

## 29 速さ⑤

学習 58ページ

答え 30ページ

**通過《つうか》する問題の考え方**

・長さ 20 m の電車が長さ 30 m のトンネルにはいりはじめてから完全に通過するまでにかかる時間を求めるときは、トンネルを通過するために電車が進んだ道のりを、次の式を使って求めます。

トンネルの長さ ＋ 電車の長さ

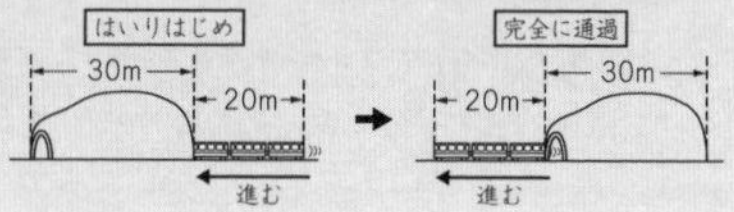


**1** 長さが 40 m の電車があります。この電車が秒速 25 m で走っているとき、長さ 60 m のトンネルにはいりはじめてから、完全に通過するまでに何秒かかりますか。

電車がトンネルにはいりはじめてから、トンネルから完全に出るまでに、電車が進む道のりを求めましょう。

考え方 電車がトンネルにはいりはじめるときは、電車の先頭がトンネルにはいりますが、電車がトンネルから完全に出たときは、電車の後ろがトンネルから出るときになります。

〈はいりはじめ〉

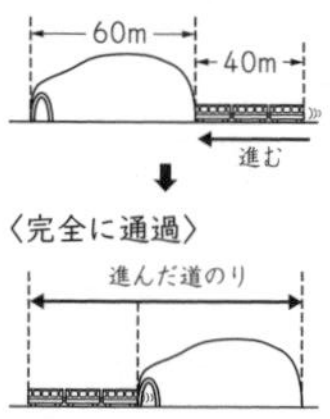


式 40＋①60＝②100

電車が進んだ道のり ③100 m

答えを求める式をかきましょう。

考え方 公式にあてはめてみましょう。

時間 ＝ 道のり ÷ 速さ

式 ④100÷⑤25

答えを求めましょう。

式 ⑥100÷⑦25＝⑧4

答え ⑨4 秒

**2** 長さが 90 m の鉄橋を、秒速 20 m で走る電車が通過します。電車の長さが 30 m のとき、電車が鉄橋をわたりはじめてから、完全に通過するまでに何秒かかりますか。

電車が鉄橋をわたりはじめてから通過するまでに移動する道のりを求めましょう。

考え方 鉄橋に電車の先頭がはいってから、電車の後ろが出るまでに進む道のりを求めます。

式 90＋①30＝②120

答え ③120 m

公式にあてはめて式をつくり、答えを求めましょう。

式 ④120÷⑤20＝⑥6

答え ⑦6 秒

ヒント **1** ポイントは、トンネルにはいりはじめてから完全に出るまでに進む道のりは、トンネルの長さと同じではないというところだよ。



ぴったり2 練習

★できた問題には、「た」をかこう！★ 1 2 3 4

学習 59ページ

答え 30ページ

**1** 長さが 50 m の電車があります。この電車が秒速 30 m で走っているとき、長さ 130 m のトンネルにはいりはじめてから完全に通過《つうか》するまでに、何秒かかりますか。

50＋130＝180
180÷30＝6

トンネルにはいりはじめてから、完全に通過するまで、電車は何 m 走るかな。

答え（ 6秒 ）

**2** 長さが 80 m の電車が、秒速 20 m で走っているとき、長さ 140 m の橋を通ります。橋をわたりはじめてから完全に通過するまでに、何秒かかりますか。

80＋140＝220
220÷20＝11

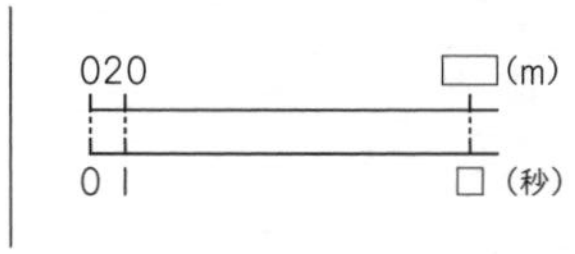


答え（ 11秒 ）

**3** 秒速 30 m で走る長さ 20 m の急行列車が、あるトンネルにはいりはじめてから完全に通過するまでに 12 秒かかりました。このトンネルの長さは何 m ですか。

30×12＝360
360−20＝340

急行列車が 12 秒間で進んだ道のりは、急行列車の長さとトンネルの長さの和に等しいね。

答え（ 340 m ）

**4** 長さ 80 m の貨物列車が、長さ 245 m のホームにはいりはじめました。列車はそのまま走り続けたところ、列車がホームにはいりはじめた 13 秒後に、完全にホームを通過しました。貨物列車の秒速は何 m ですか。

80＋245＝325
325÷13＝25

答え（ 秒速 25 m ）

ヒント **3** **4** 完全に通過するのに必要な長さは、トンネルやホームの長さに、列車の長さをたした長さになるよ。



### 58ページ

**1** トンネルの長さと電車の長さの和は 100 m になります。これを速さでわります。

**2** 鉄橋の長さと電車の長さの和は 120 m になります。これを速さでわります。

### 59ページ

**1** トンネルを通過《つうか》するのにかかる時間は、電車の長さとトンネルの長さの和 180 m を、速さでわって求めます。

**2** 橋の通過も、トンネルの通過と同じように考えます。

**3** 急行列車が 12 秒間で進んだ道のりは 360 m になります。この長さは、列車の長さとトンネルの長さの和にあたりますので、トンネルの長さは、列車の長さをひいて求めます。

**4** 貨物列車がホームにはいりはじめてから完全に通過するまでに進んだ道のりは、列車の長さとホームの長さの和の 325 m になります。走るのにかかった時間が 13 秒より、貨物列車の速さは、道のり ÷ 時間 で計算します。

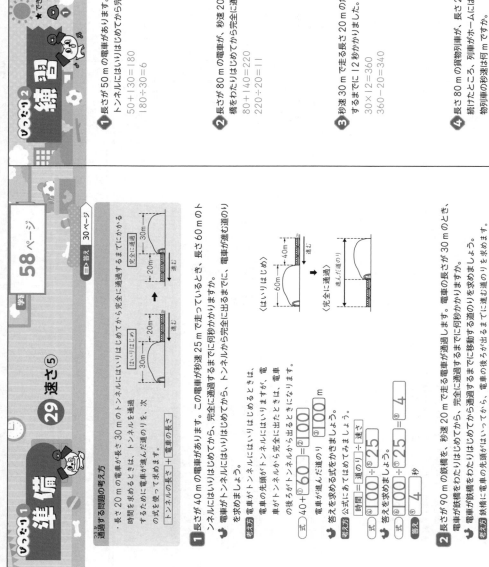

ぴったり1 準備

学習 60ページ

# 30 割合①

答え 31ページ

**割合《わりあい》(倍)**

・ある量をもとにして、くらべる量がもとにする量の何倍にあたるかを表した数を、割合といいます。次の式で求めることができます。

割合＝くらべる量÷もとにする量

**1** 右の表は、夏休みに行うボランティアについて、定員と希望者の数をまとめたものです。AとBの活動では、それぞれ定員の何倍の希望者がいるか、求めましょう。

| | ボランティア | 定員(人) | 希望者(人) |
|---|---|---|---|
| A | 花だんの世話 | 20 | 30 |
| B | 道路のごみ拾い | 10 | 8 |

あ：花だんの世話　い：道路のごみ拾い

あAについて、割合(倍)を求める式をかきましょう。

考え方 図をみて考えましょう。

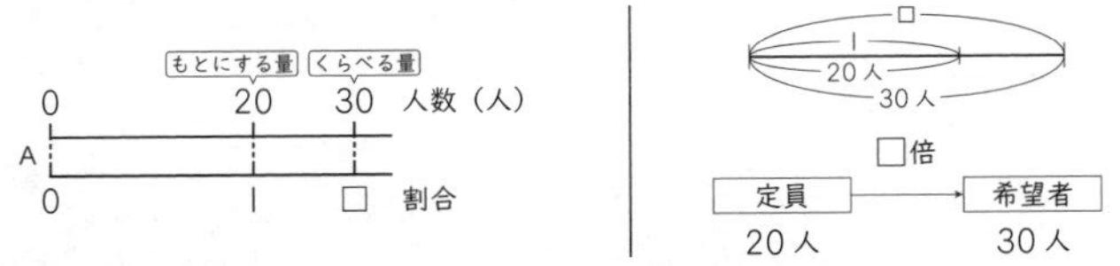


式 30÷① 20

答えを求めましょう。

式 30÷② 20 ＝③ 1.5

答え ④ 1.5 倍

いBについて、割合(倍)を求める式をかきましょう。

考え方 図をみて考えましょう。

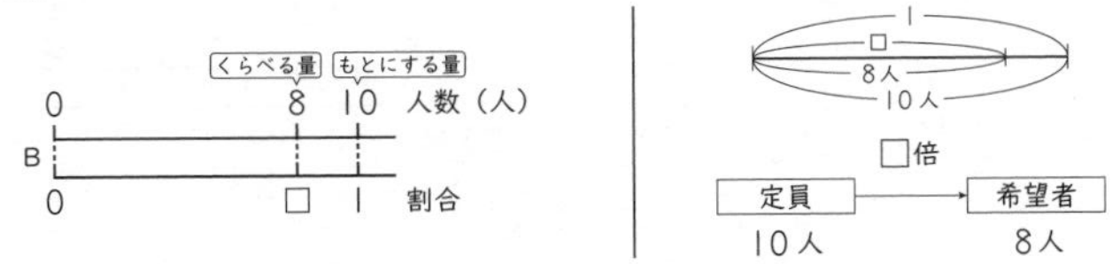


式 ① 8 ÷10

答えを求めましょう。

式 ② 8 ÷10＝③ 0.8

答え ④ 0.8 倍

ヒント 1 くらべる量には、「希望者の人数」があてはまるよ。



ぴったり2 練習

学習 61ページ

★できた問題には、「た」をかこう！★　1 2 3

答え 31ページ

**1** バラの花が54本、チューリップの花が150本花だんに植えられています。
バラの花はチューリップの花の何倍植えられていますか。

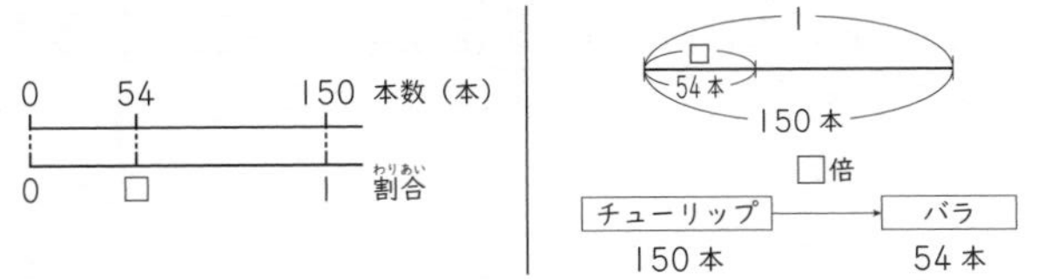


式　54÷150＝0.36

答え（ 0.36倍 ）

**2** 長さが160mの鉄橋と、長さが500mのトンネルがあります。
鉄橋の長さはトンネルの長さの何倍といえますか。

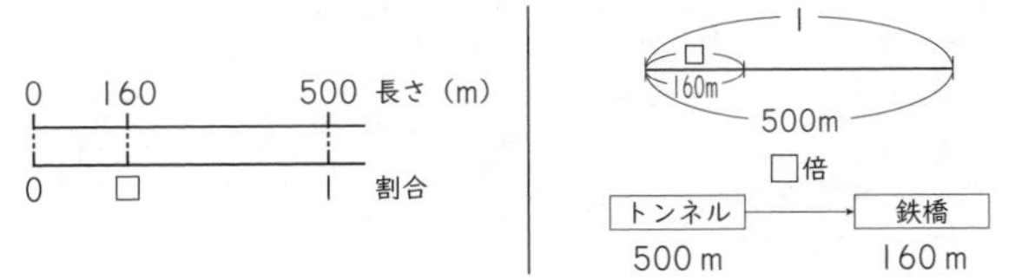


式　160÷500＝0.32

答え（ 0.32倍 ）

**3** 面積が960 m² のじゃがいも畑と、4800 m² の水田があります。
水田をもとにしたときのじゃがいも畑の面積の割合《わりあい》を求めましょう。

割合＝くらべる量÷もとにする量

式　960÷4800＝0.2

答え（ 0.2 ）

ヒント 3 くらべる量÷もとにする量で割合を求めるよ。



**60ページ**

**1** 割合《わりあい》は、くらべる量÷もとにする量で求めます。もとにする量は定員の人数です。くらべる量は希望者の人数です。

**61ページ**

**1** もとにする量はチューリップの花の本数、くらべる量はバラの花の本数になります。

**2** もとにする量はトンネルの長さ、くらべる量は鉄橋の長さになります。

**3** くらべる量はじゃがいも畑の面積、もとにする量は水田の面積です。くらべる量のほうがもとにする量よりも小さいので、割合は1より小さくなります。

**おうちのかたへ**
割合はとても理解しにくい内容です。しかし、割合の計算はこれから使うことも多く、算数以外の教科でも使うことがあります。完全に理解できなくても少しでも理解させましょう。

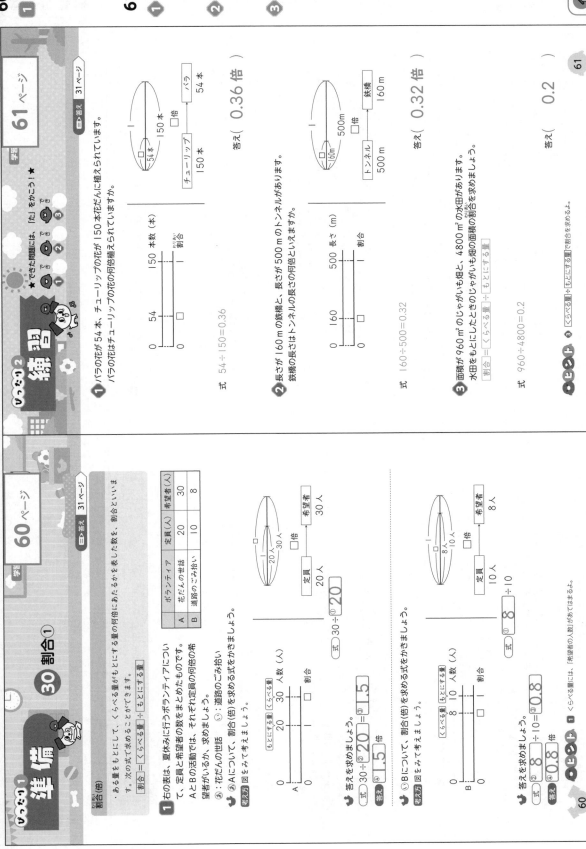

ぴったり1 準備

学習 62ページ

# 31 割合②

答え 32ページ

**割合《わりあい》と百分率《ひゃくぶんりつ》**

・割合を表すのに百分率を使うことがあります。百分率では、0.01倍のことを1%(1パーセント)といいます。割合の1が、百分率で表したときの100%になります。

例ねだんの0.4倍のことを、ねだんの40%ともいいます。

**1** かなこさんは、おはじきを84個《こ》持っています。その中に赤いおはじきが63個はいっています。赤いおはじきは、かなこさんの持っているおはじきの何%になりますか。

割合を求める式をかきましょう。

考え方 図をみて考えましょう。

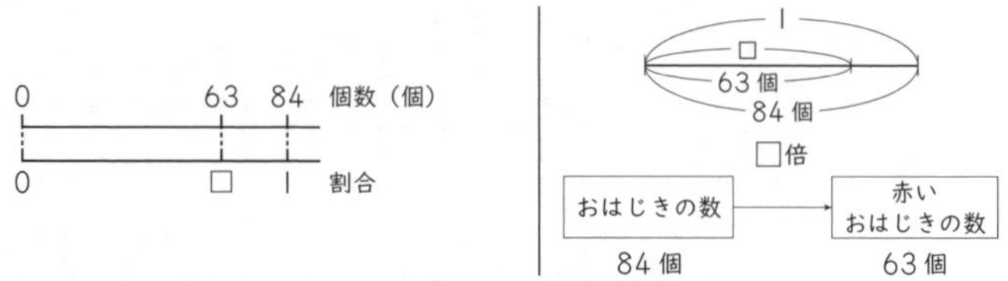


式 63÷① 84

式を計算しましょう。

式 63÷② 84 =③ 0.75 答え ④ 0.75 倍

答えの割合を百分率で表しましょう。

答え ⑤ 75 %

**2** 座席《ざせき》数が120の電車に、132人の乗客がいます。乗客の数は座席数の何%にあたりますか。

割合を求める式をかきましょう。

考え方 図をみて考えましょう。

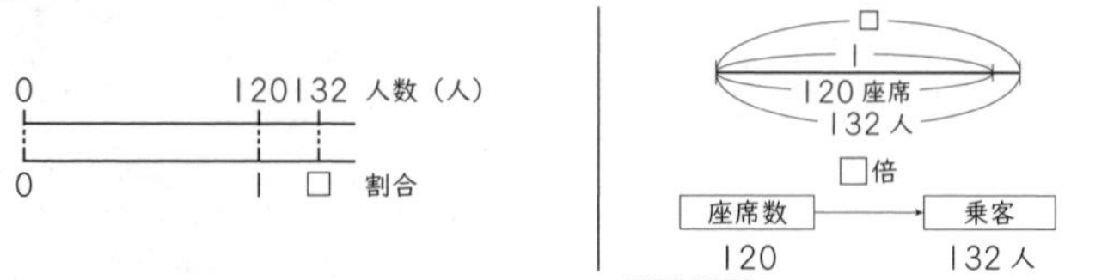


式 132÷① 120

式を計算しましょう。

式 132÷② 120 =③ 1.1 答え ④ 1.1 倍

答えの割合を百分率で表しましょう。

答え ⑤ 110 %

ヒント **2** 割合が1より大きくなるときは、百分率は100%より大きくなるよ。



ぴったり2 練習

★できた問題には、「た」をかこう！★ ①でき ②でき ③でき

学習 63ページ

答え 32ページ

**1** 花畑全体の面積1200 m²のうち、420 m²がサボテン畑です。
サボテン畑の面積は、花畑全体の面積の何%にあたりますか。

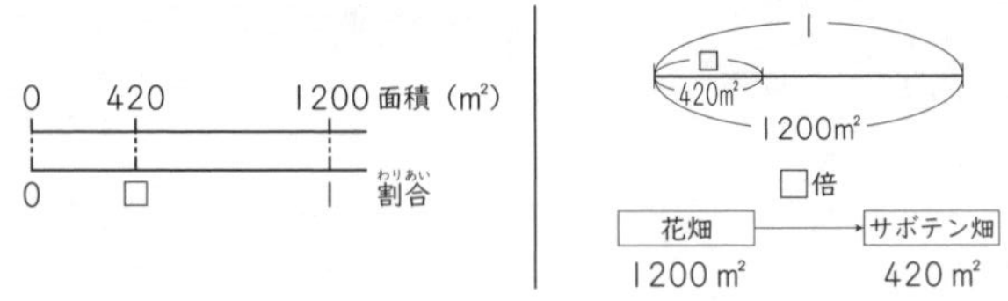


式 420÷1200=0.35 (0.35×100=35)

答え( 35 % )

**2** 物語の本のねだんは900円で、まんがのねだんは225円です。
まんがのねだんは、物語の本のねだんの何%にあたりますか。

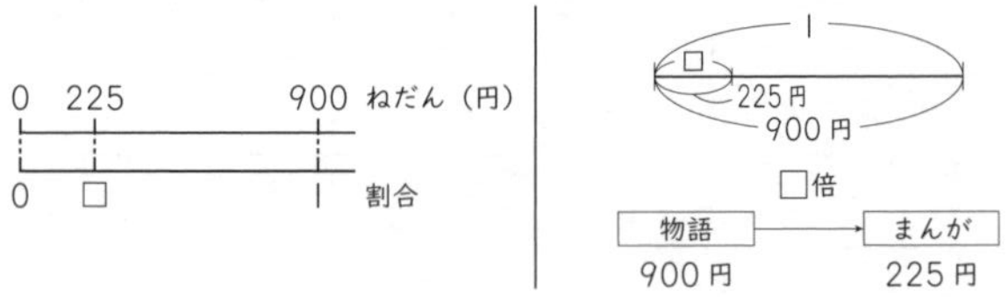


式 225÷900=0.25 (0.25×100=25)

答え( 25 % )

**3** 座席《ざせき》数が32のバスに、乗客が40人乗っています。
乗客の数は、座席数の何%にあたりますか。

割合 = くらべる量 ÷ もとにする量

式 40÷32=1.25 (1.25×100=125)

答え( 125 % )

ヒント **3** 百分率は100%をこえることもあるよ。もとにする量よりもくらべる量が多いときは、1倍をこえるからだね。



**62ページ**

**1** 百分率《ひゃくぶんりつ》では0.01倍を1%と表しますので、0.75倍は75%となります。

**2** 1.1倍を百分率で表すと110%となります。百分率は、100%より大きくなることもあります。

**63ページ**

**1** 割合《わりあい》を求めるときは、くらべる量÷もとにする量の式にあてはめて計算します。割合に100をかけると百分率になりますので、0.35×100=35(%)とします。

**2** 割合を求めるときは、くらべる量÷もとにする量の式にあてはめて計算します。百分率は0.25×100=25(%)となります。

**3** もとにする量よりもくらべる量のほうが大きいので、百分率で表すと125%となり、100%より大きくなります。

**おうちのかたへ**
割合を百分率になおすには、割合×100をすることを理解させましょう。「百」分率ですので、100がキーワードです。

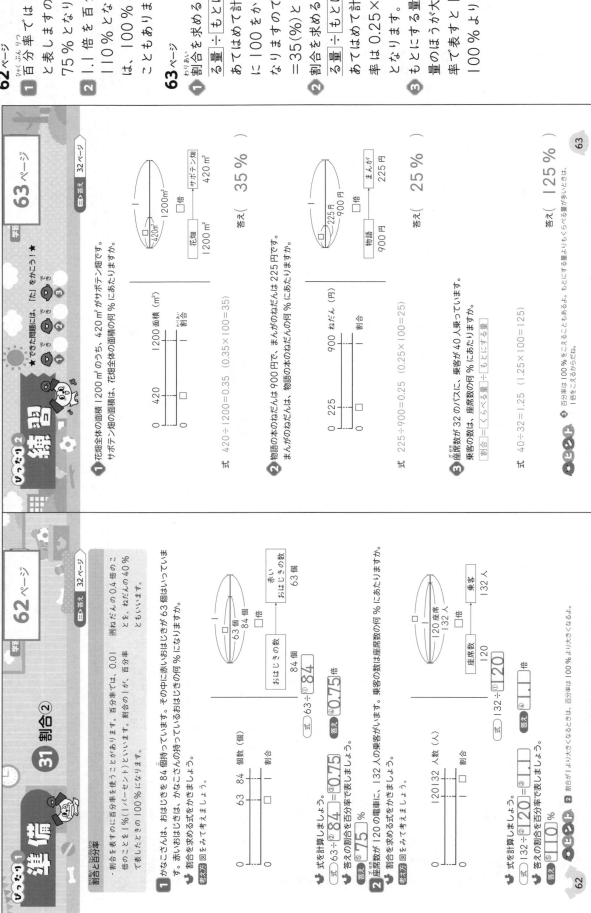

ぴったり1 準備

## 32 割合③

学習 64ページ

答え 33ページ

**割合《わりあい》からくらべる量を求める**

・くらべる量は、次の式で求めることができます。

くらべる量 = もとにする量 × 割合

もとにする量 →(×割合) くらべる量 □

**1** 体育委員のゆうきさんは、運動会で全校生徒が使う旗を600本用意します。このうち、5年生が使うのは、全部の本数の0.17倍でした。5年生が使う旗の本数は何本ですか。

旗の本数を求める式をかきましょう。

考え方 図をみて考えましょう。

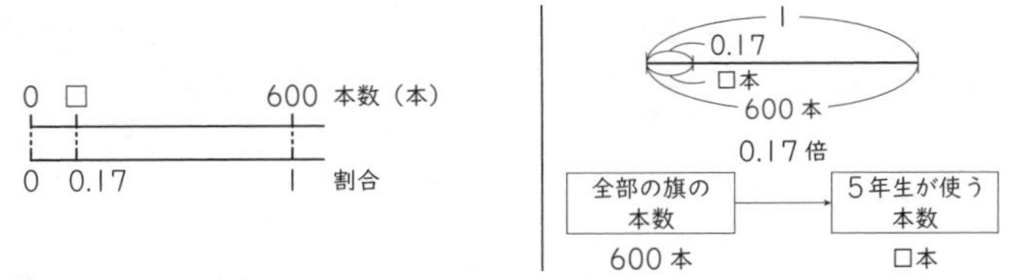


式 600×①0.17

答えを求めましょう。

式 600×②0.17=③102　答え ④102 本

**2** くにおさんの年れいは12才で、お兄さんの年れいはその1.5倍です。お兄さんの年れいは何才ですか。

お兄さんの年れいを求める式をかきましょう。

考え方 図をみて考えましょう。

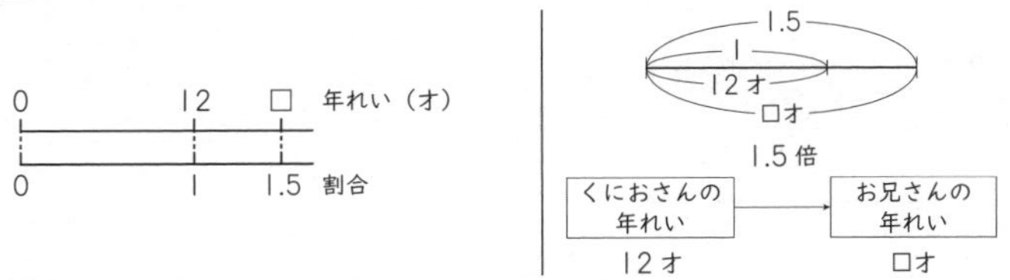


式 ①12 ×1.5

答えを求めましょう。

式 ②12 ×1.5=③18　答え ④18 才

ヒント 割合 = くらべる量 ÷ もとにする量 だから、くらべる量 = もとにする量 × 割合 になることがわかるね。



ぴったり2 練習

★できた問題には、「た」をかこう！★ でき 1　でき 2　でき 3

学習 65ページ

答え 33ページ

**1** つよしさんの体重は42kgで、お父さんの体重はつよしさんの体重の1.6倍です。お父さんの体重は何kgですか。

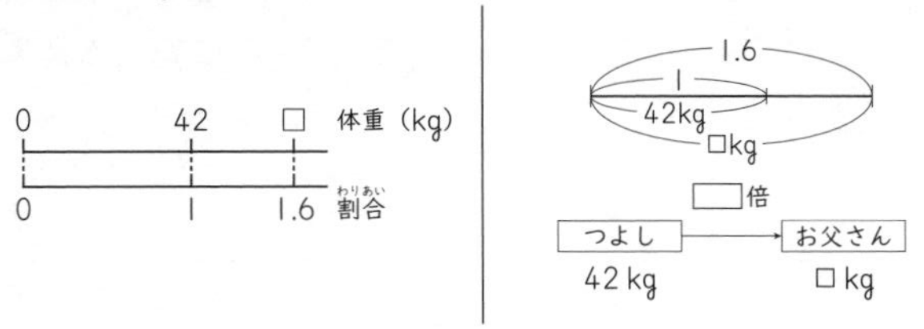


式 42×1.6=67.2

答え（ 67.2 kg ）

**2** ある動物園の土曜日の入場者数は860人で、日曜日の入場者数は土曜日の入場者数の1.1倍でした。日曜日の入場者数は何人でしたか。

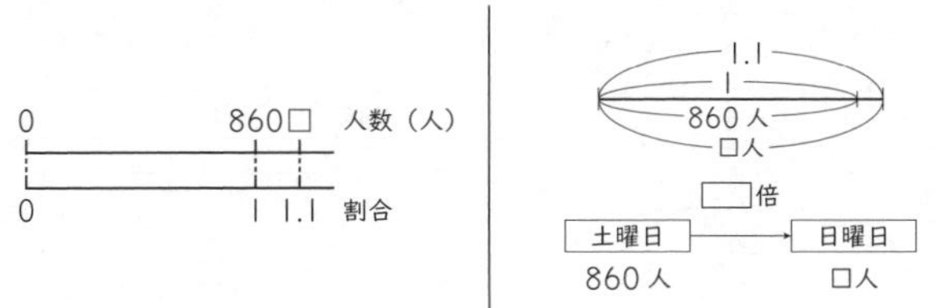


式 860×1.1=946

答え（ 946人 ）

**3** 漢字テストを行いました。120問の問題がありましたが、正解《せいかい》数は問題数の0.85倍でした。正解数は何問でしたか。

くらべる量 = もとにする量 × 割合

式 120×0.85=102

答え（ 102問 ）

ヒント ③ かける数が1より小さいので、くらべる数はもとにする数より小さくなるね。



**64ページ**

1 くらべる量は、もとにする量×割合《わりあい》で求めます。

2 くらべる量は、もとにする量×割合で求めます。

**65ページ**

1 お父さんの体重が、つよしさんの体重をもとにしたときの1.6倍ですので、お父さんの体重がくらべる量、つよしさんの体重がもとにする量です。

2 日曜日の入場者数が土曜日の入場者数の1.1倍ですので、日曜日の入場者数は、土曜日の入場者数よりも多くなります。

3 正解数《せいかいすう》は問題数の0.85倍ですので、もとにしている120問よりも小さい数になります。

**おうちのかたへ**

くらべる量を求めるには、もとにする量×割合で計算することを理解させましょう。図で考えさせることも大切です。

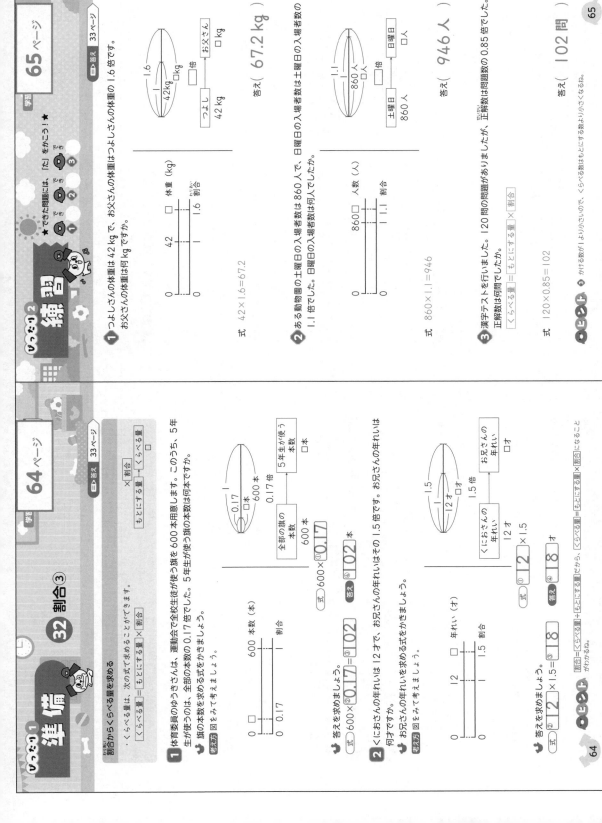

## ぴったり1 準備　33 割合④



答え 34ページ

**百分率《ひゃくぶんりつ》を使ってくらべる量を求める**

・百分率を割合《わりあい》になおしてから、くらべる量を次の式で求めます。

くらべる量＝もとにする量×割合

もとにする量 →(×割合) くらべる量 □

**1** まりさんの家の畑 5000 m² のうち、45 % がじゃがいも畑です。じゃがいも畑の面積は何 m² ですか。

じゃがいも畑の面積を求める式をかきましょう。

考え方 図をみて考えましょう。

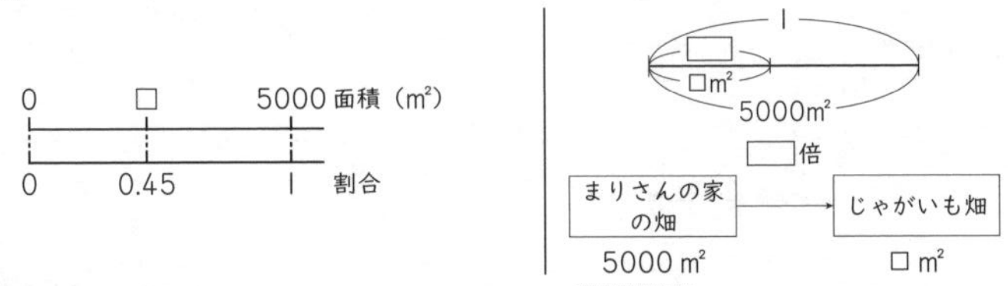


式 5000×①0.45

答えを求めましょう。

式 5000×②0.45＝③2250　答え ④2250 m²

**2** もとのねだんが 3000 円のセーターがあります。あるお店では、このセーターをもとのねだんの 70 % で売っています。代金はいくらになりますか。

代金を求める式をかきましょう。

考え方 図をみて考えましょう。

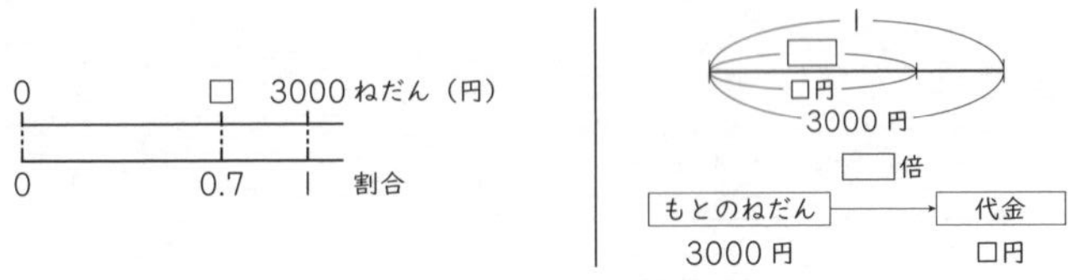


式 3000×①0.7

答えを求めましょう。

式 3000×②0.7＝③2100　答え ④2100 円

ヒント 百分率は、割合の 1 を 100 にして表した数だから、割合の数に 100 をかければ百分率になるよ。だから、百分率を 100 でわれば、割合になるね。



## ぴったり2 練習



★できた問題には、「た」をかこう！★　でき 1　でき 2　でき 3

答え 34ページ

**1** もとのねだんが 3800 円の本があります。ある店ではこの本を、もとのねだんの 85 % で売っています。代金は何円ですか。

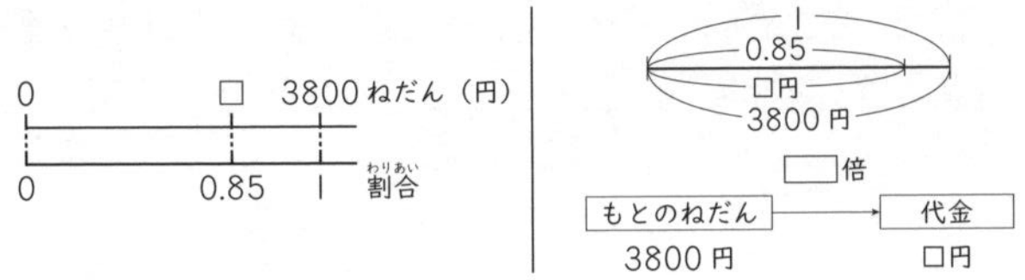


式 3800×0.85＝3230

答え（ 3230 円 ）

**2** サッカー部の人数は 40 人です。野球部の人数はサッカー部の人数の 95 % です。野球部の人数は何人ですか。

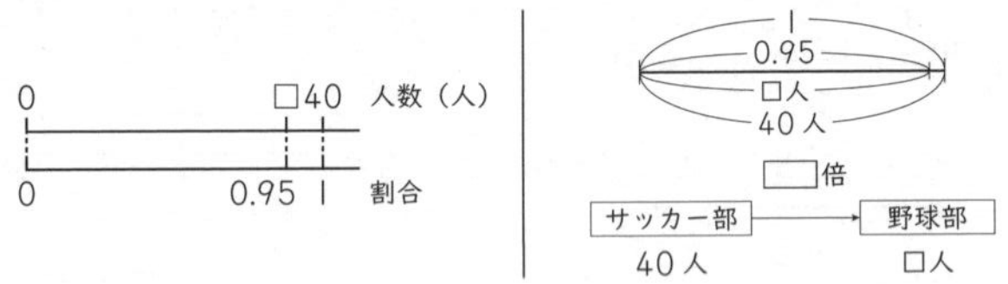


式 40×0.95＝38

答え（ 38 人 ）

**3** かおりさんの家では、キャベツを 230 kg しゅうかくしました。じゃがいものしゅうかく量は、キャベツのしゅうかく量の 120 % にあたります。じゃがいものしゅうかく量は何 kg でしたか。

くらべる量＝もとにする量×割合

式 230×1.2＝276

答え（ 276 kg ）

ヒント 3 キャベツとじゃがいもでは、じゃがいものほうがしゅうかく量が多いことがわかるね。



**66ページ**

**1** 45 % を割合《わりあい》になおすと 0.45 より、0.45 を割合として計算します。

**2** 70 % を割合になおすと 0.7 より、0.7 を割合として計算します。

**67ページ**

**1** 85 % を割合になおすと 0.85 ですので、求める代金は 3800 円の 0.85 倍になります。

**2** 95 % を割合になおすと 0.95 ですので、求める人数は 40 人の 0.95 倍になります。

**3** 120 % を割合になおすと 1.2 になります。じゃがいものしゅうかく量は、キャベツのしゅうかく量の 1.2 倍になります。

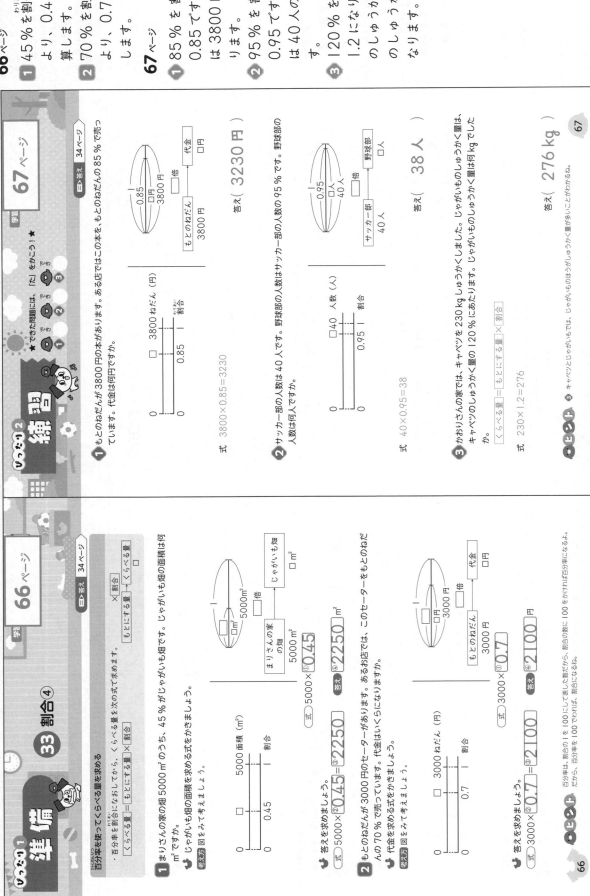

## ぴったり1 準備

# 34 割合⑤



答え 35ページ

**割合《わりあい》からもとにする量を求める**

・もとにする量は、次の式で求めることができます。

もとにする量＝くらべる量÷割合

×割合
もとにする量→くらべる量
□

**1** 今週学校を欠席した人数は、先週の 1.4 倍にあたる 21 人でした。先週学校を欠席した人数は何人でしたか。

先週欠席した人数を求める式をかきましょう。

考え方 図をみて考えましょう。

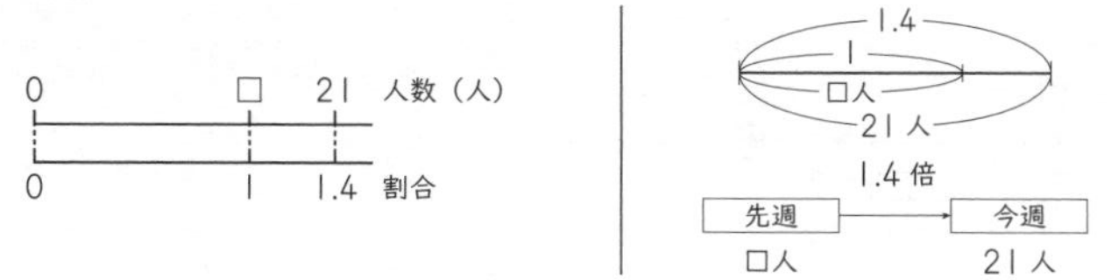


式 21÷① 1.4

答えを求めましょう。

式 21÷② 1.4 ＝③ 15　答え ④ 15 人

**2** ある月の動物園の入場者数は 36000 人で、これは先月の 1.2 倍にあたります。先月の入場者数は何人ですか。

先月の入場者数を求める式をかきましょう。

考え方 図をみて考えましょう。

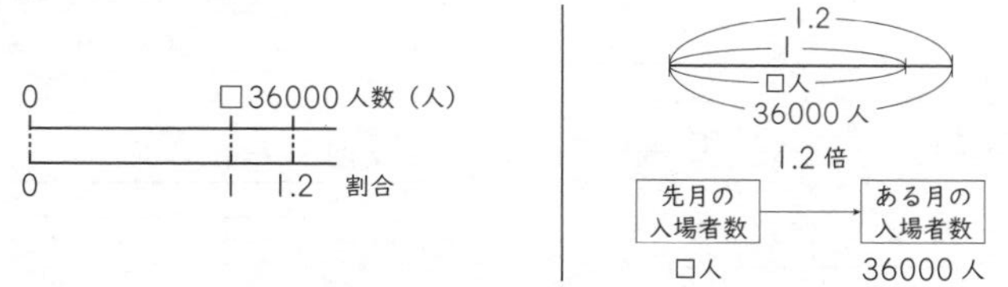


式 ① 36000 ÷1.2

答えを求めましょう。

式 ② 36000 ÷1.2＝③ 30000　答え ④ 30000 人

ヒント **2** 「先月の 1.2 倍」だから、1.2 倍になった入場者数がくらべる量、先月の入場者数がもとにする量だよ。



## ぴったり2 練習



★できた問題には、「た」をかこう！★　でき 1　でき 2　でき 3

答え 35ページ

**1** 5月に売られていたあるくつが、6月から 0.85 倍にね下がりしたため、6月からは 3655 円で売られるようになりました。このくつが5月に売られていたときのねだんは何円ですか。

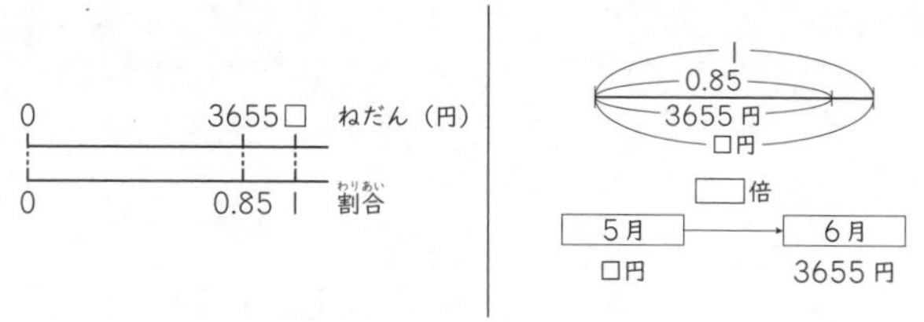


式 3655÷0.85＝4300

答え（ 4300 円 ）

**2** ある水田で、昨年は米が 360 kg とれました。これは、おととしの 0.9 倍にあたります。おととしは何 kg の米がとれましたか。

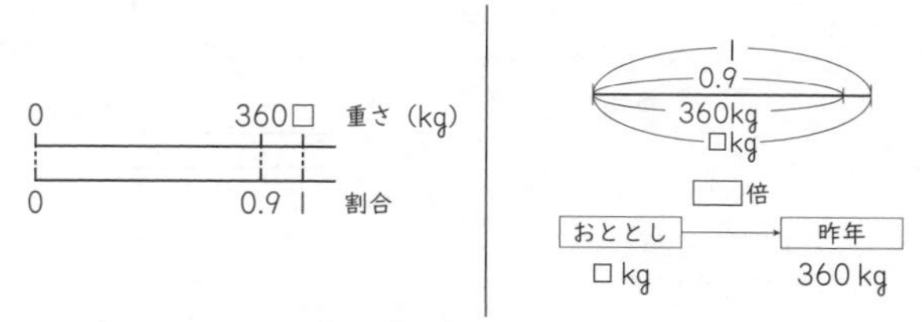


式 360÷0.9＝400

答え（ 400 kg ）

**3** あいさんは、120 まいのカードを持っています。あいさんのカードは、かなさんの 1.5 倍のまい数です。かなさんは何まいのカードを持っていますか。

もとにする量＝くらべる量÷割合

式 120÷1.5＝80

答え（ 80 まい ）

ヒント **3** かなさんのまい数の 1.5 倍が 120 まいなので、もとにする量は、かなさんの持っているカードのまい数です。



**68ページ**

**1** くらべる量は今週欠席した人数、割合《わりあい》が 1.4 倍です。

**2** くらべる量はある月の動物園の入場者数、割合が 1.2 倍です。

**69ページ**

**1** 5月のくつのねだんがもとにする量、くらべる量は6月のねだんの 3655 円になります。

**2** もとにする量はおととしとれた量、くらべる量は昨年とれた量の 360 kg になります。

**3** かなさんが持っているカードのまい数がもとにする量で、くらべる量はあいさんが持っているカードのまい数になります。

**おうちのかたへ**
もとにする量を求めるには、くらべる量÷割合で計算することを理解させましょう。図で考えさせることも大切です。

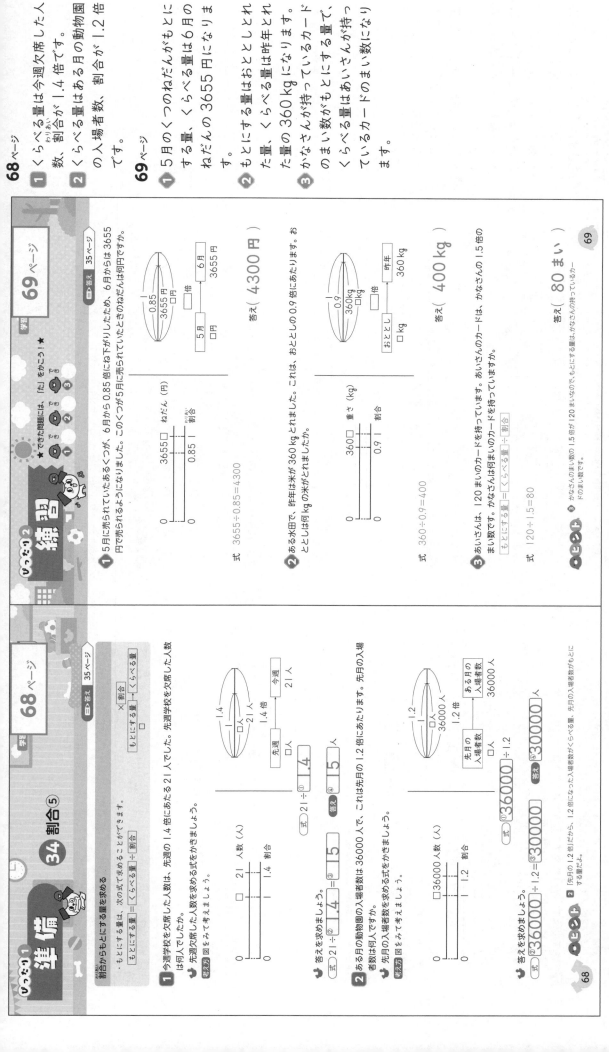

ぴったり1 準備

## 35 割合⑥

学習 70ページ

答え 36ページ

**百分率《ひゃくぶんりつ》で表した割合《わりあい》を使って、もとにする量を求める**

・百分率を割合になおすと、次の式を使ってもとにする量を求めることができます。

もとにする量＝くらべる量÷割合（0.01＝1％）

**1** ある店で、もとのねだんの 80％ でズボンを売っていたので買うことにしました。代金は 1440 円でした。もとのねだんは何円ですか。

ズボンのもとのねだんを求める式をかきましょう。

考え方 図をみて考えましょう。

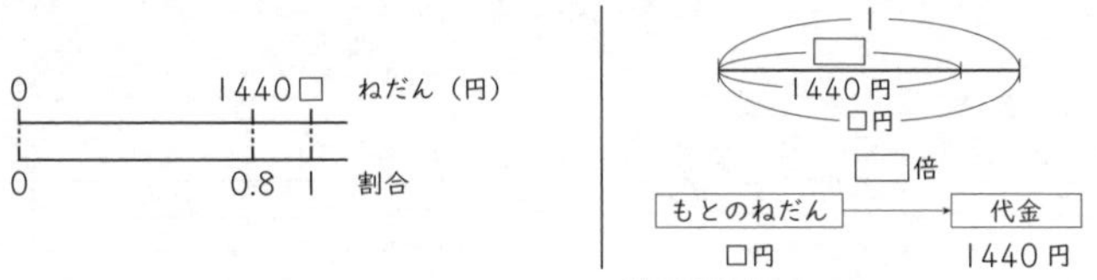


式 1440÷① 0.8

答えを求めましょう。

式 1440÷② 0.8 ＝③ 1800　答え ④ 1800 円

**2** ね引きセールで 4560 円のくつを買いました。このくつのねだんがもとのねだんの 60％ にあたるとき、くつのもとのねだんは何円ですか。

くつのもとのねだんを求める式をかきましょう。

考え方 図をみて考えましょう。

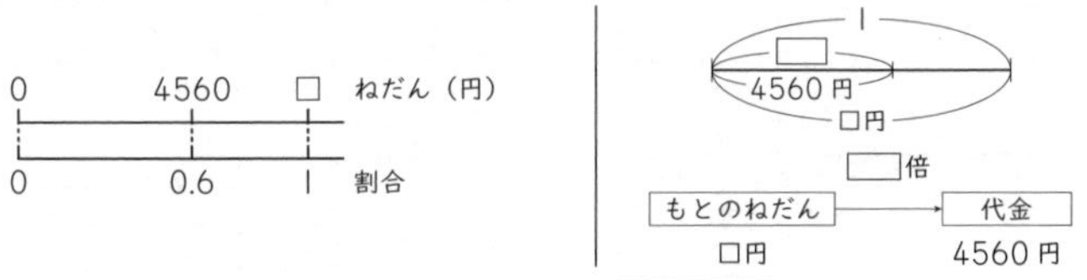


式 4560÷① 0.6

答えを求めましょう。

式 4560÷② 0.6 ＝③ 7600　答え ④ 7600 円

ヒント 2 4560 円は、もとのねだんを変えて売ったときのねだんなので、くらべる量にあたるね。

70

ぴったり2 練習

★できた問題には、「た」をかこう！★

でき 1　でき 2　でき 3

学習 71ページ

答え 36ページ

**1** ある店では、今日はパンが 244 個《こ》売れました。これは、昨日売れたパンの個数の 80％ にあたります。昨日売れたパンの個数は何個ですか。

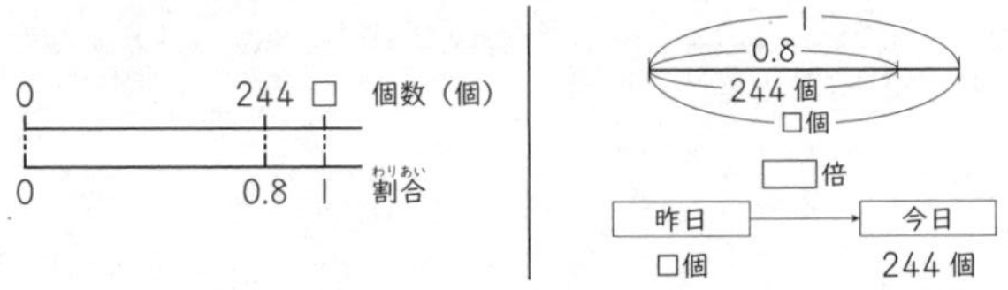


式 244÷0.8＝305

答え（ 305 個 ）

**2** 遠足で水族館に行きました。このうち大人は6人で、全体の人数の4％ にあたります。水族館に遠足に行った人数は全部で何人ですか。

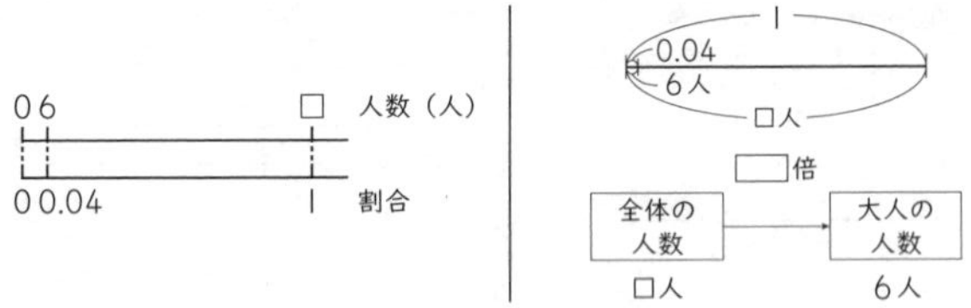


式 6÷0.04＝150

答え（ 150 人 ）

**3** ある小学校の5年生の人数のうち、45％ が女子で、その人数は 54 人です。この小学校の5年生の人数は何人ですか。

もとにする量＝くらべる量÷割合

式 54÷0.45＝120

答え（ 120 人 ）

ヒント もとにする量＝くらべる量÷割合で求めるよ。百分率《ひゃくぶんりつ》は、小数の割合になおしてから計算しよう。

71

**70** ページ

**1** 80％＝0.8 より、0.8 を割《わり》合《あい》として計算します。

**2** 60％＝0.6 より、0.6 を割合として計算します。

**71** ページ

**1** 80％＝0.8 より、0.8 を割合として計算します。

**2** 4％＝0.04 です。0.04 倍にあたるのが6人ですので、くらべる量が大人の人数6人になります。

**3** 45％＝0.45 です。0.45 倍にあたるのが 54 人ですので、くらべる量が 54 人になります。

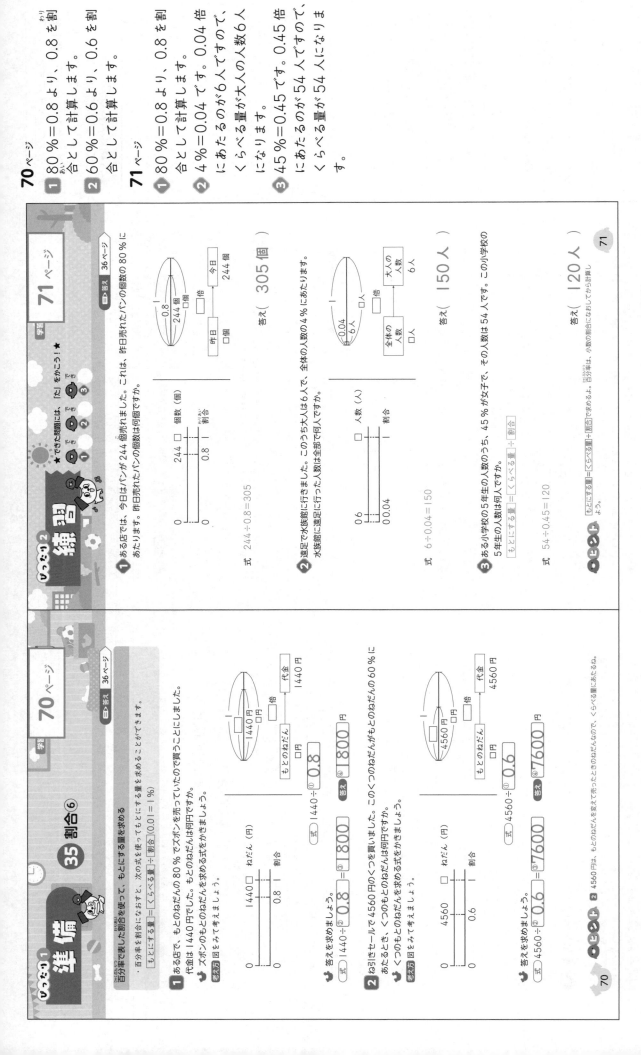

ぴったり1 準備　36 割合⑦

学習 72ページ

答え 37ページ

**ね引きの問題**

①1000 円の本の 20 % 引き後の代金

ね引き額《がく》…1000×0.2=200

代金…[もとのねだん]−[ね引き額]=[代金]なので、1000−200=800　　800 円

②もとのねだんの 40 % 引きの 1200 円で買ったマフラーのもとのねだん

お金をはらう割合《わりあい》…1−0.4=0.6

[もとのねだん]…[くらべる量]÷[割合]=1200÷0.6=2000　　2000 円

**1** ねだんが 12000 円のポットを 25 % 引きで買います。代金は何円ですか。

ね引き分を求める式をかきましょう。

考え方 図をみて考えましょう。

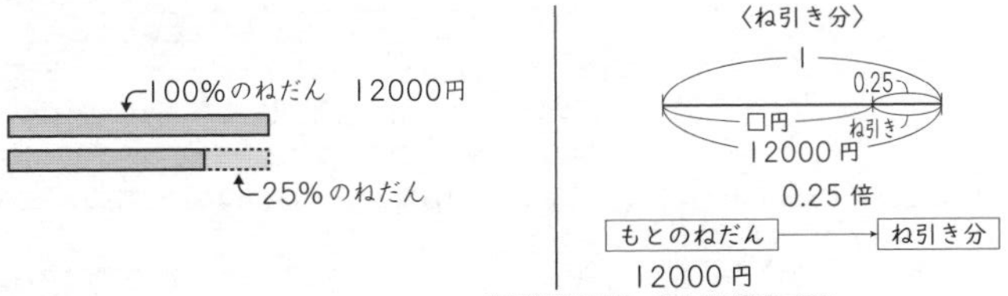


式 12000×①0.25=②3000

答えを求めましょう。

考え方 ね引きされたあとの代金を求めます。

式 12000−③3000=④9000　答え ⑤9000 円

**2** 図かんを、もとのねだんの 15 % 引きで買ったところ、代金は 1275 円でした。図かんのもとのねだんは何円ですか。

もとのねだんを求める式をかきましょう。

考え方 図をみて考えましょう。

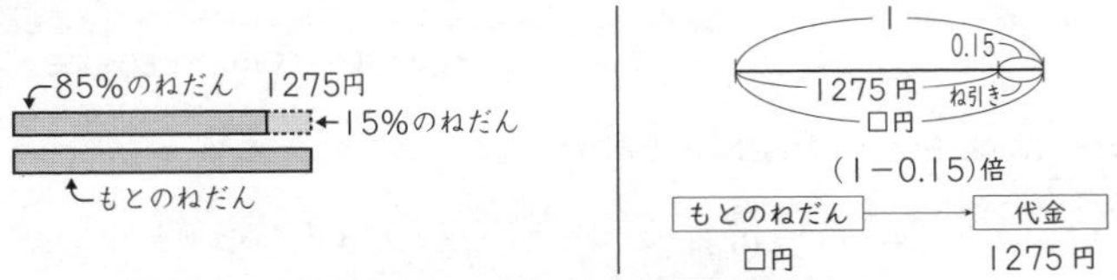


式 1275÷①0.85

答えを求めましょう。式 1275÷②0.85=③1500　答え ④1500 円

ヒント **2** もとのねだんのうち、ね引きした残りの分を代金としてはらうので、ね引きした量の割合を使って求めるよ。



ぴったり2 練習

★できた問題には、「た」をかこう！★　でき 1　でき 2　でき 3

学習 73ページ

答え 37ページ

**1** 750 円の文具セットを 20 % 引きで買いました。代金は何円ですか。

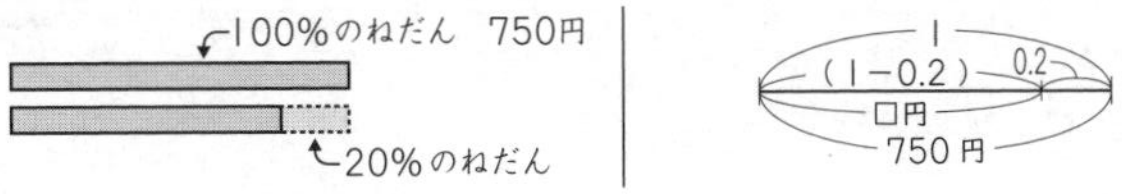


式 1−0.2=0.8
750×0.8=600

答え（ 600 円 ）

**2** 絵の具セットをもとのねだんの 45 % 引きで買ったところ、代金が 1144 円になりました。絵の具セットのもとのねだんは何円ですか。

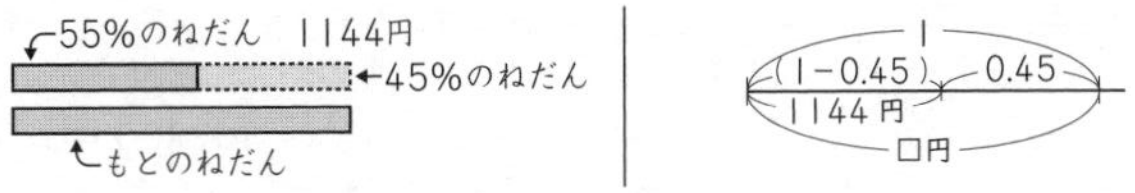


式 1−0.45=0.55
1144÷0.55=2080

答え（ 2080 円 ）

**3** ダンボールの中ににんじんがあり、このうち 25 % を使ったところ、残りが 5400 g になりました。ダンボールにはじめにはいっていたにんじんは、全部で何 kg ですか。

[もとにする量]=[くらべる量]÷[割合]

式 1−0.25=0.75
5400÷0.75=7200　　7200 g=7.2 kg

答え（ 7.2 kg ）

ヒント **3** ダンボールに残っている 5400 g は、1−0.25=0.75 で、全体の 0.75 倍といえるね。



**72ページ**

**1** 25 %=0.25 より、0.25 を割合《わりあい》として、はじめにね引き分のねだんを計算します。

**2** 15 % 引きで買ったということは、85 % で買ったことになります。

85 %=0.85 より、0.85 を割合としてもとのねだんを計算します。

**73ページ**

**1** 20 % 引きで買ったということは、80 % で買ったことになります。

**2** 45 % 引きで買ったので、もとのねだんに対してはらったお金の割合は 0.55 になります。くらべる量が 1144 円にあたります。

**3** 25 % を使ったということは、75 % のにんじんが残っていることになります。くらべる量が 5400 g にあたります。

**おうちのかたへ**

ね引きの考え方は、今後のくらしの中でもいろいろな場面で利用するようになります。くらしの中でも話題にして計算させるなどして、「1−割合」の考え方をしっかり理解させましょう。

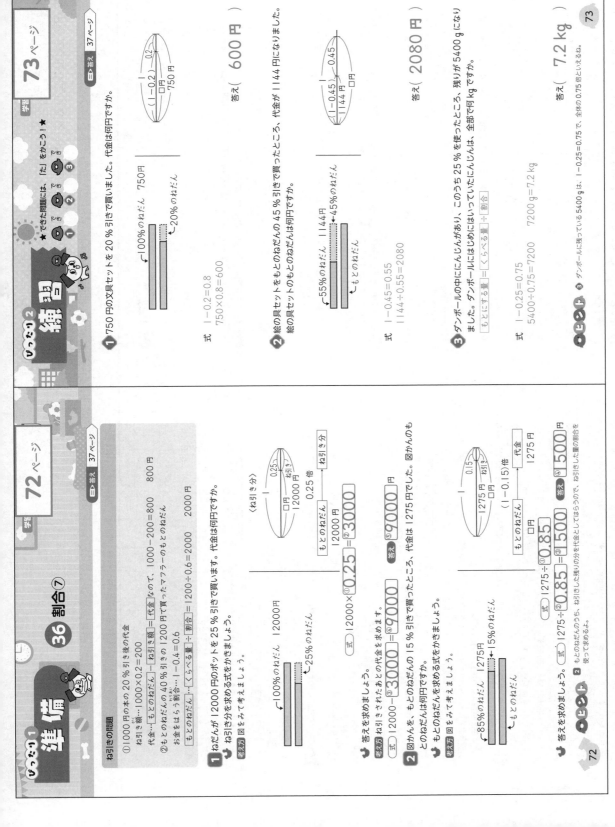

## ぴったり1 準備　37 割合⑧

学習 **74ページ**

答え 38ページ

### 利益《りえき》を考える問題の考え方

例 もとのねだんが 1000 円の商品に、20 % の利益をつけて売ったときの代金は何円ですか。

考え方① もとのねだん + 利益 = 代金

20 %=0.2 なので、利益…1000×0.2=200　200 円

代金…1000+200=1200　1200 円

考え方② 1000 円をもとにする量(割合《わりあい》=1)とすると、

代金の割合… もとにする量 + 利益 =1+0.2=1.2

代金… もとにする量 × 割合 =1000×1.2=1200　1200 円

**1** もとのねだんが 1600 円のシャツに、15 % の利益をつけて売ります。何円で売ることになりますか。

利益が何円になるかを求めましょう。

考え方 もとのねだんよりも 15 % 高く売るので、
利益は、 くらべる量 = もとにする量 × 割合 で求めます。

式 1600×①0.15=②240

売るときのねだんを求める式をかき、答えを求めましょう。

考え方 ことばの式にあてはめてみましょう。
もとのねだん + 利益 = 代金

式 1600+③240=④1840

答え ⑤1840 円

考え方

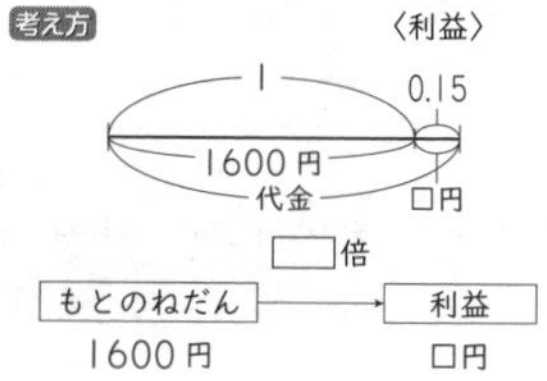


**2** 今日のパンは、いつもよりも 10 % 増量《ぞうりょう》し、1 ふくろに 550 g いれて売られています。いつものパン 1 ふくろには、パンが何 g はいっていますか。

今日の重さがいつもの重さの何倍かを求めましょう。

考え方 いつもの重さよりも 10 % 多くなるので、
いつもの重さとくらべて今日の重さは、

式 1+①0.1=②1.1 (倍)

いつものパンの重さを求める式をかき、答えを求めましょう。

式 550÷③1.1=④500

答え ⑤500 g

考え方

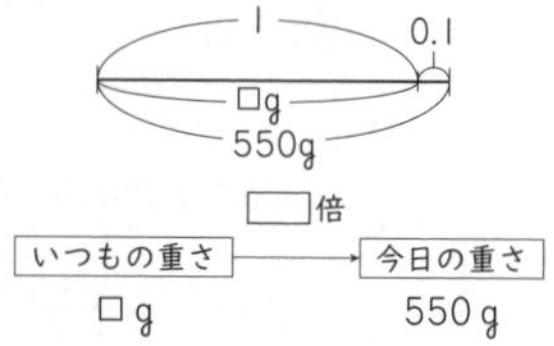


ヒント **2** くらべる量を 550 g として、その割合を使って求めるよ。



## ぴったり2 練習

★できた問題には、「た」をかこう！★　1 2 3 4

学習 **75ページ**

答え 38ページ

**1** もとのねだんが 550 円のサンダルに 12 % の利益《りえき》をつけて売ります。何円で売ることになりますか。

式 1+0.12=1.12
550×1.12=616

答え( 616 円 )

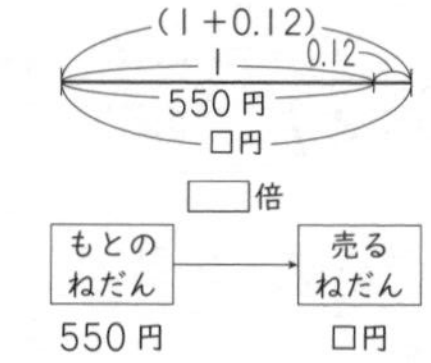


**2** あるサッカーチームの昨年のメンバーの数は 20 人でしたが、今年は昨年よりも 35 % 増《ふ》えました。今年のメンバーの数は何人ですか。

式 1+0.35=1.35
20×1.35=27

答え( 27 人 )

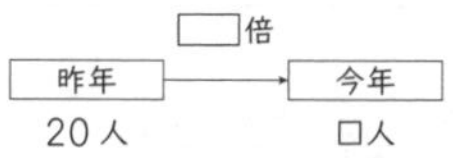


**3** ある店では、ふくろ入りクッキーと箱入りクッキーをつくっており、ふくろ入りクッキーは箱入りクッキーより 10 % 増量《ぞうりょう》し、385 g のクッキーがはいっています。箱入りクッキーには何 g はいっていますか。

式 1+0.1=1.1
385÷1.1=350

答え( 350 g )

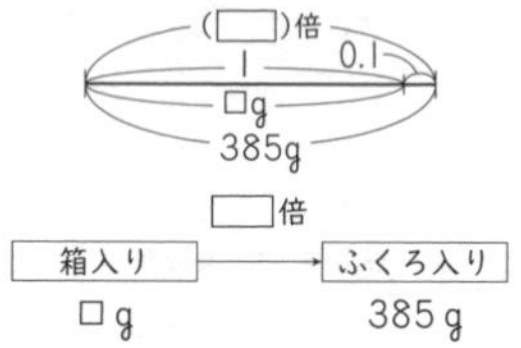


**4** あるイベントでは入場券《にゅうじょうけん》をはん売していますが、8 月は、他の月よりも 45 % 多い 5220 まいの入場券をはん売します。他の月にはん売している入場券は何まいですか。

もとにする量 = くらべる量 ÷ 割合

式 1+0.45=1.45
5220÷1.45=3600

答え(3600 まい)

ヒント **1** 売るねだんの、もとのねだんに対する割合《わりあい》は、(1+0.12)で表すことができるよ。
くらべる量 = もとにする量 × 割合 だね。



### おうちのかたへ

利益の考え方は、今後のくらしの中でいろいろな場面で利用するようになります。くらしの中でも話題にして計算させるなどして、「1+割合」の考え方をしっかり理解させましょう。

**74ページ**

**1** 15 %=0.15 より、0.15 を割合《わりあい》として利益《りえき》を計算します。

**2** 今日のパンをいつもより 10 % 増量《ぞうりょう》して売ったということは、いつものパンの 110 % の重さで売ったことになります。110 %=1.1 より、1.1 を割合として重さを計算します。

**75ページ**

**1** 12 % の利益をつけて売ったので、もとのねだんの 112 %、つまり 1.12 倍で売ったことになります。

**2** 昨年より 35 % 増えたということは、今年は昨年の数の 135 %、つまり 1.35 倍になったことになります。

**3** 箱入りクッキーがもとにする量、ふくろ入りクッキーがくらべる量になります。ふくろ入りクッキーの 385 g が、箱入りクッキーをもとにすると 1.1 倍になるので、箱入りクッキーの量を求めることができます。

**4** 8 月は、他の月を 1 とすると、1.45 の割合で表すことができます。5220 まいがくらべる量になります。

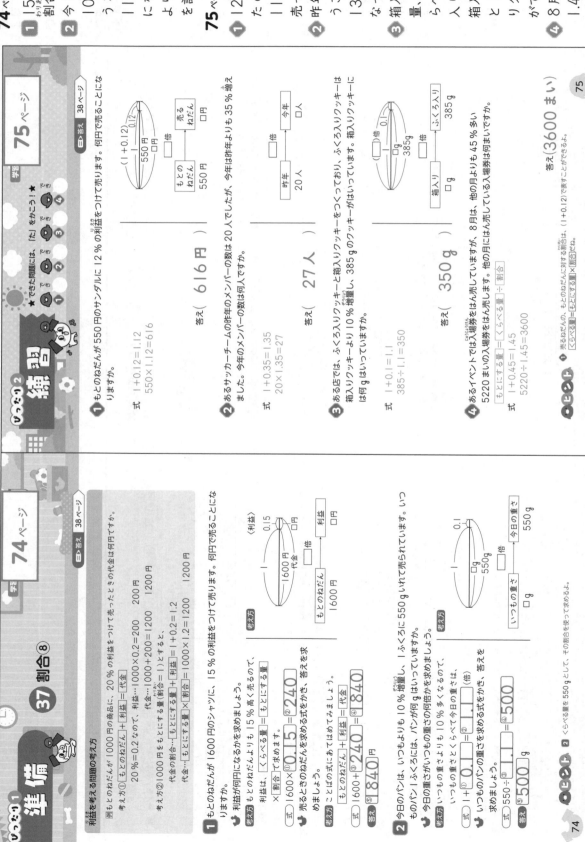

ぴったり1 準備

# 38 割合⑨

76ページ

答え 39ページ

## 帯《おび》グラフと円グラフ

①それぞれの区切られた部分の割合《わりあい》は、大きいほうの目もり－小さいほうの目もりで求めます。
②グラフの区切られた部分の割合の合計は 100 % になります。
③グラフをかくとき、区切られた部分の割合の合計が 100 % にならない場合は、ふつういちばん大きい部分か「その他」の割合を変えて 100 % になるようにします。また、帯グラフではふつう左から、また、円グラフではふつう真上から右まわりに百分率《ひゃくぶんりつ》の大きい順に区切り、「その他」はいちばんあとにかきます。

**1** 右の帯グラフは、ある小学校の図書室にある本の割合を表したものです。
あ伝記の本の割合は何 % ですか。
い図書室の本が 500 さつのとき、科学の本は何さつありますか。

図書室にある本の種類別の割合

あグラフから割合が何 % かをよみとりましょう。
考え方 伝記の目もりをよみとり、差を求めます。
式 79－①68

答えを求めましょう。
式 79－②68＝③
答え ④ %

いグラフから科学の本の割合をよみとりましょう。
考え方 それぞれの目もりをよみとり、小数で表した割合で表します。
式 ①68－40＝②28
割合は③28 % →小数で表した割合になおすと④0.28

科学の本のさっ数を求める式をかきましょう。
考え方 くらべる量＝もとにする量×割合の式にあてはめましょう。
式 500×⑤0.28

答えを求めましょう。
式 500×⑥0.28＝⑦140
答え ⑧140 さつ

百分率を小数で表す割合になおすときは、まちがえないように気をつけよう。0.01 が 1 % だよ。

ヒント **1** いくらべる量を求める計算では、百分率で表された割合を、もとにする量を 1 としたときの割合になおしてから計算するよ。



ぴったり2 練習

★できた問題には、「た」をかこう！★

77ページ

答え 39ページ

**1** 右の円グラフは、ある家の先月の支出《ししゅつ》の割合《わりあい》を表したものです。
(1)ひ服《ふく》費《ひ》は何 % ですか。
57－30＝27

先月の支出の割合

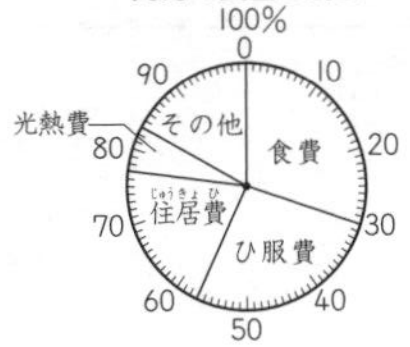


答え（ 27 % ）

(2)円グラフをもとにして、帯《おび》グラフに表しましょう。

先月の支出の割合

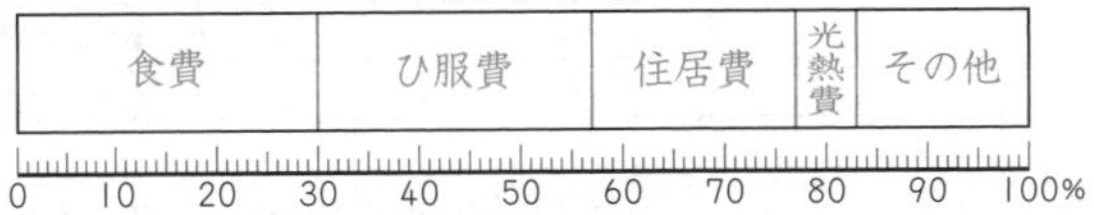


(3)食費は住きょ費の何倍ですか。
食費…30
住居費…77－57＝20

割合＝くらべる量÷もとにする量の式をもとに考えよう。

式 30÷20＝1.5

答え（ 1.5 倍 ）

(4)支出が全部で 250000 円のとき、光熱費は何円ですか。
くらべる量＝もとにする量×割合
83－77＝6　6%

式 250000×0.06＝15000

答え（ 15000 円 ）

ヒント **1** (3)住居費が何 % かを求めるときは、住居費の部分の大きい目もりと小さい目もりの差を求めればいいよ。



**76ページ**

**1** グラフの目もりをしっかりよみとりましょう。細かい目もりに注意しましょう。
1 %＝0.01 として計算します。

**77ページ**

**1** (1)グラフの目もりをしっかりよみとりましょう。細かい目もりに注意しましょう。
(2)細かい目もりに注意して、帯《おび》グラフに正しく表しましょう。
(3)円グラフから食費《ひ》と住居《じゅうきょ》費の割合を求めます。くらべる量は食費、もとにする量は住居費になります。
(4)光熱費の割合を小数で表すと 0.06 になります。もとにする量は支出《ししゅつ》の 250000 円になります。

### おうちのかたへ

帯グラフや円グラフは、細かい目もりにも注意して、正しくよみとらせましょう。だいたいで答えるのではなく、細かい目もりにも注意させましょう。なお、全部の合計は 100 % になりますので、たし算をして、確かめもさせましょう。

ぴったり1 準備

学習 78ページ

# 39 変わり方

答え 40ページ

・表を利用して、和や差などが、どのように変わっていくのか、きまりをみつけて考えます。

**1** よしおさんの弟は、よしおさんよりも3才年下で、2人のたん生日は同じです。
あよしおさんの年れいを○才、弟の年れいを△才として、○と△の関係を式に表しましょう。
いふたりの年れいの変わり方を、表にかいて調べましょう。

あ○と△で、いつも大きいのはどちらでしょうか。

① ○

○と△を使って式をかきましょう。

考え方 ひき算の式に表しましょう。

答え ② ○ −3= ③ △

いよしおさんの年れい○才と弟の年れい△才の変わり方を、表にかいて調べましょう。

考え方 △は、必ず○よりも3小さくなります。

| ○(才) | 3 | 4 | 5 | 6 | 7 | 8 |
|---|---|---|---|---|---|---|
| △(才) | ① 0 | ② 1 | ③ 2 | ④ 3 | ⑤ 4 | ⑥ 5 |

**2** まりさんは、箱に6個《こ》のいちごクッキーを入れました。この箱にチョコクッキーを加えて入れていきます。
あ加えるチョコクッキーの数を○個、箱の中のクッキーの合計の数を△個として、○と△の関係を式に表しましょう。
い加えたチョコクッキーの数○個と箱の中のクッキーの数△個の変わり方を、表にかいて調べましょう。

あ○と△を使って式をかきましょう。

考え方 たし算の式に表しましょう。

答え 6+ ① ○ = ② △

い加えたチョコクッキーの数○個と箱の中のクッキーの数△個の変わり方を、表にかいて調べましょう。

考え方 △は、必ず○よりも大きくなります。

| ○(個) | 1 | 2 | 3 | 4 | 5 | 6 |
|---|---|---|---|---|---|---|
| △(個) | ① 7 | ② 8 | ③ 9 | ④ 10 | ⑤ 11 | ⑥ 12 |

ヒント **1**は差の変わり方、**2**は和の変わり方を調べているよ。



ぴったり2 練習

学習 79ページ

★できた問題には、「た」をかこう！★

でき 1　でき 2

答え 40ページ

❶ かつきさんには、5才年上のお兄さんがいます。かつきさんとお兄さんのたん生日は同じです。

(1)2人の年れいの変わり方を調べましょう。

| かつきさん○(才) | 1 | 2 | 3 | 4 | 5 | 6 |
|---|---|---|---|---|---|---|
| お兄さん△(才) | 6 | ㋐ 7 | ㋑ 8 | ㋒ 9 | ㋓ 10 | ㋔ 11 |

(2)かつきさんの年れいを○才、お兄さんの年れいを△才として、○と△の関係を式に表しましょう。

答え（ ○+5=△ ）

(3)かつきさんが14才のとき、お兄さんは何才ですか。

14+5=19

答え（ 19才 ）

❷ 赤ペンと青ペンを、あわせて10本買います。

(1)赤ペンと青ペンの本数の変わり方を調べましょう。

| 赤ペン○(本) | 1 | 2 | 3 | 4 | 5 | 6 |
|---|---|---|---|---|---|---|
| 青ペン△(本) | 9 | ㋐ 8 | ㋑ 7 | ㋒ 6 | ㋓ 5 | ㋔ 4 |

(2)赤ペンの本数を○本、青ペンの本数を△本として、○と△の関係を式に表しましょう。

答え（10−○=△(○+△=10)）

ヒント ❶は和を使った関係、❷は差を使った関係だね。



**78**ページ

**1** 答えがわからないときは、たとえばよしおさんの年れいが11才のときに弟が何才になるかを考えてもよいです。

**2** 答えがわからないときは、たとえばチョコクッキーを3個《こ》入れたときに、箱の中のクッキーの数が何個になるかを考えてもよいです。

**79**ページ

❶ (1)答えがわからないときは、たとえばかつきさんの年れいが5才のときにお兄さんが何才になるかを考えてもよいです。

(2)和の変わり方を調べていますので、表から○と△の間の関係を式に表しましょう。

(3)お兄さんの年れいは、かつきさんよりも5大きいです。

❷ (1)赤ペンと青ペンの合計の本数がいつも10本になるようにします。

(2)差の変わり方を調べていますので、表から○と△の間の関係を式に表しましょう。

おうちのかたへ

ここでは、文章からよみとった条件をとらえて、規則性を数で表していくことを学習します。

ぴったり3 確かめのテスト

## 5年生のまとめ

学習 80ページ 時間 20分 /100 合格 80点

答え 41ページ

**1** 次の図形の体積を求めましょう。 式・答え 各5点(20点)

(1)

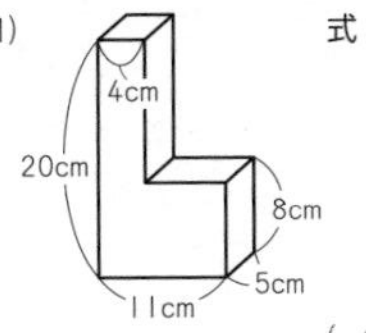


式 5×4×20＋5×(11－4)×8＝680

答え( 680 $cm^3$ )

(2)

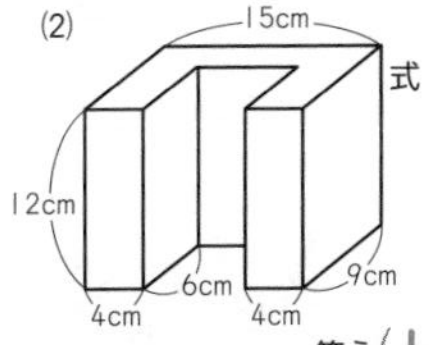


式 9×15×12－6×(15－4－4)×12＝1116

答え( 1116 $cm^3$ )

**2** 2時間で 144 km 進むトラックと、40 分で 60 km 進む電車があります。 各5点(10点)

(1)電車の時速は何 km ですか。

答え( 時速 90 km )

(2)トラックと電車で、速いのはどちらですか。

答え( 電車 )

**3** 表は、あやかさんの漢字テストの結果の1回目から4回目までをまとめたものです。5回のテスト結果の平均点《へいきんてん》を8点にするためには、5回目のテストで何点をとればよいですか。 (15点)

漢字テストの結果

| テスト(回目) | 1 | 2 | 3 | 4 | 5 |
|---|---|---|---|---|---|
| 点数(点) | 10 | 10 | 6 | 7 | ? |

40－(10＋10＋6＋7)＝7

答え( 7点 )

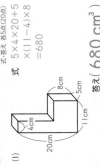

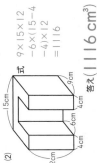

**4** 次の問題に答えましょう。 式・答え 各5点(20点)

(1)重さが $\frac{3}{8}$ kg のかごの中に、重さが $\frac{4}{9}$ kg のりんごがはいっています。全部の重さは何 kg ですか。

式 $\frac{3}{8}+\frac{4}{9}=\frac{27}{72}+\frac{32}{72}=\frac{59}{72}$

答え( $\frac{59}{72}$ kg )

(2)ある商品をもとのねだんの 20 % 引きで買ったところ、代金が 2760 円でした。この商品のもとのねだんは何円ですか。

式 1－0.2＝0.8 2760÷0.8＝3450

答え( 3450 円 )

**5** りんごが 42 個《こ》、なしが 28 個あります。このりんごとなしを全部使って、それぞれ同じ数ずつ箱につめ、箱の数をできるだけ多くします。1箱につめるりんごとなしは、それぞれ何個ですか。 式・答え 各5点(15点)

式 42÷14＝3 28÷14＝2

答え りんご( 3個 )

なし( 2個 )

**6** ガソリン 4 L で 36.8 km 走る自動車があります。 式・答え 各5点(20点)

(1)1 L あたり何 km 走りますか。

式 36.8÷4＝9.2

答え( 9.2 km )

(2)18 L では何 km 走りますか。

式 9.2×18＝165.6

答え( 165.6 km )

80 A 全教科書版・文章題5年

**80ページ**

**1** (1)2つの直方体に分けて体積を求めます。

(2)大きな直方体の体積から、小さな直方体の体積をひきます。

**2** (1)分速

60÷40＝1.5

時速

1.5×60＝90

よって、時速 90 km

(2)トラックの時速を計算して、電車の時速とくらべます。

トラックの時速

144÷2＝72

よって、時速 72 km

**3** 5回のテストの合計が、8×5＝40(点)になればいいので、40 点から4回目までの合計点をひいた残りが5回目の点数になります。

**4** (2)はらったお金の割合《わりあい》はもとのねだんの 0.8 倍にあたります。くらべる量は、20 % 引きのねだん 2760 円です。

**5** 42 と 28 の最大公約数は 14 です。14 個の箱に、それぞれりんご3個・なし2個をつめていきます。

**6** (1)1 L あたりを求めますので、わる数が L になります。

(2) 1 L あたり走る道のり × 使ったガソリン(L) で求めます。

## 5年 チャレンジテスト①

月　日

名前

時間 40分

合格70点 ／100

答え42ページ

**1** 次の計算をしましょう。③は商を一の位まで求めて、あまりをだしましょう。④は商を四捨五入《ししゃごにゅう》して $\frac{1}{10}$ の位までの概数《がいすう》で表しましょう。　各3点(18点)

① 6.52 × 1.6
3912
652
10.432

② 3.8 ) 15.96　商 4.2
152
76
76
0

③ 0.6 ) 7.3　商 12
6
13
12
0.1

④ 1.4 ) 4.12　商 2.94
28
132
126
60
56
4

⑤ $2\frac{2}{3}+1\frac{3}{8}$
$=\frac{64}{24}+\frac{33}{24}$
$=\frac{97}{24}\left(=4\frac{1}{24}\right)$

⑥ $3\frac{1}{6}-\frac{3}{4}$
$=\frac{38}{12}-\frac{9}{12}$
$=\frac{29}{12}\left(=2\frac{5}{12}\right)$

**2** 1辺が 2.1 cm の立方体の体積は何 $cm^3$ ですか。　式・答え 各4点(8点)

式 2.1×2.1×2.1=9.261

答え（9.261 $cm^3$）

**3** みかんが5個《こ》あります。重さをはかると、81.3 g、79.7 g、85.1 g、84 g、80.9 g でした。　式・答え 各4点(16点)

① みかんの重さの合計は何 g ですか。

式 81.3+79.7+85.1+84+80.9=411

答え（411 g）

② 5個のみかんの平均《へいきん》の重さは何 g ですか。

式 411÷5=82.2

答え（82.2 g）

**4** 黒色のかさと青色のかさが合わせて13本あります。

① 黒色のかさの本数と青色のかさの本数の関係を下の表に表し、表を完成させましょう。　各4点(12点)

| 黒色のかさ○(本) | 1 | 2 | 3 | 4 | 5 | 6 |
|---|---|---|---|---|---|---|
| 青色のかさ△(本) | 12 | 11 | 10 | 9 | 8 | 7 |

② 黒色のかさの本数を○本、青色のかさの本数を△本として、○と△の関係を式に表しましょう。

答え（○+△=13）

③ 青色のかさが5本あるとき、黒色のかさの本数は何本ですか。

○+5=13
○=13−5=8

答え（8本）

チャレンジテスト①(表)

●うらにも問題があります。

## チャレンジテスト① おもて

**1** ①小数×小数は、小数点がないものとして計算し、積の小数点から下のけた数は、かけられる数とかける数の小数点から下のけた数の和になります。

②小数÷小数は、わる数の小数点を右に移《うつ》して整数になおし、わられる数の小数点もわる数の小数点を移したけた数だけ右に移して計算します。

③あまりの小数点はわられる数のもとの小数点の位置にうちます。

④ $\frac{1}{100}$ の位を四捨五入《ししゃごにゅう》して答えます。

⑤帯分数は仮分数《かぶんすう》になおして計算します。分母を3と8の最小公倍数24で通分します。

⑥帯分数は仮分数になおして計算します。分母を6と4の最小公倍数12で通分します。

**2** 立方体の体積は 1辺 × 1辺 × 1辺 で計算します。

**3** ①5個《こ》のみかんの重さの合計をたし算で計算します。

②平均《へいきん》は、合計 ÷ 個数 で求められます。みかん5個の平均ですから、5個のみかんの重さの合計を5でわります。

**4** ①黒色のかさが1本増《ふ》えると、青色のかさは1本減ります。

②合わせて13本なので、たし算になります。

③合わせて13本なので、13本から青色のかさの本数をひいて計算します。

**5** オレンジジュースが 16.3 L あります。これをペットボトルに 500 mL ずつ入れていくと、500 mL 入りのペットボトルは何本できて、何 L あまりますか。

式・答え 各5点(10点)

式　16.3÷0.5=32 あまり 0.3

答え（32 本できて、0.3 L あまる）

**6** 下の帯グラフは、ある学年で好きな教科を調べ、結果をまとめたものです。

各4点(12点)

好きな教科の割合《わりあい》

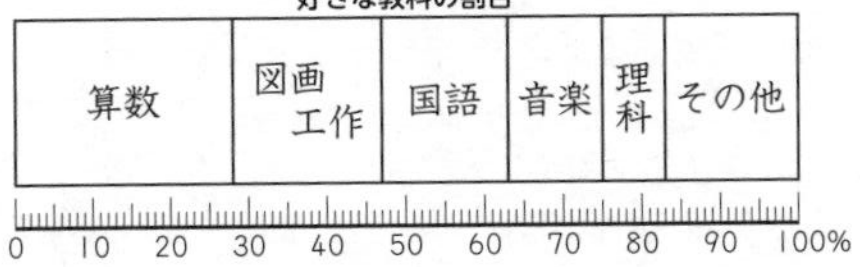


① 国語が好きな人は何 % ですか。

63−47=16

答え（16 %）

② 帯グラフをもとにして、円グラフに表しましょう。

好きな教科の割合

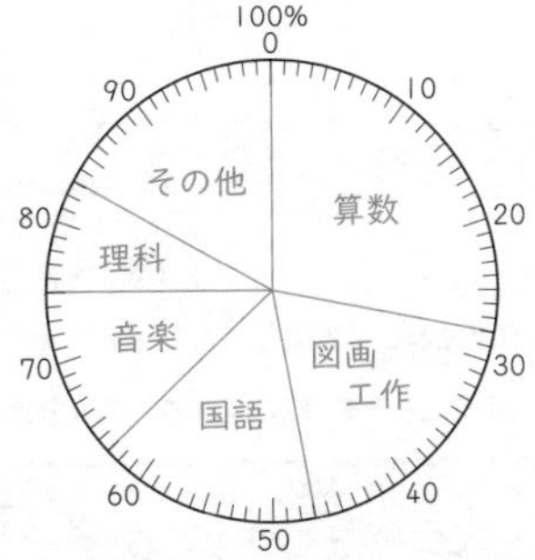


③ 算数が好きな人は、理科が好きな人の何倍ですか。

式　28÷8=3.5

答え（3.5 倍）

**7** 時速 36 km で進む自動車があります。 式・答え 各4点(24点)

① この自動車が3時間 30 分で進む道のりは何 km ですか。

式　36×3.5=126

答え（126 km）

② この自動車の分速は何 km ですか。

式　36÷60=0.6

答え（分速 0.6 km）

③ この自動車の秒速は何 m ですか。

式　600÷60=10

答え（秒速 10 m）



## チャレンジテスト① うら

**5** mL を L になおします。

500 mL=0.5 L

わる数が小数のわり算のあまりに注意しましょう。

**6** ①帯グラフを読み取って答えます。

②帯グラフの割合《わりあい》に気をつけて、円グラフを正しく書きましょう。

③［算数が好きな人の割合］÷［理科が好きな人の割合］で計算します。

算数が好きな人の割合は 28%、理科が好きな人の割合は、

83−75=8 (%) です。よって、

28÷8=3.5(倍)

**7** ①3時間 30 分を 3.5 時間として計算します。道のりは、［速さ］×［時間］で求められます。

②時速から分速にするには、時速を 60 でわります。

36÷60=0.6(km)

③km を m になおします。

0.6 km=600 m

分速から秒速にするには、分速を 60 でわります。

# 5年 チャレンジテスト②

名前　　月　日

時間 40分　合格70点　/100

答え44ページ

**1** 次の計算をしましょう。③は商を一の位まで求めて、あまりをだしましょう。④は商を四捨五入《ししゃごにゅう》して $\frac{1}{10}$ の位までの概数《がいすう》で表しましょう。　各3点(18点)

① 9.5 × 4.8

760
380
45.60

② 7.56 ÷ 2.4 = 3.15

72
36
24
120
120
0

③ 24.6 ÷ 2.7 = 9

243
0.3

④ 3.56 ÷ 3.1 = 1.14

31
46
31
150
124
26

⑤ $\frac{2}{5}+2\frac{5}{6}$
$=\frac{12}{30}+\frac{85}{30}$
$=\frac{97}{30}\left(=3\frac{7}{30}\right)$

⑥ $3\frac{2}{9}-1\frac{7}{12}$
$=\frac{116}{36}-\frac{57}{36}$
$=\frac{59}{36}\left(=1\frac{23}{36}\right)$

**2** ある町の面積は 320 $km^2$ で、人口は1万3760人です。この町の人口密度《じんこうみつど》は何人ですか。　式・答え 各4点(8点)

式　13760÷320=43

答え（　43人　）

**3** たて10 cm、横14 cm の長方形の紙をならべて、もっとも小さい正方形をつくります。　各3点(6点)

① 正方形の1辺の長さは何 cm ですか。

答え（　70 cm　）

② 長方形の紙は何まい必要ですか。

答え（　35まい　）

**4** 赤いテープが $3\frac{3}{7}$ m あり、青いテープが $1\frac{1}{4}$ m あります。　式・答え 各3点(12点)

① 赤いテープと青いテープの長さの合計は何 m ですか。

式　$3\frac{3}{7}+1\frac{1}{4}=\frac{96}{28}+\frac{35}{28}=\frac{131}{28}\left(=4\frac{19}{28}\right)$

答え（　$\frac{131}{28}$ m $\left(4\frac{19}{28}\text{ m}\right)$　）

② 赤いテープと青いテープの長さのちがいは何 m ですか。

式　$3\frac{3}{7}-1\frac{1}{4}=\frac{96}{28}-\frac{35}{28}=\frac{61}{28}\left(=2\frac{5}{28}\right)$

答え（　$\frac{61}{28}$ m $\left(2\frac{5}{28}\text{ m}\right)$　）



➡うらにも問題があります。

## チャレンジテスト② おもて

**1** ①小数×小数は、小数点がないものとして計算し、積の小数点から下のけた数は、かけられる数とかける数の小数点から下のけた数の和になります。

②小数÷小数は、わる数の小数点を右に移《うつ》して整数になおし、わられる数の小数点もわる数の小数点を移したけた数だけ右に移して計算します。

③あまりの小数点はわられる数のもとの小数点の位置にうちます。

④ $\frac{1}{100}$ の位を四捨五入《ししゃごにゅう》して答えます。

⑤帯分数は仮分数《かぶんすう》になおして計算します。分母を5と6の最小公倍数30で通分します。

⑥帯分数は仮分数になおして計算します。分母を9と12の最小公倍数36で通分します。

**2** 人口密度《じんこうみつど》は、［人口］÷［面積］で求められます。

**3** ①10と14の最小公倍数を考えます。10と14の最小公倍数は70です。

②たてに70÷10=7(まい)、横に70÷14=5(まい)必要になります。

**4** ①あわせた長さなので、たし算で計算します。帯分数を仮分数になおし、分母を7と4の最小公倍数28で通分します。

②ちがいを求めるので、ひき算になります。

**5** あるお店では 2800 円で仕入れた商品に 2 割《わり》5 分の利《り》益《えき》を見込んで定価《ていか》をつけました。　式・答え 各4点(16点)

① この商品の定価は何円ですか。

式　$1+0.25=1.25$
$2800\times1.25=3500$

答え（ 3500 円 ）

② 利益は何円ですか。

式　$3500-2800=700$

答え（ 700 円 ）

**6** 長さ 80 m の電車が、秒速 25 m で進んでいます。　式・答え 各4点(16点)

① 1720 m のトンネルを通過《つうか》するのに何分何秒かかりますか。

式　$80+1720=1800$
$1800\div25=72$
72 秒＝1 分 12 秒

答え（ 1 分 12 秒 ）

② この電車の時速は何 km ですか。

式　$25\times60=1500$
$1500\times60=90000$
90000 m＝90 km

答え（ 時速 90 km ）

**7** そらさんの体重は 29.5 kg で、お父さんの体重はそらさんの体重の 2.2 倍です。また、そらさんのお兄さんの体重の 0.7 倍がそらさんの体重です。　式・答え 各4点(16点)

① お父さんの体重は何 kg ですか。

式　$29.5\times2.2=64.9$

答え（ 64.9 kg ）

② そらさんのお兄さんの体重は何 kg ですか。四捨五入《ししゃごにゅう》して、上から 3 けたの概数《がいすう》で答えましょう。

式　$29.5\div0.7=42.14\cdots$

答え（ 42.1 kg ）

**8** 3 本で 414 円のボールペンと、5 個《こ》で 680 円の消しゴムがあります。ボールペン 1 本あたりのねだんと、消しゴム 1 個あたりのねだんでは、どちらがどれだけ高いですか。　式・答え 各4点(8点)

式　ボールペン　$414\div3=138$
消しゴム　$680\div5=136$
$138-136=2$

答え（ ボールペンが 2 円高い。 ）



## チャレンジテスト② うら

**5** ① 2 割《わり》5 分は 0.25 として計算します。利益《りえき》を入れるので、仕入れたねだんの 1.25 倍になります。

② 利益は定価《ていか》から仕入れたねだんをひいて計算します。

**6** ① トンネルを通過《つうか》する時間は、トンネルと電車の長さの和で考えます。時間は、道のり ÷ 速さ で求められます。また、1 分＝60 秒です。

72 秒＝1 分 12 秒

② 秒速を時速にするには、60 をかけて、その答えにさらに 60 をかけます。また、1 km＝1000 m です。

90000 m＝90 km

**7** ① くらべる量 ＝ もとにする量 × 割合《わりあい》 で求められます。そらさんの体重がもとにする量、お父さんの体重がくらべる量です。

② そらさんのお兄さんの体重がもとにする量、そらさんの体重がくらべる量です。もとにする量 ＝ くらべる量 ÷ 割合 で求められます。上から 4 けた目を四捨五入《ししゃごにゅう》します。

**8** ボールペン 1 本あたりのねだんと消しゴム 1 個《こ》あたりのねだんを計算してくらべます。

# メモ

**付録** とりはずしてお使いください。

# 文章題スタートアップドリル

# 5年

このドリルを使って
4年生までに学習した
計算問題にとりくもう。

年　　組

# 1 たし算の筆算

★できた問題には、「た」をかこう！

でき 1 た　でき 2

**1** 次の計算をしましょう。　　月　　日

① 73 ＋89

② 98 ＋21

③ 87 ＋16

④ 92 ＋38

⑤ 98 ＋ 4

⑥ 66 ＋56

⑦ 94 ＋59

⑧ 20 ＋89

⑨ 82 ＋49

⑩ 5 ＋97

⑪ 17 ＋86

⑫ 85 ＋38

**2** 次の計算をしましょう。　　月　　日

① 366 ＋465

② 797 ＋182

③ 19 ＋794

④ 466 ＋838

⑤ 996 ＋ 7

⑥ 475 ＋148

⑦ 579 ＋238

⑧ 856 ＋707

⑨ 5693 ＋ 255

⑩ 6546 ＋2586

⑪ 6579 ＋2228

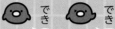

# 2 ひき算の筆算

★できた問題には、「た」をかこう！

でき 1　でき 2

## 1 次の計算をしましょう。

月　日

① 102 − 31

② 124 − 34

③ 104 − 6

④ 106 − 98

⑤ 103 − 54

⑥ 115 − 38

⑦ 131 − 74

⑧ 112 − 39

⑨ 105 − 97

⑩ 145 − 80

⑪ 106 − 93

⑫ 155 − 76

## 2 次の計算をしましょう。

月　日

① 758 − 169

② 571 − 148

③ 824 − 36

④ 300 − 196

⑤ 584 − 335

⑥ 517 − 399

⑦ 822 − 256

⑧ 787 − 415

⑨ 1763 − 839

⑩ 6997 − 6399

⑪ 9145 − 153

# 3 かけ算の筆算①

★できた問題には、「た」をかこう！

1 でき　2 でき

## 1 次の計算をしましょう。

月　日

① $51 \times 8$
② $97 \times 8$
③ $513 \times 3$
④ $14 \times 8$

⑤ $218 \times 3$
⑥ $15 \times 3$
⑦ $38 \times 6$
⑧ $445 \times 3$

⑨ $823 \times 2$
⑩ $17 \times 3$
⑪ $91 \times 6$
⑫ $490 \times 5$

## 2 次の計算をしましょう。

月　日

① $89 \times 45$
② $24 \times 23$
③ $80 \times 64$
④ $17 \times 59$

⑤ $93 \times 12$
⑥ $86 \times 65$
⑦ $39 \times 76$
⑧ $25 \times 31$

# 4 かけ算の筆算②

★できた問題には、「た」をかこう！

1 でき　2 でき

## 1 次の計算をしましょう。

月　日

① 257 × 31

② 305 × 34

③ 394 × 36

④ 420 × 46

⑤ 309 × 66

⑥ 720 × 23

⑦ 431 × 23

⑧ 672 × 40

## 2 次の計算をしましょう。

月　日

① 156 × 463

② 530 × 407

③ 483 × 212

④ 937 × 846

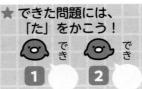

# 5 わり算の筆算①

★できた問題には、「た」をかこう！

でき

1

月　日

## 1 次の計算をしましょう。

① 3）69

② 2）86

③ 4）82

④ 5）59

⑤ 6）297

⑥ 4）372

⑦ 3）248

⑧ 9）739

⑨ 4）675

⑩ 7）480

⑪ 2）618

⑫ 8）246

# 6 わり算の筆算②

★できた問題には、「た」をかこう！

でき

1

月　　日

**1** 次の計算をしましょう。

① $23\overline{)74}$

② $13\overline{)49}$

③ $64\overline{)896}$

④ $23\overline{)926}$

⑤ $17\overline{)725}$

⑥ $29\overline{)874}$

⑦ $56\overline{)9352}$

⑧ $67\overline{)4499}$

⑨ $42\overline{)9139}$

⑩ $308\overline{)924}$

⑪ $429\overline{)893}$

⑫ $163\overline{)982}$

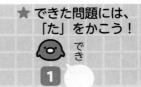

# 7 小数のたし算の筆算

★できた問題には、「た」をかこう！

でき

1

1 次の計算をしましょう。

月　　日

① 0.58 ＋5.36

② 4.65 ＋6.83

③ 6.08 ＋0.45

④ 1.16 ＋4.67

⑤ 6.86 ＋2.74

⑥ 4.8 ＋6.68

⑦ 5.51 ＋8.93

⑧ 8.42 ＋2.99

⑨ 6.18 ＋5.58

⑩ 4.42 ＋0.76

⑪ 8.31 ＋4.55

⑫ 5.24 ＋7.67

⑬ 4.83 ＋5.14

⑭ 3.72 ＋8.45

⑮ 4 ＋2.49

⑯ 1.96 ＋9.4

⑰ 4.92 ＋5.86

⑱ 7.39 ＋2.36

⑲ 6.52 ＋7.89

⑳ 0.74 ＋6.72

㉑ 7.6 ＋3.17

㉒ 8.64 ＋3.56

㉓ 2.78 ＋8.09

㉔ 4.24 ＋9.77

# 8 小数のひき算の筆算

★できた問題には、「た」をかこう！

でき

1

月　日

**1** 次の計算をしましょう。

① $8.61 - 2.47$　② $3.96 - 1.79$　③ $6.26 - 4.84$　④ $8.34 - 4.25$

⑤ $6.37 - 1.64$　⑥ $4.58 - 2.74$　⑦ $7.11 - 1.13$　⑧ $8 - 7.49$

⑨ $7.63 - 4.67$　⑩ $5.8 - 1.32$　⑪ $4.08 - 0.37$　⑫ $9.91 - 5.5$

⑬ $1.61 - 0.14$　⑭ $8.72 - 1.99$　⑮ $7.82 - 5.65$　⑯ $7.45 - 1.82$

⑰ $9.48 - 7.71$　⑱ $8.9 - 6.68$　⑲ $8.04 - 3.1$　⑳ $6.22 - 5.83$

㉑ $9.62 - 5.88$　㉒ $4 - 1.65$　㉓ $5.04 - 3.56$　㉔ $6.29 - 4.54$

# 9 小数×整数の筆算

★できた問題には、「た」をかこう！

でき

1

**1** 次の計算をしましょう。

月　日

① $4.5 \times 7$

② $15.7 \times 8$

③ $9.1 \times 12$

④ $3.8 \times 62$

⑤ $8.2 \times 75$

⑥ $17.6 \times 27$

⑦ $0.7 \times 18$

⑧ $10.6 \times 34$

⑨ $2.91 \times 6$

⑩ $0.59 \times 7$

⑪ $2.53 \times 72$

⑫ $0.35 \times 75$

⑬ $1.98 \times 54$

⑭ $1.43 \times 67$

⑮ $3.46 \times 60$

⑯ $9.13 \times 68$

# 10 小数÷整数の筆算

★できた問題には、「た」をかこう！

でき 1　でき 2　でき 3

**1** 次の計算をしましょう。　月　日

① 3)29.7

② 73)65.7

③ 87)52.2

④ 17)37.4

**2** 商を一の位まで求め、あまりも出しましょう。　月　日

① 5)46.5

② 56)95.2

③ 26)88.4

**3** 次のわり算を、わり切れるまで計算しましょう。　月　日

① 8)60

② 75)89.4

③ 40)15

# 11 分数のたし算

★できた問題には、「た」をかこう！

でき 1　でき 2

**1** 次の計算をしましょう。　　月　　日

① $\frac{3}{8}+\frac{4}{8}$

② $\frac{2}{3}+\frac{5}{3}$

③ $\frac{4}{5}+\frac{7}{5}$

④ $\frac{7}{6}+\frac{2}{6}$

⑤ $\frac{1}{7}+\frac{5}{7}$

⑥ $\frac{8}{9}+\frac{6}{9}$

**2** 次の計算をしましょう。　　月　　日

① $\frac{3}{4}+2\frac{1}{4}$

② $1\frac{5}{6}+3\frac{2}{6}$

③ $2\frac{6}{8}+\frac{5}{8}$

④ $4\frac{3}{9}+1\frac{7}{9}$

⑤ $3+2\frac{2}{3}$

⑥ $\frac{4}{7}+3\frac{6}{7}$

⑦ $5\frac{3}{5}+1\frac{4}{5}$

⑧ $2\frac{4}{9}+2\frac{3}{9}$

# 12 分数のひき算

★できた問題には、「た」をかこう！

できた 1 できた 2

**1** 次の計算をしましょう。

月　日

① $\frac{6}{7}-\frac{4}{7}$

② $\frac{9}{4}-\frac{2}{4}$

③ $\frac{14}{6}-\frac{8}{6}$

④ $\frac{8}{3}-\frac{4}{3}$

⑤ $\frac{16}{5}-\frac{7}{5}$

⑥ $\frac{18}{8}-\frac{3}{8}$

**2** 次の計算をしましょう。

月　日

① $3-\frac{2}{4}$

② $2\frac{4}{6}-\frac{2}{6}$

③ $3\frac{1}{5}-\frac{3}{5}$

④ $1\frac{2}{9}-\frac{5}{9}$

⑤ $4\frac{2}{7}-2\frac{6}{7}$

⑥ $3\frac{2}{8}-2\frac{4}{8}$

⑦ $2-1\frac{3}{10}$

⑧ $5\frac{4}{6}-2\frac{4}{6}$

# 答え

## 1 たし算の筆算

**1**
①162　②119　③103
④130　⑤102　⑥122
⑦153　⑧109　⑨131
⑩102　⑪103　⑫123

**2**
①831　②979　③813
④1304　⑤1003　⑥623
⑦817　⑧1563　⑨5948
⑩9132　⑪8807

## 2 ひき算の筆算

**1**
①71　②90　③98　④8
⑤49　⑥77　⑦57　⑧73
⑨8　⑩65　⑪13　⑫79

**2**
①589　②423　③788
④104　⑤249　⑥118
⑦566　⑧372　⑨924
⑩598　⑪8992

## 3 かけ算の筆算①

**1**
①408　②776　③1539
④112　⑤654　⑥45
⑦228　⑧1335　⑨1646
⑩51　⑪546　⑫2450

**2**
①4005　②552　③5120
④1003　⑤1116　⑥5590
⑦2964　⑧775

## 4 かけ算の筆算②

**1**
①7967　②10370　③14184
④19320　⑤20394　⑥16560
⑦9913　⑧26880

**2**
①72228　②215710　③102396
④792702

## 5 わり算の筆算①

**1**
①23　②43
③20 あまり 2　④11 あまり 4
⑤49 あまり 3　⑥93
⑦82 あまり 2　⑧82 あまり 1
⑨168 あまり 3　⑩68 あまり 4
⑪309　⑫30 あまり 6

## 6 わり算の筆算②

**1**
①3 あまり 5　②3 あまり 10
③14　④40 あまり 6
⑤42 あまり 11　⑥30 あまり 4
⑦167　⑧67 あまり 10
⑨217 あまり 25　⑩3
⑪2 あまり 35　⑫6 あまり 4

## 7 小数のたし算の筆算

**1**
①5.94　②11.48　③6.53
④5.83　⑤9.6　⑥11.48
⑦14.44　⑧11.41　⑨11.76
⑩5.18　⑪12.86　⑫12.91
⑬9.97　⑭12.17　⑮6.49
⑯11.36　⑰10.78　⑱9.75
⑲14.41　⑳7.46　㉑10.77
㉒12.2　㉓10.87　㉔14.01

## 8 小数のひき算の筆算

**1**
①6.14　②2.17　③1.42
④4.09　⑤4.73　⑥1.84
⑦5.98　⑧0.51　⑨2.96
⑩4.48　⑪3.71　⑫4.41
⑬1.47　⑭6.73　⑮2.17
⑯5.63　⑰1.77　⑱2.22
⑲4.94　⑳0.39　㉑3.74
㉒2.35　㉓1.48　㉔1.75

## 9 小数×整数の筆算

**1** ①31.5　②125.6　③109.2
④235.6　⑤615　⑥475.2
⑦12.6　⑧360.4　⑨17.46
⑩4.13　⑪182.16　⑫26.25
⑬106.92　⑭95.81　⑮207.6
⑯620.84

## 10 小数÷整数の筆算

**1** ①9.9　②0.9　③0.6
④2.2

**2** ①9あまり 1.5　②1あまり 39.2
③3あまり 10.4

**3** ①7.5　②1.192　③0.375

## 11 分数のたし算

**1** ① $\frac{7}{8}$　② $\frac{7}{3}\left(2\frac{1}{3}\right)$
③ $\frac{11}{5}\left(2\frac{1}{5}\right)$　④ $\frac{9}{6}\left(1\frac{3}{6}\right)$
⑤ $\frac{6}{7}$　⑥ $\frac{14}{9}\left(1\frac{5}{9}\right)$

**2** ①3　② $\frac{31}{6}\left(5\frac{1}{6}\right)$
③ $\frac{27}{8}\left(3\frac{3}{8}\right)$　④ $\frac{55}{9}\left(6\frac{1}{9}\right)$
⑤ $\frac{17}{3}\left(5\frac{2}{3}\right)$　⑥ $\frac{31}{7}\left(4\frac{3}{7}\right)$
⑦ $\frac{37}{5}\left(7\frac{2}{5}\right)$　⑧ $\frac{43}{9}\left(4\frac{7}{9}\right)$

## 12 分数のひき算

**1** ① $\frac{2}{7}$　② $\frac{7}{4}\left(1\frac{3}{4}\right)$
③1　④ $\frac{4}{3}\left(1\frac{1}{3}\right)$
⑤ $\frac{9}{5}\left(1\frac{4}{5}\right)$　⑥ $\frac{15}{8}\left(1\frac{7}{8}\right)$

**2** ① $\frac{10}{4}\left(2\frac{2}{4}\right)$　② $\frac{14}{6}\left(2\frac{2}{6}\right)$
③ $\frac{13}{5}\left(2\frac{3}{5}\right)$　④ $\frac{6}{9}$
⑤ $\frac{10}{7}\left(1\frac{3}{7}\right)$　⑥ $\frac{6}{8}$
⑦ $\frac{7}{10}$　⑧3